"十四五"时期国家重点出版物出版专项规划项目

京津冀水资源安全保障丛书

地下水战略储备关键技术研究与示范

以北京市西郊地区为例

杨 勇等 著

科 学 出 版 社

北 京

内 容 简 介

本书介绍了地下水战略储备关键技术研究，及其在北京市西郊地区的应用。综合运用物探、钻探、同位素、水化学、数值模拟等技术手段，进一步查明了北京市西郊地区构造断裂性质及走向，新发现了西郊军庄补给区向玉泉山补给的岩溶强径流通道，研发了基于自然和社会二元因子识别的数据分析系统，定量评价了地下水驱动因子重要性及灵敏度，首次在西郊军庄永定河河道开展大型河道入渗及同位素示踪试验，查明了河道入渗能力及影响范围，构建了西郊地区基岩和第四系地下水数值模型，论证了玉泉山泉水复涌条件及西郊地区地下水储备方案，为西郊地区地下水储备、水资源高效利用及促进生态文明提供了重要的科学依据。

本书对从事地下水科学研究和应用的科研、工程技术人员及其他有关人员具有重要的参考价值和实际应用意义；同时本书可供高等院校相关专业师生阅读。

审图号：京 S(2023)028 号

图书在版编目(CIP)数据

地下水战略储备关键技术研究与示范：以北京市西郊地区为例 / 杨勇等著. —北京：科学出版社，2023. 11

(京津冀水资源安全保障丛书)

“十四五”时期国家重点出版物出版专项规划项目

ISBN 978-7-03-077010-3

Ⅰ. ①地… Ⅱ. ①杨… Ⅲ. ①地下水-战略储备-研究-北京 Ⅳ. ①P641. 8

中国国家版本馆 CIP 数据核字（2023）第 220704 号

责任编辑：林 剑 / 责任校对：高辰雷

责任印制：徐晓晨 / 封面设计：无极书装

科 学 出 版 社 出版

北京东黄城根北街 16 号

邮政编码：100717

http://www.sciencep.com

北京建宏印刷有限公司 印刷

科学出版社发行 各地新华书店经销

*

2023 年 11 月第 一 版 开本：787×1092 1/16

2023 年 11 月第一次印刷 印张：14 1/4

字数：340 000

定价：198. 00 元

（如有印装质量问题，我社负责调换）

总　　序

京津冀地区是我国政治、经济、文化、科技中心和重大国家发展战略区，是我国北方地区经济最具活力、开放程度最高、创新能力最强、吸纳人口最多的城市群。同时，京津冀也是我国最缺水的地区，年均降水量为 538 mm，是全国平均水平的 83%；人均水资源量为 258 m^3，仅为全国平均水平的 1/9；南水北调中线工程通水前，水资源开发利用率超过 100%，地下水累积超采 1300 亿 m^3，河湖长时期、大面积断流。可以看出，京津冀地区是我国乃至全世界人类活动对水循环扰动强度最大、水资源承载压力最大、水资源安全保障难度最大的地区。因此，京津冀水资源安全解决方案具有全国甚至全球示范意义。

为应对京津冀地区水循环显著变异、人水关系严重失衡等问题，提升水资源安全保障技术短板，2016 年，以中国水利水电科学研究院赵勇为首席科学家的“十三五”国家重点研发计划项目“京津冀水资源安全保障技术研发集成与示范应用”（2016YFC0401400）（以下简称京津冀项目）正式启动。项目紧扣京津冀协同发展新形势和重大治水实践，瞄准“强人类活动影响区水循环演变机理与健康水循环模式”，以及“强烈竞争条件下水资源多目标协同调控理论”两大科学问题，集中攻关 4 项关键技术，即水资源显著衰减与水循环全过程解析技术、需水管理与耗水控制技术、多水源安全高效利用技术、复杂水资源系统精细化协同调控技术。预期通过项目技术成果的广泛应用及示范带动，支撑京津冀地区水资源利用效率提升 20%，地下水超采治理率超过 80%，再生水等非常规水源利用量提升到 20 亿 m^3 以上，推动建立健康的自然–社会水循环系统，缓解水资源短缺压力，提升京津冀地区水资源安全保障能力。

在实施过程中，项目广泛组织京津冀水资源安全保障考察与调研，先后开展 20 余次项目和课题考察，走遍京津冀地区 200 个县（市、区）。积极推动学术交流，先后召开了 4 期“京津冀水资源安全保障论坛”、3 期中国水利学会京津冀分论坛和中国水论坛京津冀分论坛，并围绕平原区水循环模拟、水资源高效利用、地下水超采治理、非常规水利用等多个议题组织学术研讨会，推动了京津冀水资源安全保障科学研究。项目还注重基础试验与工程示范相结合，围绕用水最强烈的北京市和地下水超采最严重的海河南系两大集中示范区，系统开展水循环全过程监测、水资源高效利用以及雨洪水、微咸水、地下水保护与安全利用等示范。

经过近 5 年的研究攻关，项目取得了多项突破性进展。在水资源衰减机理与应对方面，系统揭示了京津冀自然–社会水循环演变规律，解析了水资源衰减定量归因，预测了未来水资源变化趋势，提出了京津冀健康水循环修复目标和实现路径；在需水管理理论与方法方面，阐明了京津冀经济社会用水驱动机制和耗水机理，提出了京津冀用水适应性增长规律与层次化调控理论方法；在多水源高效利用技术方面，针对本地地表水、地下水、非常规水、外调水分别提出优化利用技术体系，形成了京津冀水网系统优化布局方案；在水资源配置方面，提出了水–粮–能–生态协同配置理论方法，研发了京津冀水资源多目标协同调控模型，形成了京津冀水资源安全保障系统方案；在管理制度与平台建设方面，综合应用云计算、互联网+、大数据、综合集成等技术，研发了京津冀水资源协调管理制度与平台。项目还积极推动理论技术成果紧密服务于京津冀重大治水实践，制定国家、地方、行业和团体标准，支撑编制了《京津冀工业节水行动计划》等一系列政策文件，研究提出的京津冀协同发展水安全保障、实施国家污水资源化、南水北调工程运行管理和后续规划等成果建议多次获得国家领导人批示，被国家决策采纳，直接推动了国家重大政策实施和工程规划管理优化完善，为保障京津冀地区水资源安全做出了突出贡献。

作为首批重点研发计划获批项目，京津冀项目探索出了一套能够集成、示范、实施推广的水资源安全保障技术体系及管理模式，并形成了一支致力于京津冀水循环、水资源、水生态、水管理方面的研究队伍。该丛书是在项目研究成果的基础上，进一步集成、凝练、提升形成的，是一整套涵盖机理规律、技术方法、示范应用的学术著作。相信该丛书的出版，将推动水资源及其相关学科的发展进步，有助于探索经济社会与资源生态环境和谐统一发展路径，支撑生态文明建设实践与可持续发展战略。

2021 年 1 月

序　言

水是生命之源、生产之基、生态之要。在古代，人类依水而居，房屋依水而建，地表水发挥主要作用。伴随着人类文明的发展和近现代工业的崛起，人类对水资源的需求量大幅增加，同时还产生了大量污水，加之城市化进程加快，使得下垫面条件发生改变，进而造成降雨径流减少，导致地表水资源大量消耗、水质严重恶化，地表水资源已不能完全满足人类生产生活的需要，于是人类开始大量开发利用地下水资源。19 世纪 60 年代以来，随着地下水资源的大量开发利用，地下水含水层补给远远低于消耗，使得地下水资源面临严重危机。为此，许多国家适时制订了“地下水战略储备”相关的政策和措施。

我国开展地下水战略储备最早可以追溯到 20 世纪 80 年代，主要涉及山东、河北、辽宁、上海、天津和北京等地区，其中北京 80 年代就在西郊开展了回灌试验，较早地尝试实施地下水回补措施，但当时地下水储备方式和技术手段单一，缺乏系统性和整体性。本书作者以北京西郊地区岩溶水和第四系地下水为研究对象，梳理总结了 1960 年以来完成的地质和水文地质勘查工作，结合传统的水文地质学方法与现代科技，综合运用物探、钻探、同位素、现场试验、监测检测等多种技术手段，得出了一系列创新性成果，新发现了西郊补给区向玉泉山排泄区的岩溶水强径流带，进一步查明了玉泉山地区构造断裂性质及走向，形成了西郊地区地下水补径排甄别技术体系，为西郊地下水战略储备奠定了基础。同时本研究研发了基于自然和社会二元因子识别的数据分析系统，建立了西郊地区地下水演变规律及相关数学模型，定量评价了地下水驱动因子重要性及其灵敏度，为政策制定提供了重要依据。另外，本研究首次在西郊岩溶区开展大型河道入渗试验，查明了河道入渗能力及入渗范围，提出了适宜的南水北调水源回补路径；同时构建了西郊地区基岩与第四系地下水耦合数值模型，论证了玉泉山复涌条件及其环境影响，提出了西郊地区地下水战略储备方案，为西郊地区水资源高效利用提供技术支撑，对于掌握西郊地区地下水径流路径和条件、地下水储备方式和条件都有积极的作用。开展西郊地区地下水战略储备及高效利用关键技术研究，可有效涵养地下水源，抬升地下水水位，改善地下水环境，恢复西郊生态环境，保障北京的供水安全和经济社会可持续发展，具有显著的经济效益、环境效益和社会效益，同时对有条件开展地下水回补的地区，具有积极的借鉴作用。

地下水资源利用与保护任重而道远，在复杂多变的地下水系统中，需要开展更为精细的工作。在如今互联网、大数据等科技飞速发展的时代，各位地质工作者有必要将新技术和新手段应用到地下水工作中，推动地下水学科发展。

最后，真切希望各位读者能从此书中得到收获和思路，推动地下水研究工作更上一个台阶。

武　强

2023 年 9 月

前　言

北京是世界上水资源最紧缺的特大型城市之一，水资源已成为制约城市建设和发展乃至人民生活水平不断提高的重要因素。北京市人均水资源量不足 200m^3，远远低于国际公认的人均 1000m^3的下限。北京市地下水开采量占全市供水量的 2/3 ~ 3/4，是国际上为数不多的以地下水作为主要供水水源的大都市。

北京市的地下水资源经历了“盈余—平衡—超采”三个阶段。20 世纪 70 年代之前，北京市地表水资源充沛，地下水开采量较少，地下水资源供大于求。70 ~ 80 年代，地下水开采量逐渐增加，但地下水资源总体仍保持供需平衡。80 年代以后，为支撑北京市经济社会的快速发展，满足城乡供水需求，人们开始大量开采地下水。自 90 年代至 2014 年，北京市地下水以 24 亿 ~ 27.6 亿 m^3/a 的规模持续开采，平原区大部分地下水连年处于超采状态。自 2014 年 12 月南水进京以来，北京市的补给水量规模大概达 10 亿 m^3/a，地下水开采量减少到 17 亿 m^3/a 左右，地下水位有所回升，但由于超采时间过长，地下水仍有巨大亏空，可以在适宜的地区开展地下水战略储备。

北京市适宜开展地下水战略储备的区域主要位于山前冲洪积扇，其顶部地带属极富水区（单井出水量大于 5000m^3/d），含水层主要由单层、双层砂卵石组成，砂卵石颗粒粗、厚度大，富水性好，向下游岩性变细层次增多，山前冲洪积扇具有自然阻水边界，是理想的地下水储存空间。依据北京地下水系统、含水层分布及富水性可将上部地带圈定为地下储存空间，用于储存水资源。根据北京市所在地下水系统，地下储存空间可分别划分为西郊地下水库、密怀顺地下水库、昌平地下水库、大石河地下水库及平谷地下水库。其中，西郊地下水库位于永定河冲洪积扇以上（包括部分山区），范围涉及海淀、石景山、门头沟、丰台、房山、昌平等区，是北京市重要的地下水水源地，第三水厂、青龙桥水厂、门城自来水厂、杨庄水厂、稻香湖水厂、五里坨水厂等皆以该地区地下水为水源。自 1967 年首次提出建立西郊水源地以来，西郊地下水开采规模逐步扩大。长期过量开采地下水已经引起了区域地下水位下降等环境问题，历史上流量丰沛的玉泉山诸泉基本断流。为了恢复地下水位、改善水生态环境，水务与地勘部门联合申请了科委课题，实施西郊地区地下水战略储备。

本书是在北京市西郊地区地下水战略储备关键技术研究与示范项目成果基础上编写的，共分为九章。第 1 章由杨勇、郑凡东编写，主要介绍研究背景及国内外研究现状；第 2 章由邢国章编写，介绍研究区范围及区域概况；第 3 章由王树芳、王丽亚编写，主要内容为研究区第四系地下水及岩溶水水文地质特征；第 4 章由杨勇编写，主要内容为研究区水资源条件，包括地表水变迁、地下水动态及开发利用特征；第 5 章由程先云编写，主要内容以地下水动态驱动力研究为主，基于人工神经网络系统开发及支持向量机等方法开展社会经济和自然因素分析；第 6 章由杨勇、邢国章、雷晓东、孙晟、秦大军等编写，主要通过地球物理勘探及同位素水化学等方法，研究西郊地下水径流路径及玉泉山地区第四系地下水与岩溶水的水力联系；第 7 章由杨勇、邢国章、董殿伟等编写，主要开展河道自然入渗及大口井回灌试验，查明西郊地区回补入渗能力；第 8 章由王丽亚、沈媛媛、杨勇、王树芳等编写，通过构建第四系地下水及岩溶水地下水数值模型，开展调蓄方案研究，制定最佳调蓄方案，分析第四系地下水及岩溶水调蓄空间；第 9 章结论与展望由杨勇、王树芳等编写。

本书的目的是通过研究找到解决北方地区地下水超采及水源调蓄问题的方法，将富余的地表水或外调水回补到地下，以增加地下水储备、改善水环境，同时还可获得显著的社会、经济和环境综合效益。

本项目在研究过程中，得到北京市地质矿产勘查开发局李宇、北京市水务局陈铁、北京工业大学张永祥老师等人指导，书稿初稿完成后，得到各界专家和学者宝贵意见和建议，在此一并谢过。由于本书编写时间紧，加之笔者水平有限，难免有不足之处，望读者批评指正。

杨　勇

2021 年 10 月

目　　录

总序
序言
前言
第 1 章　绪论 …… 1
　1.1　地下水战略储备研究背景 …… 1
　1.2　国内外研究现状 …… 2
第 2 章　北京市西郊区域概况 …… 8
　2.1　研究区范围 …… 8
　2.2　气象水文 …… 9
　2.3　地形地貌 …… 10
　2.4　地质概况 …… 10
　2.5　社会经济 …… 16
　2.6　本章小结 …… 18
第 3 章　北京市西郊区域水文地质特征 …… 19
　3.1　地下水系统及赋存条件 …… 19
　3.2　地下水补径排条件 …… 23
　3.3　地下水动态特征 …… 25
　3.4　地下水化学特征 …… 29
　3.5　本章小结 …… 30
第 4 章　北京市西郊水资源演变规律分析 …… 32
　4.1　地表水演变 …… 32
　4.2　地下水动态和补径排变化分析 …… 33
　4.3　地下水开发利用演变规律 …… 39
　4.4　本章小结 …… 46
第 5 章　北京市西郊地下水动态变化驱动力及演变模型研究 …… 47
　5.1　地下水动态变化驱动力研究目的与研究内容 …… 47
　5.2　社会经济和自然因素数据整理分析 …… 47
　5.3　数据挖掘处理软件工具开发 …… 52
　5.4　地下水多因子影响模型建立 …… 55
　5.5　基于时间序列的人工神经网络的分析研究（海淀区） …… 65
　5.6　本章小结 …… 79

第 6 章　北京市西郊地下水渗流路径勘查技术研究 …… 80
6. 1　地下水补给条件分析 …… 80
6. 2　地下水径流路径分析 …… 94
6. 3　玉泉山地区第四系地下水与岩溶水的水力联系 …… 114
6. 4　本章小结 …… 126
第 7 章　北京市西郊地下水回补关键技术研究与示范 …… 127
7. 1　永定河山区渗漏历史分析 …… 127
7. 2　永定河山区河道入渗关键技术研究与示范 …… 129
7. 3　大口井回灌关键技术研究与示范 …… 145
7. 4　本章小结 …… 164
第 8 章　北京市西郊地下水资源高效利用研究 …… 165
8. 1　水文地质概念模型 …… 165
8. 2　地下水流数值模型 …… 177
8. 3　调蓄方案研究 …… 186
8. 4　本章小结 …… 207
第 9 章　北京市西郊地下水储备总结与展望 …… 208
9. 1　总结 …… 208
9. 2　展望 …… 209
参考文献 …… 210

第 1 章　绪　论

1.1　地下水战略储备研究背景

2014 年 2 月和 2017 年 2 月，习近平总书记两次视察北京并发表重要讲话，为新时期首都发展指明了方向。为深入贯彻落实习近平总书记视察北京的重要讲话精神，紧扣迈向“两个一百年”奋斗目标和中华民族伟大复兴的时代使命，围绕“建设一个什么样的首都，怎样建设首都”这一重大问题，谋划首都未来可持续发展的新蓝图，北京市编制了《北京城市总体规划（2016 年—2035 年）》。该规划提出了严格控制用水总量，保障首都供水安全，提高人均可供水量，南水北调用足中线，开辟东线，打通西部应急通道，加强北部水源保护，形成外调水与本地水、地表水和地下水联合调度的多水源供水格局，到 2020 年人均水资源量（包括再生水量和南水北调等外调水量）由现状约 $176m^3$ 提高到约 $185m^3$，到 2035 年提高到约 $220m^3$ 的目标；提出加强本地水源恢复与保护，增加地表水调蓄能力，优先利用外调水，提高再生水利用比例，压采和保护本地地下水，加大地下水回灌量，逐步实现地下水采补平衡的要求。

北京市地下水的开发利用有着非常悠久的历史。自 20 世纪 50 年代以来，随着人口的增加及工农业规模的大幅增长，地下水的开采量也逐年增加。70 年代开始，北京市地下水开采量增长较快；进入 80 年代以来，北京市地下水开始成为北京地区主力供水水源。根据 80 年代以来北京市水资源公报数据，1985 ~ 2007 年的地下水供水量都在 23 亿 m^3/a 以上，一直高居全市供水总量的 70% 左右。自 2007 年以来，由于节水技术的推广应用及再生水的利用，地下水供水量呈现逐年减少的趋势，尤其是 2014 年南水北调中线通水以来，由于大幅压采地下水，北京地区地下水供水量降到了 20 亿 m^3/a 以下（图 1-1）。

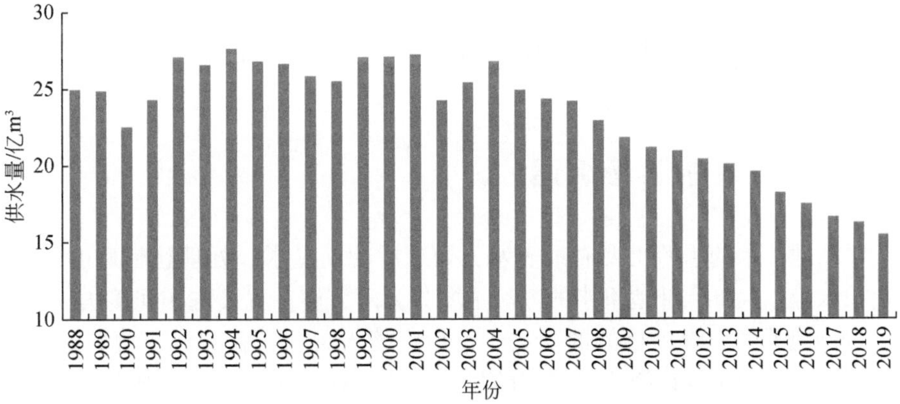

图 1-1　北京市地下水年供水量变化情况（1988 ~ 2019 年）

根据北京水资源形势的变化，可以分三个阶段进行分析：①在 2003 年之前，北京市主要由地表水和地下水供水。地下水的年供水量在 25 亿 m^3左右，处于严重超采状态，导致地下水位持续快速下降。这一时期，由于自 1999 年以来的连续干旱，地表水资源量急剧减少，供水量也随之骤减。②2003 ~ 2014 年，北京市开始大量利用再生水作为河湖环境、园林绿化、工业冷却和市政杂用。这一时期，地表水的年供水量基本稳定在 5 亿 ~ 7 亿 m^3。为了涵养和保护地下水资源，北京市再生水利用量连续增长。所以在这一时期，虽然全市用水总量稳中有增，但是地下水的开采量却逐年减少。自 2008 年以来，南水北调京石段通水也在一定程度上缓解了地下水供水的压力，使地下水开采量得以持续下降。2014 年底，丹江口水库水正式进入北京，有效缓解了北京的供水压力。自 2015 年开始，北京每年利用 8 亿 m^3左右的南水进行供水。③2015 年以来，北京市总用水量从 2015 年的 38.2 亿 m^3增加到2022 年的40.03 亿 m^3，南水进京为保证北京市的供水安全和生活经济的稳定发展发挥了非常重要的作用，同时也为地下水的涵养和保护提供了非常好的条件。

北京市适宜开展地下水回补的地区主要集中在山前地带，包括密怀顺、西郊、昌平、平谷及房山五大地下水储备区，总面积为 1246km^2，总库容为 40.5 亿 m^3，其中，西郊地区位于永定河冲洪积扇以上（包括部分山区），范围涉及海淀、石景山、门头沟、丰台、房山、昌平等区，是北京市重要的地下水水源地，第三水厂、青龙桥水厂、门城自来水厂、杨庄水厂、稻香湖水厂、五里坨水厂等皆以该地区地下水为水源。长期过量开采地下水已经引起了区域地下水位下降等环境问题，历史上流量丰沛的玉泉山诸泉基本断流。因此，利用西郊地区进行地下水战略储备，有利于恢复地下水位，改善地下水环境，恢复玉泉山泉，补充河道水源，可在一定程度上修复已经衰退的西郊生态环境。

但西郊地区地质条件复杂，局部地区地下水补径排条件不清晰，岩溶水和第四系含水层关系有待查明。受地下建筑物和非正规垃圾填埋场等污染源制约的地下水红线水位急需确定。地下水回补场地、路径及回补技术的选择需要进行科学的论证。南水北调水源回补-地下水开采的调蓄方案和补、调、采一体化的调控机制建立需要开展大量的科研工作。为此，本研究梳理地质构造、水文地质特征、地下水补径排路径、水资源演变规律等方面文献资料，通过监测与勘查、现场试验与数值模拟、统计分析与数据挖掘等方法，研判水资源高效利用与地下水战略储备优化方案与实施路径。

1.2 国内外研究现状

1.2.1 地下水战略储备综述

人工回补地下水的水源主要有地表水，处理后的雨洪水，处理达标后的污水、废水，以及外地调水等。人工回补地下水的方法主要分为两大类：直接法和间接法。直接法是以完成人工回补地下水为直接目的的方法，包括直接入渗法、管井注入法和地下调节径流法。间接法是在达到工程设施本身兴建的目的之外，对地下水起到补充作用的方法。目前使用较多的方法是直接入渗法和管井注入法（李恒太等，2008），直接入渗法是利用河道的自然渗漏补给地下水，工程要求较低，但受地形地质条件约束。管井注入法是利用大口井或坑塘将水直接注入含水层中，不受地形地质条件约束，但是工程要求较高。人工回补地下水的主要目的是提高地下水位，作为水资源储备，防止海水入侵，改善水质等（Steenhuis 和桑文静，2014）。

国外在地下水回补方面兴建了许多大型工程。例如，20 世纪 50 年代，荷兰在沿海人口稠密的城市开始构建大规模的地下水补给工程，建立了阿姆斯特丹沙丘供水系统（AWDs），到 1990 年，荷兰地下水人工补给量达到了 1.8 亿 m^3/a。60 年代德国就将处理后的水通过直接回灌的方式回补地下水，一段时间后在距离回补地点一定距离的地方再次抽取经过净化之后的水以满足生活生产需要（孙蓉琳和梁杏，2005）。80 年代，美国提出了“含水层储存恢复（ASR）工程计划”。ASR 是指在丰水季节将水通过人工入渗补给的方式储存到合适的含水层中，在需要利用水资源的时候，再通过取水工程（如开采井等）将水抽取使用。它是一套利用钻孔补给地下水的系统工程，是一种非常成功和经济有效的补给技术。1968 年，在新泽西州建成了第一个含水层储存和开采系统，用于储存经过处理的饮用水。到 2002 年，美国已运行的 ASR 系统有 56 个，而建成的系统则有 100 个以上，仅佛罗里达州南部的墨西哥海湾沿岸就已经修建了 26 个 ASR 工程，约有 330 口 ASR 井。这些 ASR 系统不仅可以满足用水需求，还可以改善回补水的水质（Pyne，1995）。南非开普敦的亚特兰蒂斯在 1980 年开始利用湖盆渗漏回补地下水，将雨洪水和污水中水质较好的水源经过水质处理用于回补地下水，补给水在地下停留 2 年后回采，用以生活生产供水；而水质一般的水源或者低盐的劣质水源则在处理后用于防止海水入侵，最终排向大海。日本为了防止海水入侵，在长崎野母崎町桦岛建设了全球第一座有坝地下水库，利用防渗墙来储存地下水。在随后的几年，逐步修建了冲绳县宫古岛地下水库、福井县常神地下水库、冲绳县砂川地下水库等，地下水库的建设为相关地区农作物的生产提供了稳定的水源，防止了海水入侵（李旺林等，2005）。在其他的干旱地区，如以色列在 20 世纪 60 年代建立了太巴列湖-地下水库拦蓄工程，实行地表水-地下水统一调度，地下水库总库容达到了 47 亿 m^3。此外，希腊、比利时、法国、瑞士等国家也采取了一系列的措施以提升地下水位（Lucas and Robinson，1995；Alley et al.，2002；韩中华，2006）。

国内对地下水回补的研究起步较晚，上海在 20 世纪 60 年代利用回灌井对地下水进行回补（朱慧峰和顾慧人，2005）。70 年代中期，北京、天津、河北、山东、河南、安徽和江苏等地区开展了大规模地下水人工调蓄的调查评价工作，提出了“地下蓄水”概念、地下调蓄类型划分依据和圈定“地下蓄水地段”技术要求，估算了 74 个地下蓄水地段的可蓄水能力（河北省地理科学研究所，1980）。1975 年河北省开始研究采用深井回灌地下水建立地下水库，以黄河水为主要回补水源，利用渠道、灌井相结合的方式进行地表水回灌，这是我国地下水库发展的开端。北京西郊地下水库是山前倾斜平原区地下水回补研究的代表，地表入渗为主要补给方式。至 90 年代，我国许多地区开展了人工回补地下水的工作，特别是我国的北方地区，如河北、山东、河南及北京等地，并且取得了良好的效果。地下水回补方式主要有农灌、井灌和河道入渗。丁昆仑（1996）通过对各种回补方式的分析，认为沟渠回灌对于北方干旱地区特别是以开采地下水为主的井灌区来讲，是进行大面积回灌地下水的最佳方法。新疆、山东、辽宁、黑龙江、广西、贵州、福建等地也都研究了相应的地下水回补方案并尝试修建地下水库（谭世燕，1995；刘青勇等，2005；周志祥等，2008；朱思远等，2008；邓铭江等，2014）。由于地下水超采严重，济南地区出现了泉水断流的现象，吴兴波等（2003）在济南玉符河地区开展了人工回补实验，并分析了不同回补方案对于济南泉水水位的影响，发现在玉符河进行地下水回补可提升济南地下水位，并对济南泉水修复具有显著的作用。之后王维平等（2010）对济南地区的屋顶雨水进行收集处理，根据水中不同时期污染物浓度的变化，将水中有机污染物进行处理，使雨水中的污染物浓度达到饮用水标准后回补入裂隙岩溶含水层，并根据国内外对于回补深层裂隙岩溶水的工程实例，分析屋顶雨水回补浅层裂隙岩溶水的可能性。在北京的西郊、玉泉山及永定河等地区学者们也开展了一系列的地下水回补的相关研究，如对玉泉山和西郊地区的地质条件与地下水特征进行分析，并研究了永定河与北京市地下水的关系（王新娟等，2006；张院等，2013；首都师范大学，2014；杨庆等，2017）。为了防止地面沉降，牛磊等（2016）在天津开展了基坑回补地下水的研究，通过单井回灌实验，估算了回补地下水的影响范围，验证了基坑回补地下水防止地面沉降的可行性。在东部沿海地区建立的地下水库主要是用于存储地下水和抵制海水入侵。王卫东等（2004）研究了大连市在距海岸线不远的地方建造地下坝，以拦截入海的地下潜流量、抬升地下水位的可行性。

1.2.2 地下水战略储备技术方法

1. 河道试验

由于在地下水回补的方式中，利用河道直接入渗回补地下水工程要求较低，是实际工作中回补地下水最常采用的方法。要想获得水流在河道中的入渗量，就要对河道的入渗能力进行研究，以更好地对地下水进行回补。国内外对河道的入渗能力展开了一系列的实验研究。对于河道入渗能力的实验研究方法主要有基于水量平衡原理下的河道断面测流法、水文分析法、渗流槽法、地下水动力法、经验公式法等。目前采用最广泛的方法是水量均衡法。1956 年席夫根据达西定律研究地下水入渗率和渗漏流场的不同情况，为地下水回补提供了理论依据。早期国外学者致力于饱和条件下的土壤入渗特征研究，后来 Isabella 等利用水量均衡法研究干旱地区的河道在洪水状况下的入渗补给量；Mohamed 等利用水量均衡法对季节性河道中的渗漏损失进行了估算，并建立了渗漏损失量和入渗量的相关关系（杨诗秀等，1985）；Vassilios 分析了各种研究方法的可行性（Allison，1988）。

我国在河道入渗实验的研究方面，小型实验主要有单环法、双环法、抽水试验法等。小型实验主要是测定小范围的渗透系数，使用该系数估算的河道入渗量误差较大。大型试验主要是在河道中进行野外入渗实验，选取实验河道利用水库放水或其他来水，通过水量平衡的方法计算河道入渗量从而推求河道的入渗能力，进而计算整个河道的入渗量。张磊和刘杨杨（2013）在辽宁省西部大凌河中下游河道中采用横断面流量测量法计算了河道的渗漏补给量。学者们在黑河（毛丽丽等，2011）、滹沱河（冯创业等，2013）、永定河（何平，2003）等河道上也进行过大型的河道入渗实验，利用长时间或短时间的上游放水量与该时间段内的降水、蒸发、滞留等水量计算河道的入渗量。为了查明南水北调水在密怀顺地区回补地下水的能力，张志永等（2014）、刘立才等（2015）在潮白河、怀河河道进行双环实验，在大沙河砂石坑和雁栖河采用自然入渗法分别对河道的入渗能力进行研究，实验结果表明，自然入渗法更加接近河水入渗的实际情况，双环实验法得出的河道入渗能力虽然相对于自然入渗法略高，但实验数据仍然具有参考价值，南水北调水利用密怀顺地区干涸河道回补地下水是可行的。

2. 同位素追踪法

查明地下水的径排补规律对地下水回补十分重要，而同位素追踪法是调查河道水流运动路径与地下水径排补规律最常用的方法。目前常用的同位素有^{3}H、^{18}O、^{13}C、D、^{36}Cl等，大部分同位素化学性质稳定，测量结果准确。同位素追踪法在国外的研究中运用广泛，Smedley等（2002）通过水力平衡和氯化物平衡估算地下水补给，描述局部的水化学和同位素的垂直流动，利用同位素方法了解Pampean平原非承压含水层流动系统，通过同位素技术更准确地确定了地下水的地表水之间关系的优先补给区和流动路径。Bouchaou等（2009）利用同位素示踪法对摩洛哥地区的Souss-Massa含水层地下水的主要补给源进行研究，并提出要减少滨海地区的地下水开采量。

在我国，同位素追踪法也有广泛的应用，不仅用于研究降水、地表水与地下水的关系、含水层间的水流相互转化关系，也用来揭示地下水运动特征以及地下水年龄等。20世纪90年代，就有学者利用D和^{18}O地下水进行追踪，发现饮马河地区地表水与地下水之间有较强的水力联系，一级阶层浅层地下水循环周期较短，可作为工农业用水水源地，平原区深层地下水以古水为主，水质较好，可作为饮用水水源地。对饮马河的地下水年龄、地下水成因及地下水循环周期有了新认识，为同位素法在地下水的应用提供了依据。此后，学者们利用同位素追踪法对黄河、孔雀河、石羊河、怀沙河等河流，对河流地下水的补给、径流和排泄规律进行研究，并对地下水和地表水之间的转换有了更加深入的了解（张兴国，1992；平建华等，2004；张若琳，2006；宋献方等，2007；孙忠伟，2018）。

3. 物探方法

物探方法在工程勘查方面的作用在19世纪40年代就开始了，在发展初期，由于实验设备不完善，试验方法不充分，只能通过分析钻探资料了解某一地区的地质情况。由于新设备和新方法的出现，物探方法在勘查方面的应用越来越广泛。直阻电阻率法、电磁法、机电测深法是地下水勘查中较为常用的方法。物探方法可以测定地下水流路径流速，以及用于找水。王玉珏（2006）通过在淮北煤田煤矿第四系松散层进行地下水的流速和流向的测定，发现自然电位法和充电法可以较好地测定松散层地下水流的流速及流向情况，为增强物探效果打下基础。由于各种物探方法都有局限性和适用性，根据不同的地质条件选择合适的物探方法十分重要。孙建平和曹福祥（2006）对西部缺水地区地下水勘查的物探技术方法进行了研究，直阻电阻率法在缺水地区工作难度较大，对于浅层孔隙水勘查的物探方法可选用电磁测探法，该方法在国内外技术较为成熟；对于构造裂隙水的勘查，可选择的方法有音频大地电场法、电磁剖面法等；对于深层孔隙水的勘查，可选用频率域电磁测探法；深层岩溶裂隙水由于条件复杂，一般选用组合的物探技术方法。

4. 地下水驱动力分析方法

随着社会经济的发展，人类面临的水资源问题愈发突出，尤其是地下水资源对区域水资源合理配置和可持续利用具有重要意义。不同于地表水资源，地下水资源影响因子众多且无法直接进行观察，如何判断地下水的主要影响因子从而建立地下水动态变化驱动力影响模型成为当今水资源工作者研究的热点。国内，张展羽等（2017）、杨广等（2011）基于主成分-时间序列模型进行地下水位预测；吴莉萍等（2012）、富飞（2014）运用灰色预测模型进行地下水位动态预测的建模；许骥（2015）、王宇等（2015）、张斌等（2013）采用人工神经网络探讨了降雨量、蒸发量、气温、灌溉量等自然因子与地下水位的关系；熊黑钢等（2012）建立了地下水埋深变化多元回归模型，模拟值精度较高，能较好地反映地下水位的动态变化。国外，Balavalikar 等（2018）、Sattari 等（2012）分别运用人工神经网络和支持向量机建立了地下水动态变化模型；Wang（2014）、Sedghamiz（2007）、Cay 和 Uyan（2013）则通过时空分布数据采用统计方法进行地下水位模拟预测。

上述研究在各自的研究区域均取得了一定的成果，但基于人工-自然二元影响因子，采用具有时间序列功能的人工神经网络研究地下水动态变化尚未开展。

5. 数值模拟综述

数值模拟技术自 20 世纪 60 年代随着计算机技术的飞速发展应运而生，我国地下水数值模拟的研究始于 70 年代，目前数值模拟已经广泛应用于与地下水相关的多个领域，如地下水资源评价、模拟和预测，地下水污染物运移、地面沉降、基坑降水、防渗墙对地下水的影响，地表水地下水联合利用等。常用的地下水模拟模型有 Modflow 模型、Visual Modflow 软件、GMS 软件、FEFLOW 软件、PMWIN 软件等（李鹭，2018）。

20 世纪 80 年代开始，数值法在矿坑涌水和岩溶水资源评价方面得到广泛应用。黄敬熙（1982）、武强等（1992）、朱远峰（1993）、刘再华（1999）等研究表明，多孔介质有限单元和有限差分等分布参数模型比较适于北方岩溶水资源计算，在多孔介质模型拟合效果不理想时，可采用双重介质模型（刘久荣等，2012）。吴吉春等（2000）建立了山西柳林泉裂隙发育区溶质运移三维数值模拟模型。朱学愚和刘建立（2001）采用等价多孔介质模型对裂隙岩溶地区地下水进行水头和溶质运移模拟，采用 Modflow 模型进行水头模拟，采用混合欧拉-拉格朗日方法（即特征有限差分法）求解对流弥散方程。陈喜等（2006）针对人类活动影响下岩溶地区泉流量难以预测的问题，基于地下水数值计算模型和人工神经网络两者的优点，尝试将两者结合建立松散型耦合模型，很好地模拟出泉流量峰谷变化，提高了预报精度。曹丁涛（2008）采用 Visual Modflow 软件，对唐村—西龙河水源地岩溶水资源进行了精细的数值模拟。刘永良和潘国营（2009）基于 Visual Modflow 软件，以寺湾矿石炭系太原组二灰岩溶水大型放水试验为基础，建立了岩溶水三维渗流数值模型，进行了岩溶水疏降流场模拟和涌水量预测。翟立娟（2011）利用目前国际上流行的 Visual Modflow 软件，采用数值模拟法对羊角铺水源所在地地下水系统的溶质运移进行模拟预测，确定羊角铺水源地不同级别的保护区范围。于翠翠（2017）应用地下水模拟软件 GMS 建立山东济南明水泉域的三维地下水流数值模拟模型，对泉域内岩溶地下水进行数值模拟和水平衡分析，评价了泉域岩溶地下水资源总量和在保持泉水常年喷涌条件下的岩溶地下水可采资源量。付晓刚等（2018）基于 Visual Modflow 软件建立了羊庄盆地地下水水流与溶质运移数学模型，对羊庄断块地下水硝酸盐的迁移与扩散进行了数值模拟，预测了硝酸盐在地下水中的分布状况及浓度变化趋势。

第 2 章　北京市西郊区域概况

2.1　研究区范围

北京西郊地区包括房山区、门头沟区、海淀区、石景山区、丰台区及昌平区的部分地区（图 2-1），主要包括寒武系和奥陶系发育的地区及永定河冲洪积扇上部第四系发育的地区，总面积为 2327km^2。

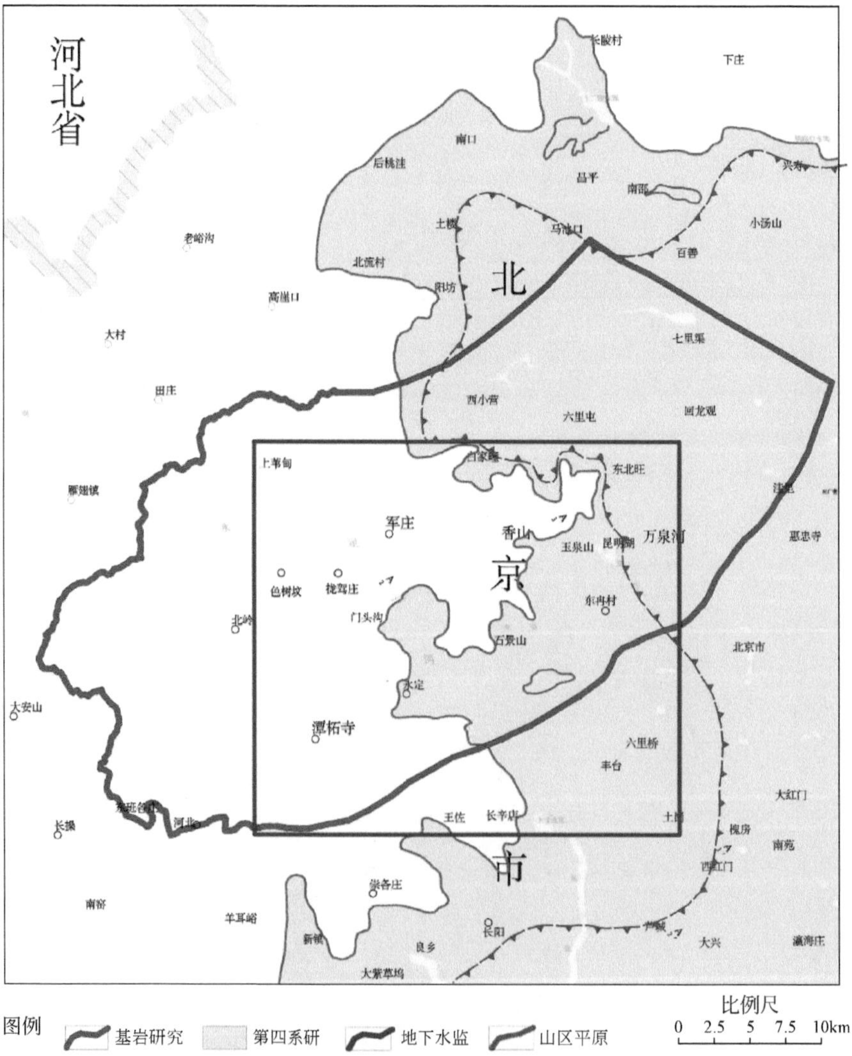

图 2-1　研究区位置与范围图

2.2 气象水文

2.2.1 气象

本区属典型暖温带半湿润半干旱大陆性季风气候，四季分明，春季干旱多风，夏季炎热多雨，秋季凉爽，冬季寒冷干燥。多年平均气温为 11.7℃，日极端最高气温可达 42.6℃（1942 年 6 月 15 日），日极端最低气温可达-27.4℃（1966 年 2 月 22 日），西部山区的气温随海拔的增加而降低，海拔每增加 100m，气温降低 0.47 ~ 0.5℃，无霜期为 200 天左右。

根据西郊典型区——海淀区 1956 ~ 2015 年观测资料，海淀区多年平均降水量为 574.6mm，由于受大陆性季风气候的影响，降水量在时间上分布极不平衡，年内降水符合季风气候的特点，6 ~ 9 月降水量可达全年总降水量的 60% ~ 80%，降水量年际变化较大，丰水年、平水年、枯水年交替出现，常出现连续枯水年，年最大降水量不超过 1200mm（1959 年），年最小降水量为 266.9mm（1999 年），1999 ~ 2007 年连续 9 年为枯水年，平均降水量为 398.1mm。海淀区 1956 ~ 2015 年降水量直方图详如图 2-2 所示。

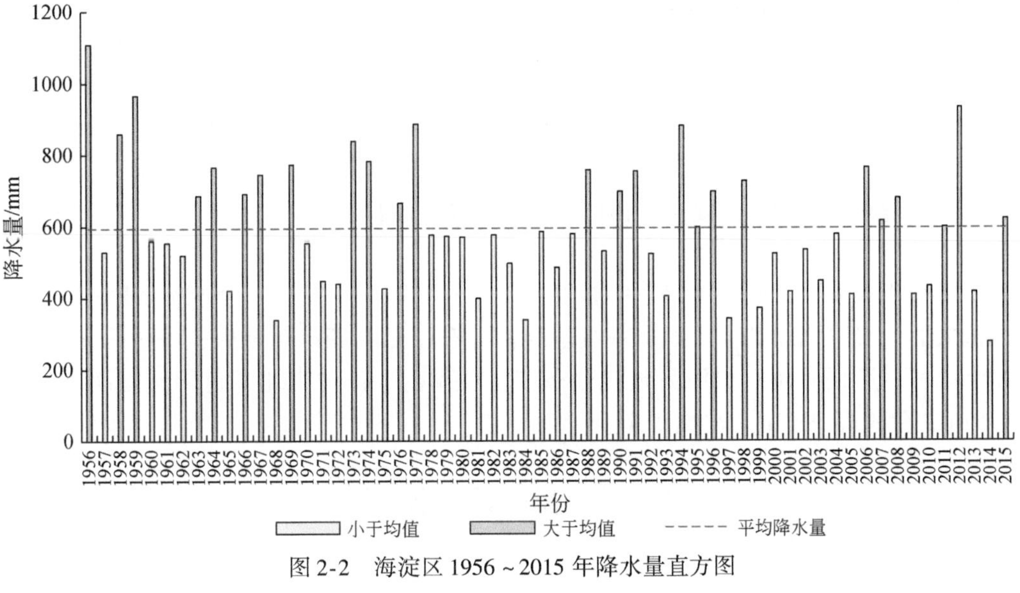

图 2-2 海淀区 1956 ~ 2015 年降水量直方图

研究区蒸发量大于降水量，一年当中春季蒸发量最大，冬季蒸发量最小。据北京各气象站资料统计，多年平均水面蒸发量在 1800mm 左右（以 20cm 蒸发皿计）。

2.2.2 水文

研究区水系属海河流域，主要为永定河、大石河。

永定河是永定河水系主要河流，由洋河、妫水河、桑干河等支流汇合而成，在官厅水库以下流入北京地区，穿过永定河山峡到三家店附近流入京西平原，境内流域面积 $3168km^2$，其中山区流域面积 $2491km^2$，是流经北京市最长的河流。据三家店水文站记录，1939 年汛期最大洪峰流量达 $4665m^3/s$，一次洪峰总量达 12.13 亿 m^3，占该年总径流量 34%。最小流量发生在 1937 年 5 月，三家店流量为 $0.1m^3/s$。自 1954 年官厅水库建成后，永定河流量得到控制，20 世纪 80 年代以后常年干枯。

大石河是大清河水系的主要支流之一，发源于百花山南麓，流经房山地区，境内全长 108km，境内流域面积为 $919km^2$。其中山区流域面积占 70%。沿河黑龙关、河北村及万佛堂等地多泉水，主要支流有周口店河、挟括河等。该河属季节性河流。

研究区内有两条主要引水渠——京密引水渠与永定河引水渠，渠道已经衬砌，基本无渗漏。京密引水渠自北向南通过研究区东部，源自密云水库，途经昆明湖，向南至西八里庄桥南与永定河引水渠汇合，注入玉渊潭。永定河引水渠位于研究区北部，自三家店水闸始，至玉渊潭止，由西向东延展，全长 16.9km。

2.3 地形地貌

西郊地区总体地形呈西北高东南低，西部为太行山脉，属中低山地形，为海拔 200 ~ 700m 的丘陵、低山。山前有老山、玉泉山、万寿山、石景山等海拔在 100m 左右的基岩残山孤丘，相对高差在 50m 左右。东部为倾斜的平原，平原海拔自 80m 逐渐降为 40.25m，地形坡降在 1‰ ~ 3‰。地貌单元可划分为侵蚀构造和平原堆积两种地形。

侵蚀构造地形是以侵蚀切割作用为主形成的，分布于研究区西部及西北部，标高一般为 100 ~ 500m，最高可达 650m。北部香峪大梁为东西的分水岭，西部香山-福惠寺为南北的分水岭。分水岭两侧冲沟发育，在山前地带分布有高程在 90 ~ 150m 的残山，如玉泉山、老山、田村山等。

平原堆积地形是以堆积作用为主形成的，位于西郊地区东部，主要为由永定河冲洪积作用形成的一级阶地和二级阶地。一级阶地：分布于昆明湖以东地区，海拔为 45 ~ 49m，向东北倾斜，阶面平坦。二级阶地：分布在昆明湖南、田村山北，南旱河以西，海拔为 52 ~ 57m，阶坎高 3 ~ 5m，阶面平坦。

2.4 地质概况

2.4.1 地层

西郊地区元古界包括长城系、蓟县系、青白口系，出露在沿河城断裂以北，即珠窝、高崖口、拒马河以北等地，亦零星出露在八宝山断裂以南与谷积山一带。岩性为海相碎屑岩及碳酸盐岩。下古生界包括寒武系及奥陶系，出露在百花山向斜、庙安岭—髫髻山向斜、北岭向斜、谷积山背斜的南北两翼及下苇甸—军庄一带，并零星出露在北台村、周口店、南窑等地，岩性为浅海相碳酸盐岩及部分碎屑岩。上古生界包括石炭系及二叠系，除上述各向斜翼部外，在九店一带亦有出露。岩性为海、陆交互相碎屑岩及陆相碎屑岩夹煤层、泥灰岩与火山碎屑物质。中生界包括侏罗系、下白垩统，除上述各向斜外，也零星出露在东灵山、沿河城、石景山、八宝山、坨里等地，岩性主要为陆相火山喷发岩及火山碎屑岩夹泥灰岩。下侏罗统为主要含煤地层。新生界包括古近系、新近系及第四系，古近系出露在长辛店、坨里、良乡等地；新近系出露在永定河、大石河、拒马河两岸，东南部山前平原及山间沟谷地带，岩性为半胶结与松散的沉积岩类；第四系洞穴堆积（周口店一带）中含古人类化石。本地区地层由老及新分述如下。

1. 元古界

1）蓟县系雾迷山组（J_{xw}）

蓟县系雾迷山组以灰色、浅灰色厚层状燧石条带、团块白云岩、白云岩为主，呈条带状存在于黄庄—高丽营断裂与八宝山断裂带之间，在北车营、羊圈头及梨园村南有所出露，出露宽度不一，与石炭系—二叠系为断层接触。

2）青白口系（Qb）

青白口系（Qb）主要分布于研究区下苇甸穹窿与谷积山背斜核部的核部。下马岭组（Q_{bx}）为黑色页岩、板岩、石英砂岩，底部含有赤铁矿，出露厚度为 216m。长龙山—景儿峪组（$Q_{bc\text{-}j}$）为浅灰、绿紫等杂色砂岩和石英砂岩、白云岩互层及大理岩、板岩，出露厚度为 307m。

2. 古生界

1）寒武系（€）

寒武系（€）主要出露于谷积山背斜两翼及下苇甸穹隆外缘。下寒武统昌平组（$€_{1c}$）为灰色豹皮状灰岩、白云质灰岩，出露厚度为 60m。中寒武统徐庄—毛庄阶（$€_{2m}$—$€_{2x}$）为紫色页岩、泥质白云岩、鲕粒灰岩，出露厚度为 206m；张夏阶（$€_{2z}$）以鲕粒灰岩为主，夹粉砂岩、页岩，出露厚度为 145m。上寒武统崮山—长山—凤山阶（$€_{3g}$—$€_{3c}$—$€_{3f}$）为紫色竹叶状灰岩、灰黄色泥质条带灰岩及泥灰岩，出露厚度为 192m。

2）奥陶系（O）

奥陶系（O）大面积出露于西郊的鲁家滩、军庄等地，在水源三厂水源地北部的玉泉山有少量出露。玉泉山以南地区地处八宝山断裂下盘，奥陶系灰岩直接被第四系所覆盖，埋深 150～313m。下奥陶统冶里—亮甲山组（O_{1y+l}）为浅灰色、深灰色、灰黄色灰岩、白云质灰岩，下部夹泥质条带灰岩及竹叶状灰岩，中部灰质白云岩含燧石结核或条带，出露厚度为 343m。中奥陶统马家沟组（O_{2m}）岩性为深灰色、灰黑色、灰黄色灰岩、白云质灰岩及角砾状灰岩、白云岩，岩溶比较发育，裂隙溶隙较多，且多为红黏土所充填，出露厚度为 404m。

3）石炭系（C）

石炭系（C）主要分布在九龙山—香峪大梁向斜两侧，平原区隐伏于第四系之下，假整合于奥陶系马家沟组灰岩之上。中石炭统清水涧组（C_{2q}）主要岩性为灰黑色、绿色页岩、硬绿泥化炭质页岩及粉细砂岩，底部有硬绿泥石角岩，与奥陶系马家沟组呈平行不整合接触，出露厚度为69m。上石炭统灰峪组（C_{3h}）岩性为深灰色、灰黑色硬绿泥石角岩化粉细砂岩、中粒砂岩及页岩，并有少量煤层，出露厚度为104m。

4）二叠系（P）

下二叠统岔儿沟组（P_{1c}）—阴山沟组（P_{1y}）为灰色及绿灰色粉砂岩、细砂岩、页岩夹薄层砂砾岩及灰白色石英砂岩，夹细砂岩，出露于大灰厂、回民公墓以北地区，出露厚度为246m。上二叠统红庙岭组（P_{2h}）为肉红色、浅绿色及灰白色石英砂岩，夹细砂岩及暗紫色、紫红色叶腊石化页岩，分布于八大处一带，出露厚度为190m左右。

5）三叠系（$T_{1\text{-}3x}$）

三叠系岩性为绿色、灰绿色及灰白色细砂质岩屑粉砂岩及含砂质板岩，主要出露于香峪—九龙山大梁两翼，出露厚度为77～150m。

3. 中生界

1）侏罗系（J）

下侏罗统的南大岭组（J_{1n}）主要出露于香山、八大处等地，巨山—田村山之间被第四系覆盖，岩性为绿色、灰绿色、玄武岩夹灰白色凝灰质砂岩，出露厚度362m；窑坡组（J_{1y}）主要为暗色含砾粗砂岩、粗砂岩、粉砂岩、泥岩及煤层，出露厚度为400米左右。中侏罗统龙门—九龙山组（$J_{2l\text{-}j}$）主要出露于西郊九龙山—香峪大梁向斜的轴部，岩性为灰黑色、灰绿色粉砂岩及含砾粗砂层，上部以凝灰质砂岩为主，普遍发育底砾岩，出露厚度300～1900m。上侏罗统髫髻山组（J_{3t}）出露于妙峰山，隐伏于海淀镇至五路居。岩性为紫红色、暗灰色、灰褐色安山岩、安山质角砾岩、集块岩、凝灰岩夹砂岩、砾岩等，出露厚度为2700米左右。

2）下白垩统（K_1）

下白垩统（K_1）主要分布于八宝山断裂上盘，岩性为灰绿色、黄褐色、紫灰色凝灰岩、安山质角砾凝灰岩、火山岩、屑砂岩、砾岩、杂色粉砂岩及砂砾岩。

3）火成岩类

火成岩类出露于大觉寺、上苇甸等地，岩性为燕山晚期花岗岩、花岗闪长岩。

4. 新生界

1）古近系（E）和新近系（N）

岩性为棕红色半胶结砾岩及紫红色砂质页岩或黏土质页岩。前者出露于大灰厂南，为长辛店砾岩；后者隐伏于第四系下部，分布于黄庄—高丽营断裂东南侧平原区的八里庄地区，属天坛组，岩性为棕红色半胶结砾岩及紫红色砂质页岩或黏土质页岩。

2）第四系（Q）

第四系（Q）在区域内广泛分布于山涧沟谷及广大平原区。山前地区以残坡积相与洪坡积相为主，岩性为棕黄色黄土质砂黏及黏砂钙质结核；平原区则以冲洪积相为主，岩性为灰黄色粉砂质黏土、粉土、砂砾卵石。第四系地层沉积厚度总体是从山前至平原区逐渐增厚，由数米陡增至250m左右；在中坞、南坞地区厚度为250m左右，在八宝山—田村—西八里庄一带下伏基岩凸起造成沉积厚度变小，仅为10～60m。研究区基岩地质图如

图 2-3所示。

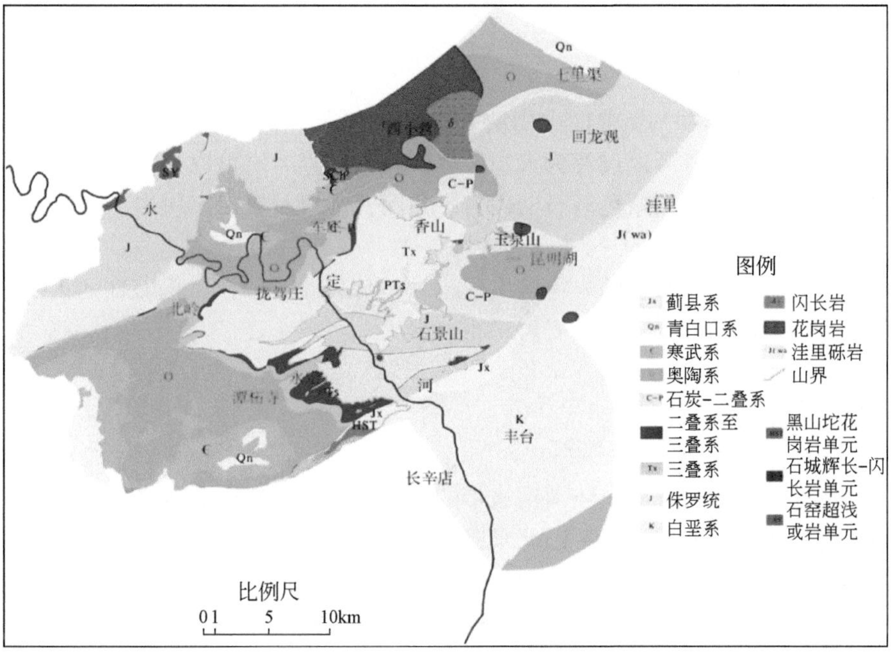

图 2-3　研究区基岩地质图

2.4.2　岩浆岩

北京西郊地区的岩浆岩，主要受基底的断裂控制。岩浆活动以燕山期最为激烈，规模最大，活动频繁，构成多次喷发和侵入。

1. 侵入岩

侵入岩呈分散孤立状态，分布于八达岭、阳坊、房山等地区，多以小型岩株、岩枝状产出，为浅—中深成相。据有关资料，同位素年龄为 1.80 亿 ~ 1.36 亿年。中深岩类有灰黄、灰白、浅肉红、灰绿色花岗岩、花网闪长岩、碱性花岗岩、碱性正长岩、石英二长岩、闪长岩、流纹斑岩、石英正长斑岩、闪长玢岩。

脉岩多呈近南北及北北西向分布。岩性为花岗斑岩、细晶岩、闪长岩、正长岩及煌斑岩。

2. 喷出岩

喷出岩呈北东向分布于百花山、庙安岭—髫髫山、九龙山—香峪大梁、北岭等向斜的核部及沿河城、模式口、八宝山等地。生成时代主要为侏罗纪。喷出岩类型为裂隙式喷溢，分述如下。

1）早侏罗世的玄武岩

早侏罗世的玄武岩为一套经多次喷溢活动形成的玄武质熔岩流。岩性为暗绿色玄武岩，具气孔杏仁状构造。

2）中侏罗世的火山岩

中侏罗世的火山岩为一套中性火山物质构成的砾岩、熔岩及火山碎屑岩，断续状分布。在水平方向上，熔岩可以过渡为火山碎屑岩；火山碎屑岩可以过渡为凝灰岩或凝灰质砂岩。主要岩性为灰绿、褐紫色辉石安山岩、角闪安山岩及火山集块岩、火山角砾岩等。

3）晚侏罗世的火山岩

晚侏罗世的火山岩以孤立的岩穹状出现，为一套酸性、中性、偏碱性的火山岩。主要岩性为灰黄、暗紫色的流纹岩、英安岩、粗面岩等。

2.4.3 地质构造

该区构造处于山西台背斜与燕山褶皱带的交汇部位。构造极其复杂，北东、北西及近东西向的构造形迹均有展现。全区以北东向构造为主，以九龙山向斜、香峪向斜、谷积山背斜、马鞍山背斜、八大处背斜、下苇甸穹窿，以及黄庄断裂、高丽营断裂、八宝山断裂、永定河断裂、南口断裂、孙河断裂等构成本区主要构造骨架（图2-4）。

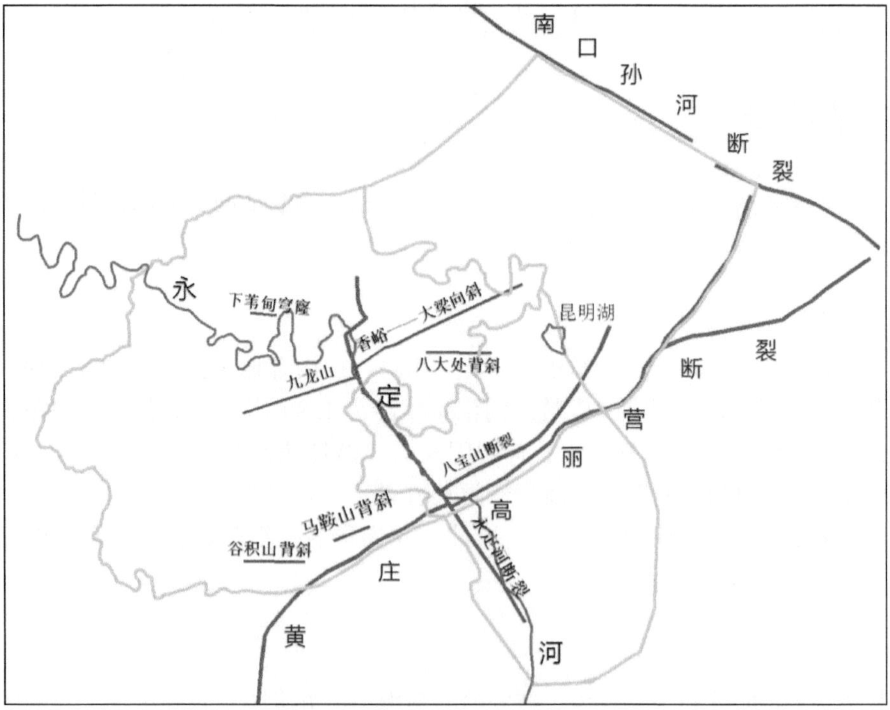

图2-4　研究区基岩构造简图

1. 褶皱构造

1）九龙山向斜、香峪向斜

九龙山向斜、香峪向斜被永定河断裂切割，其轴部呈北东—南西向，展布于九龙山—克勤峪一带。轴部倾向南东，核部为中侏罗统九龙山组，两翼为古生界。

2）八大处背斜

八大处背斜位于九龙山—香峪向斜的东南侧，轴向近东西向，背斜宽缓，西起五里坨，东至海淀镇，倾没端除北翼出露于玉泉山北外，大部被第四系所覆盖，并被八宝山断裂所斜截，核部以奥陶系地层为主，两翼依次为石炭系—下侏罗系地层。

3）谷积山背斜

谷积山背斜位于本区西南侧，轴向近东西，核部为青白口系，两翼为寒武系、奥陶系组成。北翼岩层倾角为10°～25°，南翼岩层较陡，倾角为45°～55°，个别地段受挤压而发生倒转。

4）马鞍山背斜

马鞍山背斜轴走向为北东东向，并向北东向倾伏，核部由奥陶系灰岩组成，两翼及倾伏端为石炭系地层。南翼岩层倾角为20°～63°，北翼岩层倾角为15°～32°。

5）下苇甸穹窿

下苇甸穹窿位于九龙山—香峪大梁向斜的西北侧，穹窿轴向西北向，轴面近直立，核部为青白口系下马岭组，并为燕山晚期花岗闪长岩体所侵入，东翼和南部由青白口系的景儿峪组及寒武系、奥陶系地层组成。

2. 断裂构造

1）黄庄—高丽营断裂

黄庄—高丽营断裂属张扭性断裂，其南西起自涿州市西城坊，经坨里、黄庄、八里庄、高丽营至怀柔一线，总长约110km，区内长度65km，其中平原区长42km，山区长23km，走向北东，断裂面倾向南东，倾角为55°～75°，为高角度正断裂，在玉泉路口断裂两侧钻孔控制的最大断距超过1200m。断裂于燕山运动末期切断了侏罗系及其以前的地层，控制了白垩系、古近系及新近系沉积，是Ⅱ级构造单元的分界线。

黄庄—高丽营断裂是一条同生断裂，下白垩统直到古近系、新近系仅分布于黄庄—高丽营断裂以东南的北京凹陷内，它们与断裂西北侧的地层皆呈断层接触，断裂边断边沉，同时北京凹陷也在不断发展之中。黄庄—高丽营断裂是在新生代早期受北西西—南东东向主压应力作用下，八宝山断裂上盘陡倾正断下掉的产物，但是其延伸有限，主要限于丰台凹陷西北侧，对古近系沉积具有控制作用。按此，其形成期应在八宝山断裂之后，即中侏罗世之后。

对于黄庄—高丽营断裂在晚近地质时期的活动性的研究，诸多地质工作者曾做过大量工作，物探揭示为切割莫氏面的深断裂。初步推断在深处可能与南苑通县断裂相交，两者合为一条断裂，位置应在丰台—西四一线，从电阻率断面图上判断，断裂断开了第四系，根据物探、钻孔资料、地形变测量、微震活动都说明该断裂还在活动。

2）八宝山断裂

该断裂南起房山长沟经八宝山时而呈北东向，时而呈北东或北东东向蜿蜒曲折延伸，北至海淀镇附近。南北两段隐伏地下，南段由牛口峪往南到长沟。中段北起八宝山经大灰厂、晓幼营、北车营、磁家务、房山花岗闪长岩体至牛口峪，出露地表。断裂走向自八宝山向西南为北东向，到煤岭为北东东向，磁家务至牛口峪为北北东向，呈舒缓波状。由南东而来的元古界逆掩于奥陶系—下侏罗统之上。断层糜棱岩带在万佛堂弱宽 10 ~ 20m。断层面产状：倾向东南，倾角在磁家务段为 60° ~ 70°；在晓幼营段为 40° ~ 50°；在八宝山段为 34° ~ 45°。从挤压劈理、揉褶与羽毛裂隙的排列方式来看，属于压性断裂。

3）永定河断裂

断层大致沿军庄、三家店、鬼子山、卢沟桥呈南东方向延展，斜截了九龙山—香峪—大梁向斜。由于顺永定河河道发育，地貌标志十分明显。三家店一带的永定河两岸基岩中发育同方向的小断层和裂隙带，河道两侧的构造线不连续，九龙山—香峪—大梁向斜在军庄以南的轴迹被左行错开约 1km。以往的水文地质勘查表明，在三家店以上至军装灰岩裸露区，永定河河水明显渗漏，是地下水良好的补给通道。因此，也有学者认为永定河断裂对良好的补给通道具有一定的贡献。永定河断裂形成于恐龙时代的燕山运动的早期，通过 1 : 5 万电测深面积普查确定了该断裂在庞各庄一带的展布位置，认为其逐渐消失于大兴隆起。

4）南口—孙河断裂

南口—孙河断裂是北京地区一个重要的活动断裂，也是张家口—渤海地震带中最醒目的地表第四纪活动断裂。该断裂自南口沿百泉、七间房、白浮、半壁街、东三旗、孙河至通州附近，其总体呈南东 130° ~ 140°方向展布，长约 80km。

南口—孙河段以往工作密集，20 世纪 70 年代后期北京地震地质会战期间布设的钻孔及地球物理勘测，证实该断裂带在第四纪时期存在强烈活动。地貌学家依据平原古河道变迁，曾提出该断裂在全新世存在活动。温榆河在沙子营一带穿过该断裂后转向南东流也与断裂的不均匀升降活动有关。此外，凉水河在通州张家湾由北东流向转向南东很可能也与此有关，所以认为该断裂自全新世以来仍然在活动。

2.5 社会经济

北京西郊地区主要位于海淀、石景山、丰台和门头沟四区，各区社会经济状况如下，数据来自各区统计年鉴。

2.5.1 海淀区社会经济状况

海淀区位于北京市区西北部，东与西城区、朝阳区相邻，南与丰台区毗邻，西与石景山区、门头沟区交界，北与昌平区接壤，区域面积为 430.77km²。

2017 年末全区常住人口 348.0 万人，比上年末减少 11.3 万人。其中，常住外来人口 127.6 万人，占常住人口的比例为36.7%。常住人口出生率为9.0‰，死亡率为4.0‰，自然增长率为 5.0‰。常住人口密度为 8079 人/km²，比上年末减少 262 人/km²。年末全区户籍人口 235.4 万人，比上年末减少 4.8 万人。

2017 年全区实现地区生产总值 5915.3 亿元，比上年增长 7.3%。分产业看，第一产业实现增加值 1.5 亿元，下降 13.7%；第二产业实现增加值 631.5 亿元，增长 1.9%；第三产业实现增加值 5282.3 亿元，增长 7.9%。按常住人口计算，全区人均地区生产总值达到 17.0 万元。

2.5.2 石景山区社会经济状况

石景山区是北京市六个主城区之一，位于长安街西段，面积为 85.74km²，气候为暖温带半湿润大陆性季风气候。

截至 2017 年底，常住人口为 61.2 万人，比上年末减少 2.2 万人。其中常住外来人口 17.8 万，占常住人口的比例为 29.1%。常住人口密度为 7138 人/km²，比上年末减少 256 人/km²。年末全区户籍人口为 38.2 万人，比上年末减少 0.5 万人。

2017 年全年实现地区生产总值 534.0 亿元，其中第二产业实现增加值 158.2 亿元，增长 2.7%；第三产业实现增加值 375.8 亿元，增长 9.2%。按常住人口计算，全区人均地区生产总值为 8.7 万元。

2.5.3 丰台区社会经济状况

丰台区是北京市的六个主城区之一，是首都中心城区和首都核心功能主承载区，位于北京市南部，东面与朝阳区接壤，北面与东城区、西城区、海淀区、石景山区接壤，西北面与门头沟区接壤，西南面与房山区接壤，东南面与大兴区接壤。丰台区东西长 35.3km，南北宽 15km，面积为 306km²，其中平原面积约为 224km²。

2017 年末全区常住人口为 218.6 万人，比上年末减少 6.9 万人。其中，常住外来人口为 75.4 万人，比上年末减少 4.5 万人，占常住人口的比例为 34.5%，比上年末下降 0.9 个百分点。在常住人口中，城镇人口 218.2 万人，占常住人口的比例为 99.8%。全区常住人口出生率为 9.07‰，死亡率为 5.01‰，自然增长率为 4.06‰。常住人口密度为 7155 人/km²，比上年末减少 226 人/km²。年末全区户籍人口为 113.9 万人，比上年末减少 1.5 万人。

2017 年实现地区生产总值 1425.8 亿元，比上年增长 6.5%。其中，第一产业实现增加值 0.7 亿元，增长 28.5%；第二产业实现增加值 283.3 亿元，下降 2.8%；第三产业实现增加值 1141.7 亿元，增长 9%。按常住人口计算，全区人均地区生产总值达到 6.4 万元，比上年增长 13.3%。

2.5.4 门头沟区社会经济状况

门头沟区位于北京城区正西偏南，东西长约 62km，南北宽约 34km，总面积为

1455km^2。山地面积占 98.5%，是北京市唯一的纯山区，其东部与海淀区、石景山区为邻，南部与房山区、丰台区相连，西部与河北省琢鹿县、涞水县交界，北部与昌平区、河北省怀来县接壤。

截至 2017 年末，全区常住人口 32.2 万人，比上年增加 1.1 万人。户籍人口总户数 120 146 户，总人数 24 9131 人，其中非农业人口 205 276 人，农业人口 43 855 人。户籍人口中，全年出生人口 2710 人，死亡人口 5768 人，人口出生率为 10.88‰，死亡率为 23.15‰，人口自然增长率为-12.27‰。

2017 年全区实现地区生产总值 174.5 亿元，按不变价计算比上年增长 7%。其中第一产业实现增加值 1.1 亿元，比上年增长 18.1%；第二产业实现增加值 81.4 亿元，比上年增长 7.9%；第三产业实现增加值 92 亿元，比上年增长 6%。

2.6 本章小结

本章介绍了研究区基本情况，包括研究区范围、气象水文、地形地貌、地质背景及社会经济状况等。

（1）研究区除早古生代晚期至晚古生代早期（O_3 ~ C_1）及中生代晚期（C_2）至新生代早期（E_1）地层缺失外，其余各时期地层地层发育较齐全。

（2）研究区大地构造位置处于燕山台褶带之西南，属西郊迭坳褶，以九龙山向斜、香峪向斜、谷积山背斜、马鞍山背斜、八大处背斜，黄庄断裂、高丽营断裂、八宝山断裂、永定河断裂、南口断裂、孙河断裂、沙河断裂等构成本区主要构造骨架。

（3）研究区主要涉及北京市的海淀区、石景山区、丰台区、门头沟区，人口总数约 660 万人，地区生产总值约为 8050 亿元，人均 GDP 约为 12 万元。

第 3 章　北京市西郊区域水文地质特征

3.1　地下水系统及赋存条件

3.1.1　第四系地下水赋存条件

含水层主要受地形、构造运动及河流堆积作用控制，研究区第四系含水层山前地带为坡积物、洪积物，岩性为黏性土含碎石，分选磨圆差，在局部地段含水，平原区含水层由单一结构转变为多层结构，岩性由卵砾石、砂砾石转为多层砂，单层结构区局部地段夹有薄层黏土，成透镜体形状。依据含水层结构与富水性，研究区第四系含水层从山前至平原区具有如下规律（图3-1）。

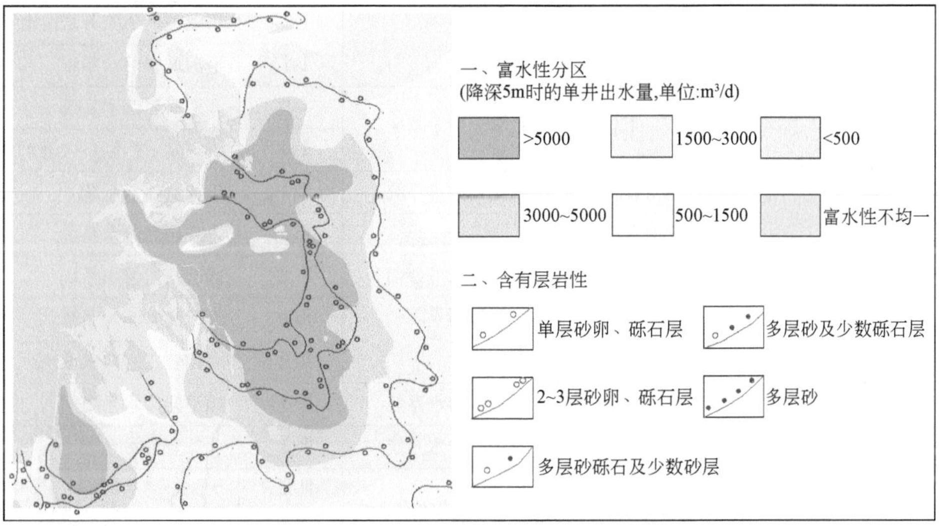

图 3-1　研究区第四系地下水含水层及富水性分区

（1）山前地区：无良好含水层，分布在山前的坡积、洪积、冰碛物，岩性为黏性土含碎石，分选磨圆差，在局部地区含水，但水量不大，富水性大小不一。

（2）单一结构的砂卵砾石含水层：为永定河冲洪积扇顶部地区，地下水为潜水，含水层为单层砂卵砾石，单井出水量（降深 5m 时，下同）一般大于 $5000m^3/d$，砂卵砾石埋藏浅，埋深一般为 3 ~ 5m 或直接裸露地表，大气降水入渗及河水入渗条件良好，是平原区地下水的主要补给区。

（3）2～3 层结构的砂卵砾石含水层：砂卵砾石层与黏性土互层，含水层为 2～3 层砂卵砾石，富水条件较好，单井出水量一般可达 3000～5000m^3/d。

（4）多层结构的砂砾石夹少量砂含水层：分布在永定河冲洪积扇的中部地区，单井出水量一般可达 1500～3000m^3/d。

（5）多层结构的砂层夹少量砂砾石含水层：分布在研究区东部，沉积物较细，含水层层次增多，单井出水量在 1500m^3/d 左右。

3.1.2 岩溶水系统

根据《北京岩溶水资源勘查评价工程成果报告》研究成果，将北京岩溶水划分为 3 个一级岩溶水系统、7 个二级岩溶水系统、16 个三级岩溶水系统（表 3-1、图 3-2）。系统分布面积为 10 169.2km^2。

表 3-1　岩溶水系统划分

一级岩溶水系统		二级岩溶水系统		三级岩溶水系统	
Ⅰ	房山—昌平岩溶水系统	Ⅰ-Ⅰ	西郊岩溶水系统	Ⅰ-Ⅰ$_1$	十渡—长沟岩溶水系统
				Ⅰ-Ⅰ$_2$	鱼谷洞岩溶水系统
				Ⅰ-Ⅰ$_3$	玉泉山—潭柘寺岩溶水系统
				Ⅰ-Ⅰ$_4$	黑龙关—磁家务岩溶水系统
				Ⅰ-Ⅰ$_5$	沿河城岩溶水系统
		Ⅰ-Ⅱ	昌平岩溶水系统	Ⅰ-Ⅱ$_1$	高崖口岩溶水系统
				Ⅰ-Ⅱ$_2$	十三陵—桃峪口岩溶水系统
Ⅱ	延庆—怀柔岩溶水系统	Ⅱ-Ⅰ	延庆岩溶水系统	Ⅱ-Ⅰ$_1$	延庆岩溶水系统
		Ⅱ-Ⅱ	千家店—九渡河岩溶水系统	Ⅱ-Ⅱ$_1$	千家店岩溶水系统
				Ⅱ-Ⅱ$_2$	琉璃河岩溶水系统
				Ⅱ-Ⅱ$_3$	九渡河岩溶水系统
				Ⅱ-Ⅱ$_4$	西田各庄岩溶水系统
Ⅲ	大兴—平谷岩溶水系统	Ⅲ-Ⅰ	顺平岩溶水系统	Ⅲ-Ⅰ$_1$	顺平岩溶水系统
		Ⅲ-Ⅱ	北务岩溶水系统	Ⅲ-Ⅱ$_1$	北务岩溶水系统
		Ⅲ-Ⅲ	大兴—通州岩溶水系统	Ⅲ-Ⅲ$_1$	大兴岩溶水系统
				Ⅲ-Ⅲ$_2$	龙旺庄岩溶水系统

研究区属于西郊岩溶水系统中的三级岩溶水系统——玉泉山—潭柘寺岩溶水系统，分布在南辛房—四季青、军庄—温泉，面积 1318.68km^2。其系统特征如下：

（1）西北界为百花山—髫髻山向斜轴部地表分水岭。

（2）东北界为南口断裂，该断裂两侧大部分地层为青白口系，为相对隔水边界，局部地段断裂两侧为寒武系，有一定的水量交换，为流量边界。

（3）东南界为黄庄—高丽营断裂，断裂不同段对奥陶系岩溶水具有不同的控制作用，边界性质具有分段特性，大钟寺—羊坊段为流量边界，其断裂两侧奥陶系灰岩存在断层接触，断裂下盘奥热-1 孔在 2500m 左右揭示奥陶系地层，其主要岩性为白云质灰岩，断裂上盘 J-94 孔的勘探结果表明，奥陶系灰岩厚度约 500m，断裂两侧奥陶系灰岩顶板的垂直距离约为 400m；羊坊店以西段，断裂西北侧为八宝山断裂上盘，其主要岩层为蓟县系雾迷山组白云岩、矽质条带白云质灰岩，其次为侏罗系安山岩、安山质角砾岩、集块岩、砂岩等，断裂东南侧即为北京凹陷，主要岩层为第三系棕红色半胶结砾岩及紫红色砂质页岩或黏土质页岩，该段断裂作为相对阻水边界。

（4）西界为黑龙关泉域的东部边界北峪—佛子庄，大安山—红煤厂断裂为逆冲断裂，两侧局部存在铁岭组白云岩含水岩组与奥陶系—寒武系含水岩组直接接触，有一定的水力联系，断裂东部分布大面积下马岭组板岩、千枚岩，为隔水边界。

图 3-2　房山—昌平岩溶水三级系统分区图

（5）南界为大石河背斜轴部河北镇—三福村，其中河北泉地段地下水向河道排泄，东庄子—三福村一带大石河河水侧向补给奥陶系岩溶地下水，为水量流入边界，其他地段为隔水边界。

西郊岩溶水系统包括海淀、丰台、石景山、门头沟、房山、昌平等区县，属大清水、永定河、北运河三大水系，区内主要河流有大石河、刺猬河、永定河、京密引水渠、清河、沙河。

山区岩溶含水岩组裸露于地表，山前地区包括埋藏型岩溶和覆盖型岩溶。

3.1.3 岩溶地下水赋存条件

研究区岩溶地下水分布在碳酸盐岩地层中，可划分为蓟县系雾迷山组、青白口系、寒武系、奥陶系碳酸盐岩岩溶裂隙含水岩组，各含水岩组出水量及分布情况如下。

1）蓟县系雾迷山组含水岩组

雾迷山组岩溶裂隙水主要位于八宝山断裂上盘，含水层岩性为硅质条带灰岩、藻团白云岩，裂隙发育，透水性及导水性较好，在小屯—五路居—海淀一线，雾迷山组被第四系所覆盖，水位下降5m时单井出水量一般为208～595m^3/d。

2）青白口系长龙山—景儿峪组含水岩组

含水层岩性为板状灰岩，单井涌水量一般不大，在有利的构造条件下，水位下降5m时单井出水量可达500～1000m^3/d。

3）寒武系含水岩组

昌平组和张夏组岩性为鲕状灰岩、灰岩及豹皮状灰岩，岩溶裂隙发育。其富水性受构造及出露位置影响，水位下降5m时单井出水量为500～1662m^3/d。毛庄组—徐庄组含水岩组岩性为砂质泥岩夹泥晶白云岩、钙泥质粉砂岩夹鲕状灰岩，裂隙不发育，水位下降5m时单井出水量小于100m^3/d。上寒武系含水岩组岩性为竹叶状灰岩、泥质条带灰岩及钙、泥质粉砂岩，岩溶裂隙不甚发育，水位下降5m时单井涌水量一般为100～200m^3/d。

4）奥陶系含水岩组

含水层岩性为灰岩、白云质灰岩。岩溶裂隙发育，地表大小溶洞到处可见，地下深处岩溶呈层状发育，且与裂隙相互连通，利于大气降水及地表水入渗补给，也是地下水的良好储存空间和通道，具有较强的透水性及导水性，是本区的主要含水岩组及开采层。其富水性在不同地区差异较大，鲁家滩、军庄地区岩溶裂隙水的水位下降5m时单井出水量仅为20～40m^3/d，而在八宝山断裂带附近单位涌水量相对较大，水位下降5m时单井出水量为100～300m^3/d；山前地带单位出水量最大，达256～2735m^3/d。

岩溶地下水在山区接受大气降水、河水入渗补给，向东北部平原区径流，20世纪80年代以前岩溶地下水排泄途径主要是泉水、侧向径流，其后人工开采力度逐渐加大，成为岩溶地下水的主要排泄途径，已建设上万、门城、石景山、市第三水厂等集中水源地，分布区现状开采量每年超8000万m^3。

3.2 地下水补径排条件

3.2.1 第四系地下水补径排条件

本区第四系水位标高总体上西高东低，如在上庄水库的西小营一带地下水位标高为 40m，在门头沟三家店水库一段地下水位标高为 70m，而在海淀区洼里一带，地下水位标高为 22m。研究区第四系流场分布状况如图 3-3 所示。

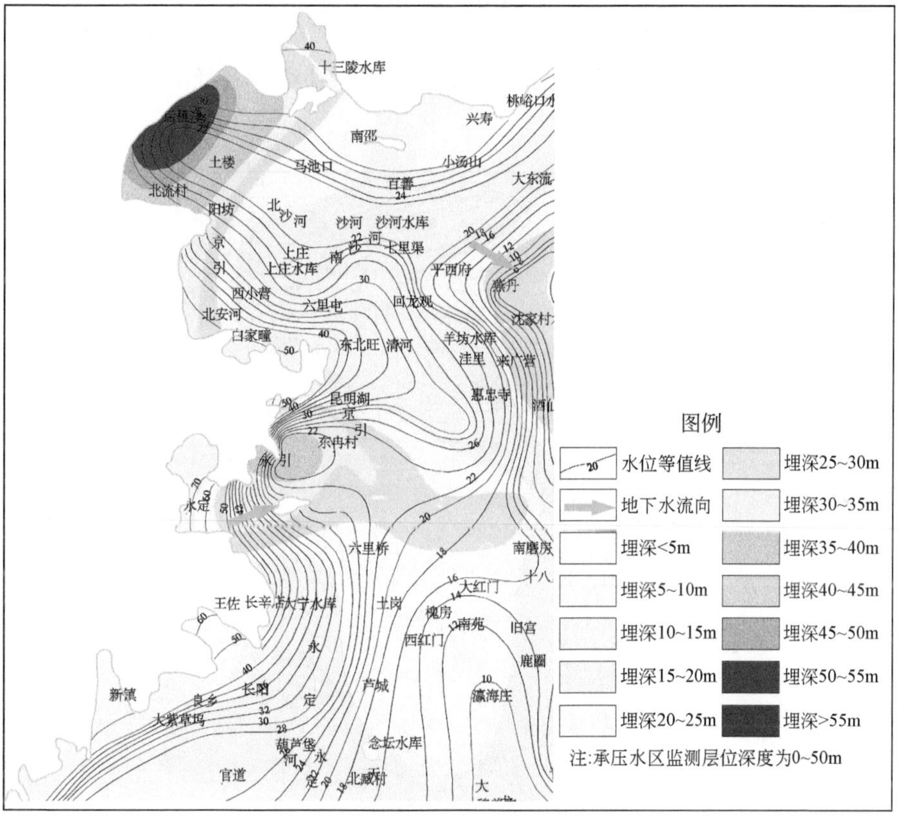

图 3-3 研究区第四系流场分布图

由图 3-3 可以看出：西郊第四系地下水系统主要补给源来源于永定河为首的地表水，其次为鲁家滩、军庄和小汤山一带的降水。不同的补给源具有不同的水流路径：鲁家滩降水补给向南东汇流，沿八宝山断裂补给玉泉山—四季青一带；军庄地区大气降水沿永定河断裂向南汇流，至石景山一带向东汇流，补给玉泉山岩溶水；小汤山一带大气降水入渗到地下水中，主要向东南方向汇流。

3.2.2 岩溶地下水补径排条件

研究区岩溶水水位标高总体上西高东低，如在南辛房地区地下水位标高为110m，军庄地区的担礼村地下水位标高为70m，而在海淀区玉泉山一带，地下水位标高为35m（图3-4）。

由图3-4可以看出：西郊地区岩溶水来源于大气降水和永定河河水入渗补给。降水入渗补给区有两个：一是军庄入渗补给区；二是潭柘寺入渗补给区。

军庄入渗补给水流方向由西向东，相对南侧岩溶水，军庄岩溶水及东侧径流区水流通道以裂隙网络为主，水流阻力较大，流速相对较慢。

潭柘寺降水入渗补给入渗水向南东方向汇流，沿八宝山断裂及北侧裂隙-岩溶发育带流向四季青方向，相对于军庄入渗补给区，潭柘寺入渗补给区及径流区地下水流速快，滞留时间短。

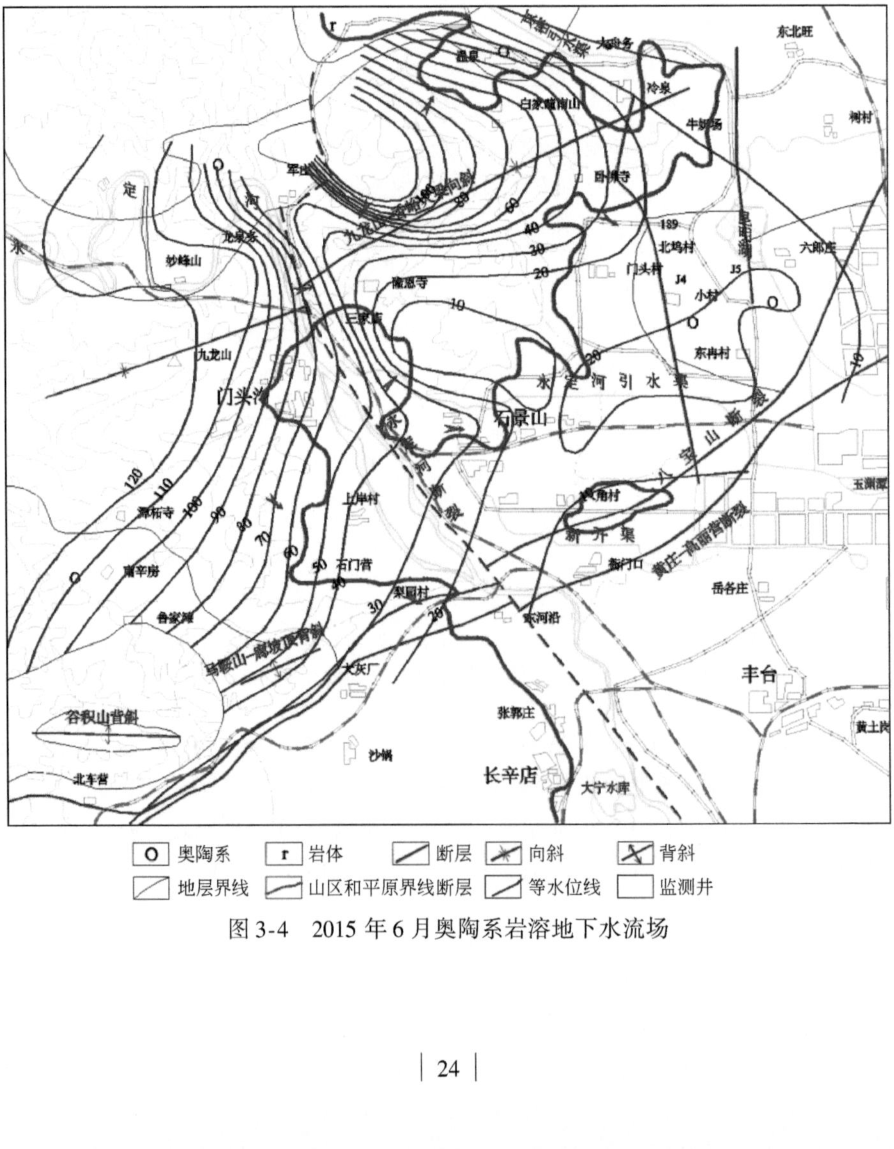

图3-4　2015年6月奥陶系岩溶地下水流场

3.3 地下水动态特征

3.3.1 第四系地下水动态变化

研究区第四系地下水主要补给源来自大气降水入渗、侧向径流补给。地下水位除了受人工开采影响外，也受到上述因素的影响。

1）年内变化特征

选取研究区内南安河孔及清华大学北坞孔监测水位分析，发现承压水与潜水水位年内变化趋势比较一致，且水位的变化具有周期性的特点，年度各月的地下水位变化曲线整体呈山谷状下降（图 3-5、图 3-6），说明地下水变化动态不仅仅受人为开采的影响。一般区域内每年 5 ~ 6 月出现最低水位，之后由于大气降水的补给作用，地下水位开始回升，到

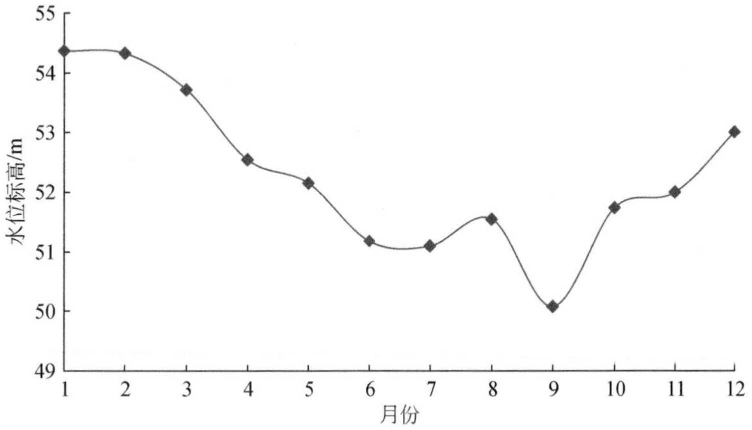

图 3-5　研究区监测水位年内动态变化图（南安河）

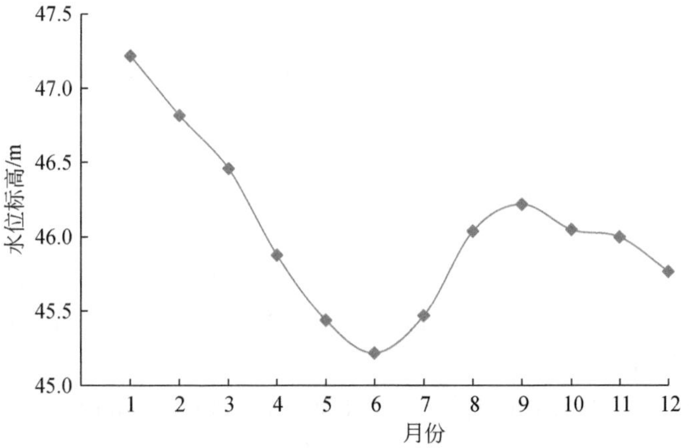

图 3-6　研究区监测水位年内动态变化图（北坞）

次年 2 月水位达到最高，2 月之后水位又逐渐下降。本区地下水位受降水影响较大，变幅一般在 2 ~4m。

2）年际变化特征

选取区内两眼第四系长观孔水位进行分析，分别为北京大学 22-C 监测井孔和 17-D 监测井，可以看出第四系水位的变化规律相似（图 3-7、图 3-8）。其中地下水位在 1982 ~1999 年水位变化趋于平稳，2000 ~2010 年水位整体上呈下降趋势，其中北京大学 22-C 监测井地下水位下降速度约 1.5m/a。研究区地下水位主要受大气降水及人工开采影响，2010 年随着外调水量的增加及开采量的减少，研究区内部分地区水位开始回升。

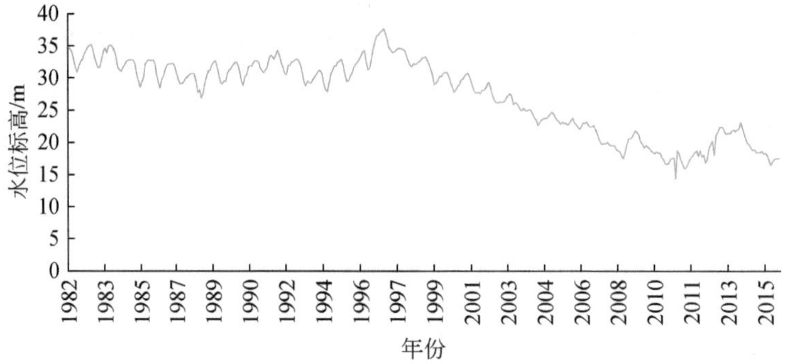

图 3-7　研究区第四系监测水位年际动态变化图（22-C 监测井）

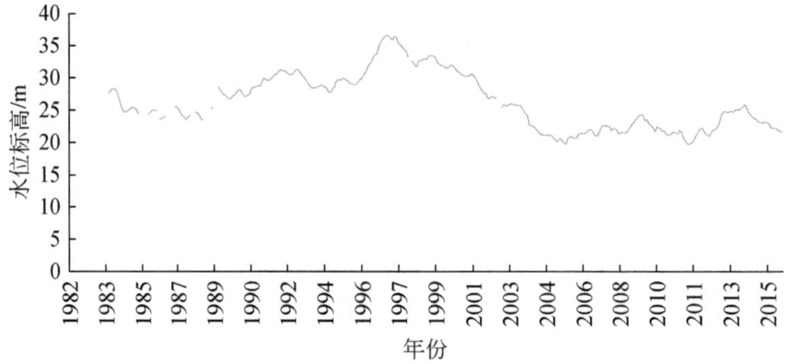

图 3-8　研究区第四系监测水位年际动态变化图（17-D 监测井）

3.3.2　岩溶地下水动态变化

在研究区布设了十几眼人工监测井，主要采用当地的机井作为监测井，监测当地基岩地下水的水位变化情况。根据地下水流向，沿永定河选取典型监测井进行水位分析。

1）年内变化特征

XS097 监测井位于妙峰山涧沟村，位于山前地带，该地区水位变化主要受大气降水影响，雨季来临前地下水位呈下降趋势，6 月达最低水位，随后雨季来临水位逐渐上升，9 月出最高水位，雨季过后水位出现缓慢下降。年变幅 12.73m（图 3-9）。该区域地下水位主要受大气降水的补给作用控制，地下水位对降水补给的响应强烈、迅速，符合入渗-径流型地下水动态特征。

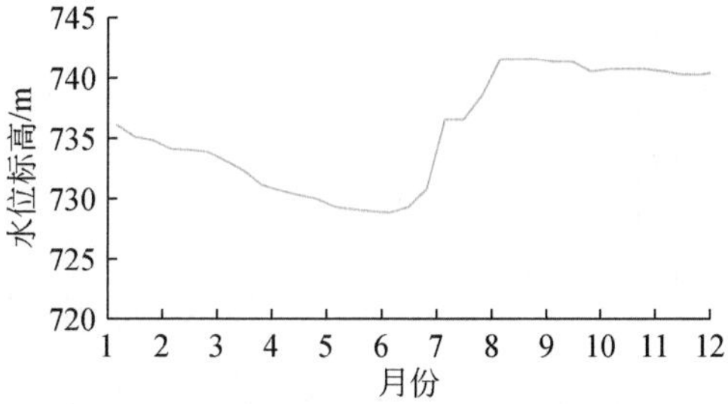

图 3-9　妙峰山涧沟村的监测井（XS097）2015 年水位变化曲线

XS102 监测井位于妙峰山水峪嘴，位于地下水补给径流地带，该地区水位变化主要受大气降水影响，雨季来临前地下水位呈下降趋势，6 月达最低水位，随后雨季来临水位逐渐上升，12 月出最高水位，年变幅 14. 67m（图 3-10）。

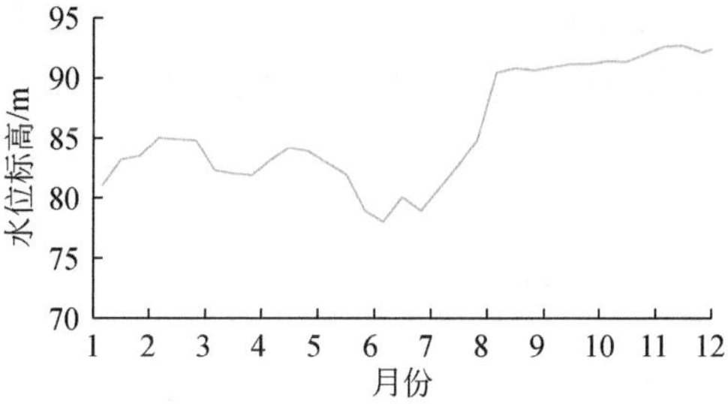

图 3-10　妙峰山水峪嘴的监测井（XS102）2015 年水位变化曲线

XS054 监测井位于军庄孟悟生态园内，位于地下水补给径流地带，该地区水位变化主要受大气降水和人工开采影响，雨季来临前地下水位呈下降趋势，6 月达最低水位，随后雨季来临水位逐渐上升，12 月出现最高水位，地下水位的回升具有显著的滞后性，水位年变幅 12. 10m（图 3-11）。

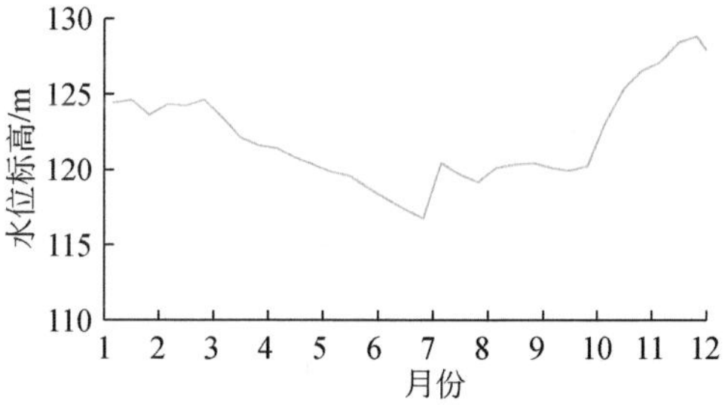

图 3-11　军庄孟悟生态园的监测井（XS054）2015 年水位变化曲线

XS047 监测井位于西郊平原区的田村，属于西郊地下水径流的排泄区，该地区水位变化主要受大气降水和人工开采影响，最高水位出现在 2 月，受人工开采的影响，地下水位呈波动性，雨季来临前地下水位呈下降趋势，6 月达最低水位，随后雨季来临水位缓慢上升，随着冬季的开采，水位趋于波动性稳定，水位年变幅 2.6m（图 3-12）。

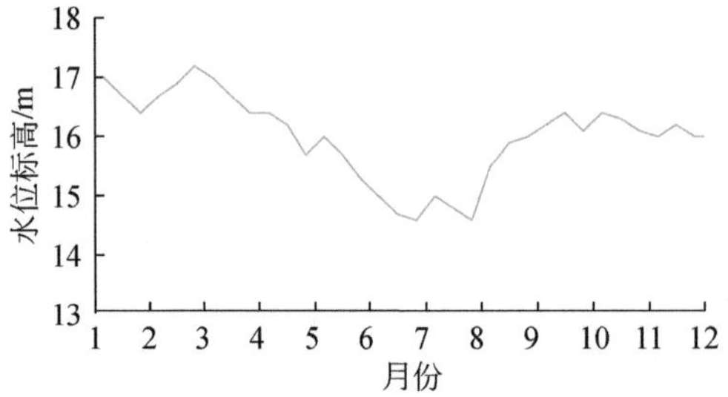

图 3-12　田村的监测井（XS047）2015 年水位变化曲线

2）年际变化特征

选取区内两眼基岩长期监测井水位进行分析，分别为大灰厂 184 监测井和玉泉山 189 监测井，可以看出基岩水位的变化规律与第四系变化规律比较相似（图 3-13、图 3-14）。基岩地下水位在 1982 ~ 1996 年水位变化趋势呈波动变化，变化平稳，1997 ~ 2012 年水位整体上呈下降趋势，其中玉泉山 189 孔的地下水位下降速度约 1.5m/a。研究区地下水位主要受大气降水及人工开采影响，2012 年随着外调水量的增加及开采量的降低，研究区内部分地区水位开始回升。

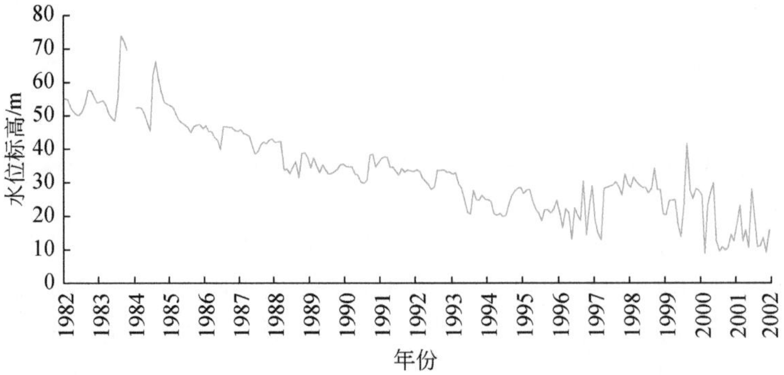

图 3-13　大灰厂 184 监测井历年水位变化曲线

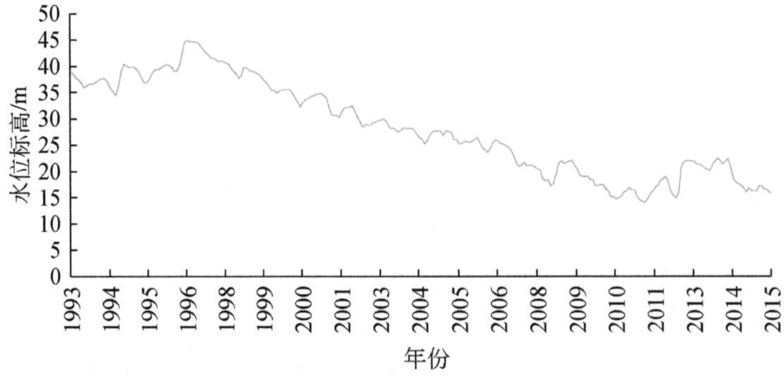

图 3-14　玉泉山 189 监测井历年水位变化曲线

3.4 地下水化学特征

20 世纪 70 年代以来，为了查清区域水文地质条件，评价地下水开发潜力，建设（改扩建）集中水源地，研究区内先后开展了北京市第三水厂改扩建工程供水水文地质勘查、北京市石景山区自来水公司杨庄水厂改建工程供水水文地质勘查和北京市洼里地区供水水文地质勘查评价等勘查评价工作。其中，包含了三厂、石景山水厂和洼里地区地下水化学取样分析工作，洼里地区不同含水岩组同位素取样分析工作。

3.4.1 第四系地下水化学特征

1）物理性质

地下水总体上表现为无色、无味、无嗅、透明、无沉淀，水温在 12.2 ~ 16.9℃。但是在温泉镇太舟村第四系水温达到 20.3℃，微混浊。

2）水化学类型

区域地下水类型可分为 HCO_3—Ca，HCO_3—Ca · Mg，HCO_3 · SO_4—Ca · Mg 型水。HCO_3—Ca主要分布在植物园一带，HCO_3—Ca · Mg 主要分布在三厂北部地区，HCO_3 · SO_4—Ca · Mg 主要分布在京密引水渠以西研究区大部分地区。

3）主要化学指标

本次收集的 8 个水质测试数据中，局部地区硝酸盐、总硬度等指标已经超出了《地下水质量标准》（GB/T 14848—2017）Ⅲ类标准。其中，首钢工学院和海淀四季青地区第四系地下水硝酸盐浓度达到了 57.1mg/L 和 82.8mg/L，超过了国家标准（20mg/L）；同时两处地下水总硬度分别达到475mg/L 和 518mg/L，超过了 450mg/L 的国家标准。首钢工学院和海淀四季青地区第四系地下水总矿化度偏高，分别达到 923mg/L 和 932mg/L，但仍符合地下水质量Ⅲ类标准。仅从本次收集到的 8 个水井水质测试数据上看，石景山水厂—三厂一侧第四系水质总体上要好于海淀山后温泉地区。

3.4.2 奥陶系地下水化学特征

1. 水质现状

物理性质：无色、无味、无嗅、无可见物、透明、无浊度，水温在 12.8 ~ 24.6℃。

2. 地下水化学类型

本区奥陶系灰岩地下水主要为 HCO_3—Ca · Mg 型水；八宝山断裂北侧的晋元庄小区—石景山体育馆一带奥陶系灰岩水为 HCO_3 · SO_4—Ca · Mg 型水。

3. 主要指标

主要指标包括地下水总硬度、矿化度、硝酸盐。研究区奥陶系地下水 pH 为 7.31 ~ 8.22；总硬度为 168 ~ 487mg/L，除门头沟西石古岩村、灰峪村硬度超过地下水质量标准（450mg/L）外，其他地区地下水水质均符合要求；硝酸盐浓度为 1.79 ~ 88.6mg/L，满足地下水质量标准（88.6mg/L）；溶解性总固体含量在军庄、鲁家滩偏高，军庄地区 2012 年实测最高值达 939mg/L，在永定河断裂带附近、玉泉山地区含量较高，溶解性总固体含量在 555 ~ 636mg/L，总体上看本次 25 个奥陶系取样点溶解性总固体含量均满足国家饮用水标准。此外，除军庄、鲁家滩奥陶系出露区外，地下水中锶含量为 1.11 ~ 3.48mg/L，达到国家矿泉水标准。

4. 有害元素

研究区内酚、氰、汞、砷、铬的检测结果均符合国家饮用水标准。

5. 区域水化学特征分析

受补给、地层岩性、水文地质条件和人类活动等多重因素影响，本区奥陶系岩溶水水化学特征呈如下特征：

（1）总体上看，奥陶系地下水总硬度、硝酸盐组分浓度在奥陶系出露区军庄、鲁家滩地区最高，永定河断裂带、八宝山断裂带次之，其他地区浓度较小。以地下水硝酸盐浓度为例，在军庄、鲁家滩地区浓度为 20.4 ~ 88.6mg/L，永定河断裂带和八宝山断裂带浓度为 10.3 ~ 19mg/L，其他地区浓度一般小于 19mg/L。此外，地下水总硬度也有着相似的分布趋势；氯离子浓度在奥陶系出露区军庄地区、永定河断裂附近地区呈现较高值，排泄区玉泉山周边地区以及九龙山—香峪向斜西北翼温泉地区氯离子浓度较高，达到 26.2 ~ 35mg/L，其他径流区氯离子浓度较低。

（2）区域地下水水质状况基本稳定，部分组分略有升高。通过对比石景山水厂（2000 年）、三厂（1998 年）、北京大学地区（2004 年和 2012 年）所获得的部分取样分析数据，区域地下水水质状况基本稳定，总硬度、矿化度等部分化学成分略有升高，如北京大学地区奥陶系地下水总硬度由 2004 年的 250 ~ 268mg/L 升至 2012 年的 281mg/L。该区地下水矿化度、总硬度增加主要有三个方面原因：一是人类开发活动加剧，使得近些年玉泉山地区奥陶系水位常常低于上覆第四系水位。本区第四系水质较差，水质较差的第四系地下水通过玉泉山地区“天窗”越流补给奥陶系，导致奥陶系地下水总硬度、矿化度增加；二是近些年奥陶系地下水含水层组被大量开发，引起区域地下水动力场和水文地球化学环境的改变，导致地下水含盐量的增加；三是补给区内矿坑排水、官厅水库来水及部分生活污水等在补给区入渗后，通过八宝山断裂等优先通道，径流排泄至玉泉山及周边地区，使得地下水矿化度、总硬度等指标略有升高。

3.5 本章小结

（1）研究区第四系含水层山前地带为坡积物、洪积物，岩性为黏性土含碎石，分选磨圆差，平原区含水层由单一结构转变为多层结构，单层砂卵砾石含水层单井出水量一般大于 5000m^3/d，是平原区地下水的主要补给区。研究区岩溶地下水分布在碳酸盐岩地层中，划分为蓟县系雾迷山组、青白口系、寒武系、奥陶系碳酸盐岩岩溶裂隙含水岩组。

（2）研究区内第四系与岩溶地下水位整体变化趋势基本一致，两者互有补给。2000 ~ 2010 年地下水位整体上呈下降趋势，水位下降速度约为 1.5m/a。2010 年随着外调水量的增加及开采量的减少，地下水位开始回升。

第4章　北京市西郊水资源演变规律分析

4.1　地表水演变

西郊地区主要的地表水为永定河水系。永定河，古称㶟水，隋代称桑干河，金代称卢沟，旧名无定河，海河流域七大水系之一，是河北系的最大河流。流域面积 47 016km^2，其中山区面积45 063km^2，平原面积1953km^2。永定河全长747km，流经内蒙古、山西、河北三省（自治区）和北京、天津两个直辖市，共43个县（市）。在北京境内官厅山峡及下游上段，流经门头沟区、石景山区、丰台区、房山区、大兴区五个区。由官厅水库至门头沟三家店，长度108.7km，平均海拔500～1000m。

在北京地区，离北京较近的大型故道有3条：

第一条古故道由衙门口东流，沿八宝山北侧转向东北，经海淀，循清河向东与温榆河相汇。

第二条西汉前故道自衙门口东流，经田村、紫竹院，由德胜门附近入城内诸“海”，转向东南，经正阳门、鲜鱼口、红桥、龙潭湖流出城外。

第三条三国至辽代故道，自卢沟桥一带，经看丹村、南苑到马驹桥。史载这一故道历时900余年，一直到清康熙三十七年（1698年），进一步疏浚河道，加固岸堤，才将史称无定河改名为永定河。

在商代以前，永定河出山以后的主河道本来是斜向东北方向，经过今天的昆明湖注入清河，向东流与温榆河汇合；大约在西周时候，主河道又移至今天的紫竹院一带，经过积水潭向东流；沿着坝河方向再折向东南，注入北运河；大约在春秋到西汉，又经过积水潭向南，流经北海、中海地区，斜穿今天的北京城，经过龙潭湖出城，流向东南；从东汉至隋朝，又改由石景山直接南下，到卢沟桥附近，再向东穿过马家堡和南苑之间，经凉水河向东，注入北运河；至唐朝以后，过卢沟桥以后分为两支，东南支仍走凉水河线，另一支向南折再向东南流，之后，这条南支逐渐成为永定河的主流。

已有研究成果表明：约1万年前，永定河从石景山出山后，流向东北，经颐和园南、圆明园、清河镇，汇于温榆河，称为古清河。距今大约八九千年前，永定河主流移至北京城南一带，即今天的凉水河流域，称为古㶟水。约4000年前，永定河在石景山分出一支，经老山北、白石桥、前后三海、方庄至亦庄南与古㶟水汇合，称为古高梁河。大约在东汉时期，古高梁河改道南去，此后永定河干流再也没有流经老山、八宝山以北的区域（北京市文史馆，2016）。

永定河主河道流经门头沟、石景山、丰台、房山、大兴5个区，在北京境内长180.56km。

永定河流经门头沟区内斋堂镇、雁翅镇、大台街道、王平镇、妙峰山镇、军庄镇、龙泉镇、永定镇，境内长 101. 26km，境内流域面积 1399. 8km^2。

永定河在石景山区内起止点为石景山区广宁街道西老店至石景山区鲁谷街道 014 街坊，区内积水面积 42. 9km^2，河道长度 13. 8km。

永定河丰台区段起点位于京原漫水桥，自北向南流经长辛店镇、卢沟桥乡、宛平地区办事处，自北天堂村流入大兴、房山两区。

永定河自卢沟桥下 2. 9km 右岸进入房山境内，经长阳镇、琉璃河镇，在金门闸下 2. 7km 处出境，入河北省涿州市。区境内管理范围堤防总长 27km，流域面积 29km^2。

昌平区仅有西部山区的老峪沟与长井沟属于永定河流域。老峪沟是湫河的支流，为二级河流，河道全长 16. 3km，流域面积 62. 8km^2，昌平境内长 13. 1km，地表为无水干沟。长井沟是老峪沟的支流，为三级河流，河道全长 8. 9km，流域面积 18. 3km^2，全部在昌平区境内。

永定河引水渠（高井沟）自廖公庄村西北、巨山村西南于石景山区交界处进入海淀区四季青镇和羊坊店街道，与京密引水渠昆玉段在罗道庄汇流后入八一湖，在海淀区内长约 13km。

永定河在大兴区内起止点为卢沟桥至崔指挥营，河道长 54. 70km，流域面积为 36. 85km^2。

位于西郊地区的海淀在古代就是一片浅水湖，历史上湖、泉众多，河流交错，是金中都、元大都重要地表水源地。至明清，玉泉水系成为北京城唯一的地表水源地，南长河则是向京城输水的重要通道。分布有高粱河、北长河、南长河、清河、小月河、南沙河、北沙河、莲花河、昆明湖、玉渊潭等，历史上名泉众多，如玉泉、万泉、双清泉、黑龙潭泉、温泉等。根据《北京泉志》记载，海淀区、门头沟区、房山区、昌平区共有一类泉 23 个，二类泉 467 个。

玉泉位于玉泉山上，山因泉得名。玉泉山位于北京海淀区西郊山麓，颐和园西侧。山势为西北走向，状如马鞍，纵深 1300m，东西最宽处约 450m，主峰海拔 100m。山中奇岩幽洞，小溪潺潺，流泉活水，有风水宝地一说。明、清两代，宫廷用水，皆从玉泉运来，并成为民间用水泉源之一。明清以来就是京郊有名的风景游览地。

白浮泉位于昌平区化庄村东龙山东麓，又名龙泉，是白浮引水工程的源头。元代著名科学家郭守敬为引水济漕，解决元大都的漕运，引白浮泉水作为大运河北端上游水源，元至元二十九年（1292 年）白浮堰建成。其收纳了白浮泉、王家山泉、西湖眼泉、孟村一亩泉、马眼泉、侯家庄石河泉、灌石村南泉、榆河温汤龙泉、冷水泉、玉泉等十余泉之水，最终汇入昆明湖。如今的京密引水渠，基本上沿白浮泉旧线修建。

4.2 地下水动态和补径排变化分析

由于处于永定河冲洪积扇前缘，西郊地区是地下水的溢出带，多有泉群出露，形成大范围的湿地。当地人民利用便利的条件开垦稻田，形成了著名的京西稻产区。玉泉山泉是西郊地区最为著名的泉水，在 1975 年以前一直保持较大的流量，也是昆明湖的主要水源，但是 1975 年玉泉山泉断流，自此再无恢复（图 4-1）。作为一种重要的水文地质现象，玉泉山泉流量的变化过程直接反映了西郊地区地下水的变迁史。在 1955 年官厅水库建成运行之前，玉泉山泉流量基本受大气降水和永定河入渗补给的影响。20 世纪 50 年代泉水的平均流量基本上维持在 1.2m³/s 的水平。1955 年官厅水库建成运行后，泉流量逐年减少。1958 ~ 1971 年，玉泉山泉流量从 1.2m³/s 下降到 0.8m³/s 左右。1971 年以后，玉泉山泉流量急剧下降，至 1975 年完全断流。

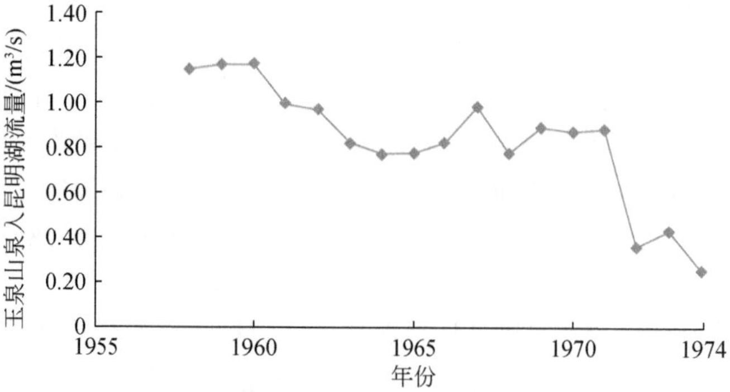

图 4-1　玉泉山泉 1958 ~ 1974 年流量变化

据《北京玉泉山地区基岩供水水文地质勘查总结报告》，永定河河道从清水涧—军庄段灰岩露头段的渗漏量是本区地下水的重要补给来源之一。官厅水库建库初期蓄水充裕，永定河道基本常年流水。但是 1958 ~ 1975 年，据雁翅站资料，官厅水库放水量逐年减少（图 4-2）。水库的放水量减少，永定河道入渗量也相应减少（图 4-3）。

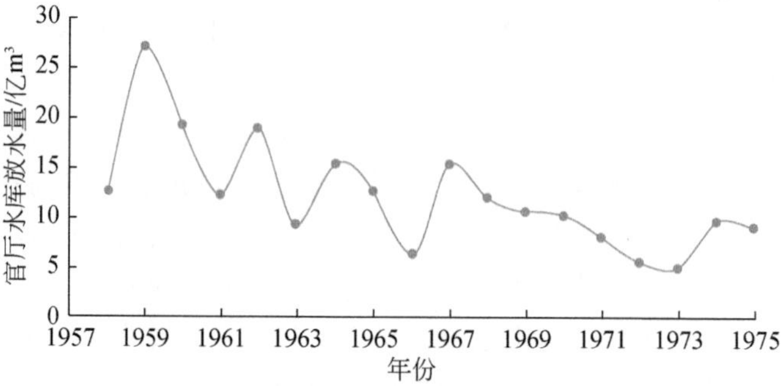

图 4-2　官厅水库 1958 ~ 1975 年放水量

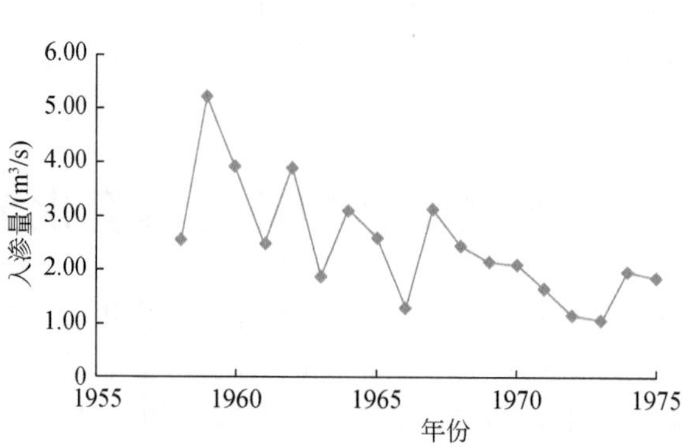

图 4-3　清水涧—军庄段永定河道 1958 ~ 1975 年入渗量

研究区基岩地下水的主要排泄形式为人为开采，包括工业开采、农业开采和水源三厂的开采，其中水源三厂的开采量最大。水源三厂 1979 年的开采量是 1958 年的 13.6 倍，达到 4.22m^3/s（图 4-4）。

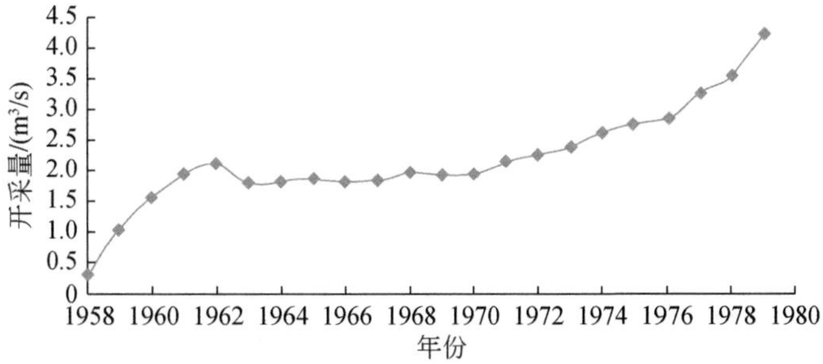

图 4-4　水源三厂 1958 ~ 1979 年开采量

根据北京气象站 1940 ~ 1980 年的降水量观测数据与泉流量数据，1959 年北京降水量最大，达到了 1406mm，入昆明湖的泉流量也达到了最大值 1.18m^3/s（图 4-5 和图 4-6），反映出降水量特别丰沛时，泉流量会明显增大。1959 年后，降水量在 600mm 左右变动，泉流量却持续下降，说明除降水外，还有其他因素影响泉流量。图 4-7 也显示出，降水量

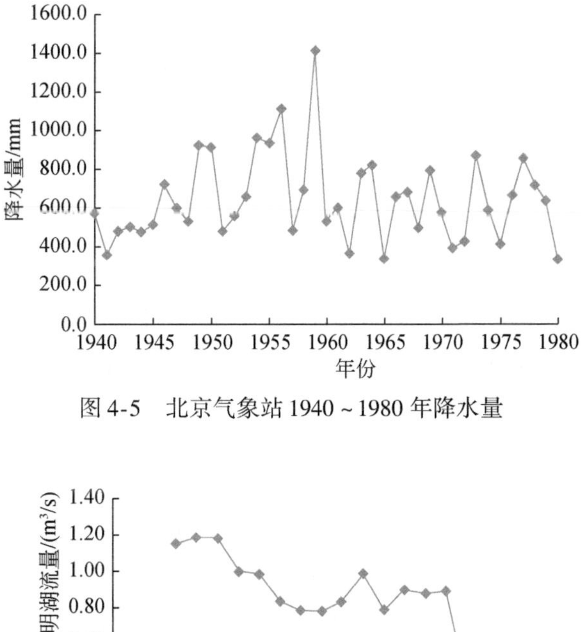

图 4-5　北京气象站 1940 ~ 1980 年降水量

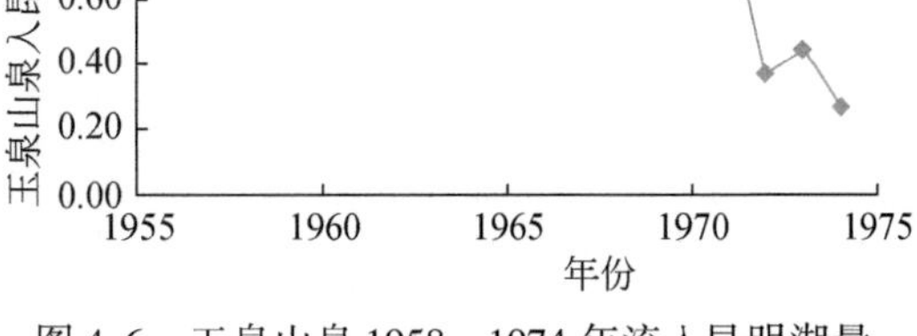

图 4-6　玉泉山泉 1958 ~ 1974 年流入昆明湖量

虽然也影响泉流量，但不是最主要的影响因素。因此，需要对泉流量的其他补给因素和排泄因素进行分析。

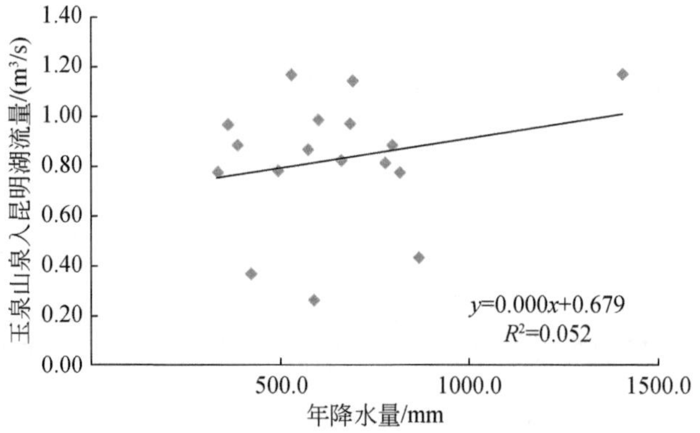

图 4-7　年降水量与玉泉山泉流入昆明湖量相关关系

图 4-8 和图 4-9 显示，与降水量相比，官厅水库放水量、永定河的入渗量与泉流量之间存在相对较好的相关关系（R^2 在 0.45 附近）。因为官厅水库的放水量决定了永定河的入

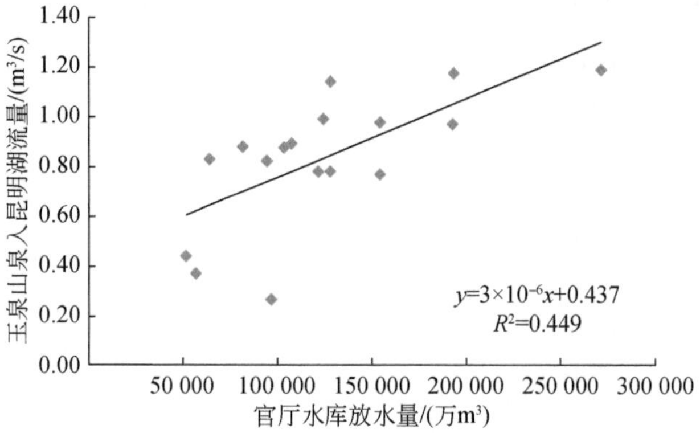

图 4-8　官厅水库历年放水量与玉泉山泉流入昆明湖量相关关系

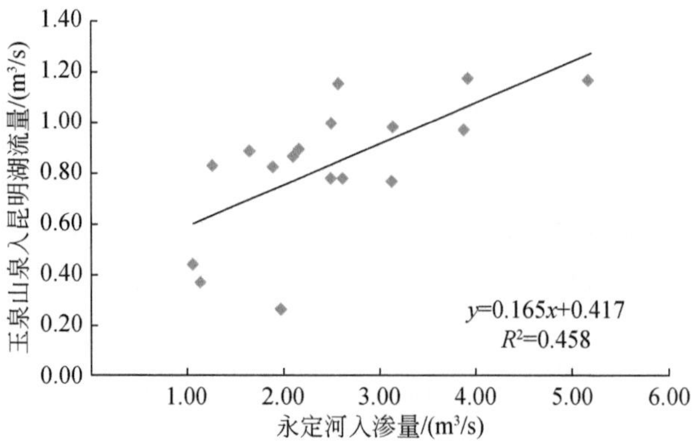

图 4-9　清水涧—军庄段永定河道历年入渗量与玉泉山泉流入昆明湖量相关关系

渗量，两者之间存在线性相关性，而永定河的入渗量又是基岩地下水最直接的补给源之一，所以在下面的相关分析中，只需考虑永定河的入渗量即可。

图 4-10 显示，水源三厂开采量与泉流量之间存在较好的相关关系（R^2在 0.55 附近），说明水源三厂的开采量对泉流量有较大的影响，即水源三厂的开采在一定程度上袭夺了泉流量。

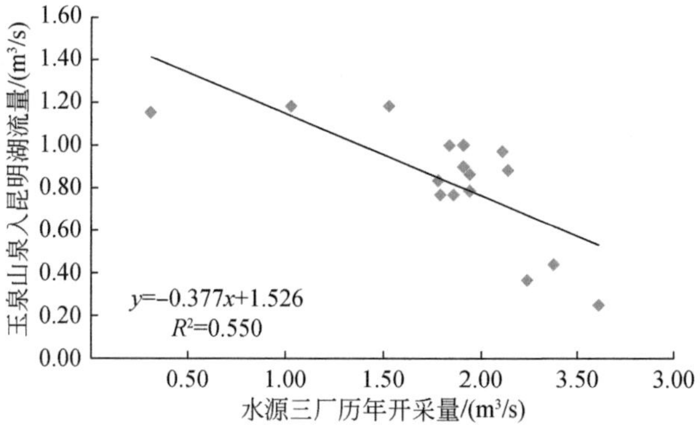

图 4-10　水源三厂历年开采量与玉泉山泉流入昆明湖量相关关系

图 4-11 显示，永定河的入渗量减去水源三厂开采量与泉流量之间的相关关系最好（R^2在 0.632 附近），反映出永定河的入渗量和水源三厂开采量共同影响了泉流量。对比图 4-10 和图 4-11，水源三厂开采量对泉流量的影响大于永定河入渗量对泉流量的影响。

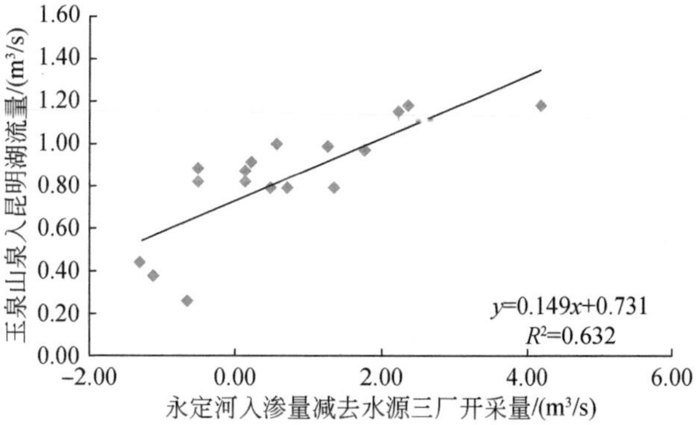

图 4-11　永定河入渗量减去水源三厂开采量与玉泉山泉流入昆明湖量相关关系

综上所述，永定河在灰岩出露地段对岩溶地下水的补给是西郊地区，尤其是玉泉山泉最重要的来源。官厅水库等水利设施的修建与运行在很大程度上减少了永定河的流量，尤其是断流的现象发生，严重减少了永定河渗漏对岩溶水的补给。西郊地区，尤其像水源三厂这种大型集中水源地的开采使岩溶水与第四系地下水的排泄量大幅增加。补给量的减少与排泄量的增加使该地区地下水近几十年来一直处于负均衡状态，地下水位必然会持续下降，从而导致泉水断流。

在山前平原地区，由于第四系冲洪积物的颗粒较大，岩溶水与第四系地下水之间存在着非常密切的水力联系，两者的水位变化特征非常相似，而且呈现补排互动的关系

（图 4-12）。从多年的监测数据来看，2001 年之前西郊地区岩溶水位高于第四系地下水位，岩溶水从下向上顶托补给第四系地下水。2001 ~ 2005 年，岩溶水与第四系地下水基本呈现动态平衡状态。2005 ~ 2009 年为过渡期，该阶段第四系地下水位开始高于岩溶水位，两者的动态平衡转变为第四系地下水补给岩溶水。2009 ~ 2012 年，第四系地下水位已经完全高于岩溶水，整个区域上的第四系地下水开始补给岩溶水。

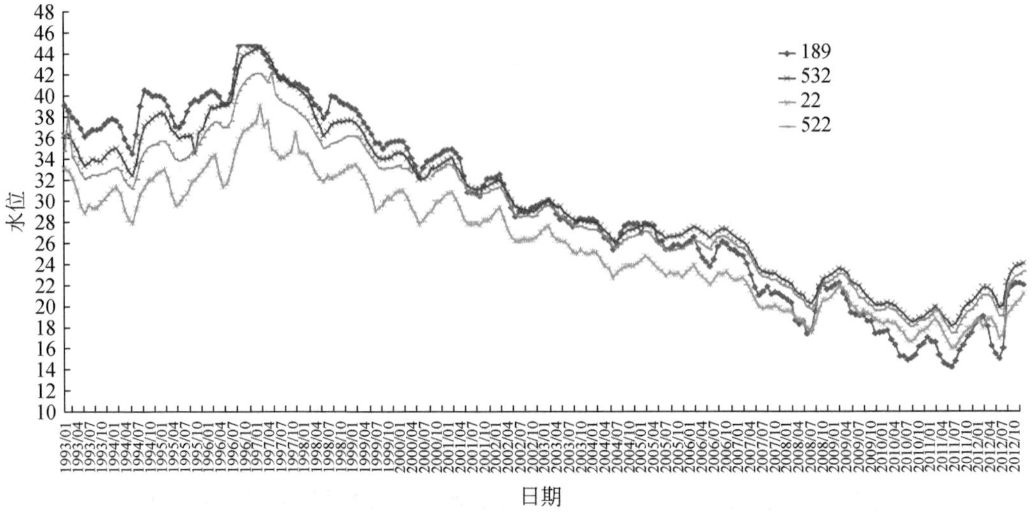

图 4-12　西郊地区岩溶水与第四系地下水位变化图

注：189 是玉泉山附近的岩溶水监测井，其他 3 个井是玉泉山附近的第四系监测井

从整体上看，该区第四系地下水与岩溶受超量开采的影响，水位持续下降。受降水影响，水位出现波动，如 1997 年与 2012 年的丰水年使水位有了一定程度的上升，但不能改变水位持续下降的总体趋势。

综上所述，西郊地区岩溶水与第四系地下水位近几十年来处于持续下降的趋势，主要有以下两个方面的原因：

一是开采量的持续增加。由于社会经济的调整发展及人口的急剧增加，水的需求量也逐年增加。由于北京地区地表水资源相对短缺，地下水成为城乡供水的主力水源。西郊地区位于永定河下游地区，由于永定河流量与水质不能满足供水需求，被迫以地下水作为供水水源。西郊地区的集中水源地以水源三厂的开采量最大，许多乡镇级的水厂及农村的自备井开采量也不小。水源三厂不但开采岩溶水，而且同时开采第四系地下水。持续的开采已经使该地区形成了明显的降落漏斗。

二是补给量的持续减少。永定河作为西郊地区地下水的主要补给源之一，近几十年以来其流量逐年减少。由于官厅水库的修建，永定河变成了季节性的河流。水库为了防洪和发电会在部分时段放水，而在其他时段河流大部分河段都处于干涸的状态，根本不能对地下水产生补给，这就使地下水的补给量大大减少。另外，永定河上游也修建了许多水利工程，使得官厅水库的来水量也逐年减少，官厅水库的来水量不足以维持河流下游的基流量，从而也减少了永定河入渗对地下水的补给。

开采量的增加和补给量的减少使该地区地下水处于负均衡状态，地下水长期超采，地下水位呈现出逐年下降的趋势。若想遏制住该地区地下位下降的趋势，必须采取增补与减采的措施，使地下水由负均衡向正均衡方向转变。

4.3 地下水开发利用演变规律

4.3.1 地下水开发利用历史分析

北京西郊地区水资源相对比较丰富，水资源开发利用历史比较久远。20 世纪五六十年代北京市就针对永定河冲洪积扇第四系地下水进行了重点供水水文地质勘查，并于 1967 年首次提出在西郊建立水源地，地下水开采规模逐步扩大，1961 ~ 1970 年北京市平均地下水开采量为 10.79 亿 m^3/a，其中城近郊开采量增加最快。进入 70 年代，北京市地下水开采量大幅度提高，城近郊区十年内地下水储存量减少 12.42 亿 m^3，地下水出现超采。其他各区地下水开采量也有较大增长，但未出现城近郊区这样严重超采的现象。因 80 年代初期处于连续偏枯年份，城近郊区年开采量最高达到 9.52 亿 m^3/a。从 1981 年起，由于水源八厂输水进京和管理制度措施的实施，城近郊区地下水开采量由 70 年代至 80 年代初期的 8.5 亿 ~ 9.5 亿 m^3/a 逐渐降至 7.0 亿 ~ 8.0 亿 m^3/a。在 2000 年，西郊地下水年总开采量为 3.66 亿 m^3，其中第四系水年总开采量为 2.72 亿 m^3，岩溶水年总开采量为 0.94 亿 m^3，由于第四系地下水开采量逐年增加，地下水位不断下降，水质不断恶化，城市供水勘查工作重点转向基岩地下水。

综上所述，北京地下水开发利用可分为以下几个阶段（表 4-1），其历年地下水开采量变化趋势接近直线上升趋势（图 4-13），地下水开采量由 1949 年的 0.6m^3/s 增到 1980 年 30.0m^3/s。

表 4-1 地下水开发利用阶段划分

阶段	开发利用地下水时期	地下水位变化情况
1902 年以前	主要是手掘挖井利用地下水	地下水溢出地表
1902 ~ 1970 年	机械打井利用地下水	地下水位多年升降平衡
1970 ~ 1981 年	过量开发利用地下水	地下水位逐年下降
1981 ~ 2000 年	立法管理利用地下水	局部地区地下水位有所回升

地下水开采量急剧增加主要源于区内自备井开采以及水厂开采两部分。

1）自备井开采

研究区各类深井从 1949 年的 73 眼增至 1983 年的 7671 眼，其中自备井的增长数见表 4-2。从研究区生产井增长数量可知，一般地区为每平方千米 5 ~ 15 眼。水源三厂、四厂每平方千米 20 眼井以上。开采量最大的地区，集中分布在水源三厂、四厂和首钢供水水

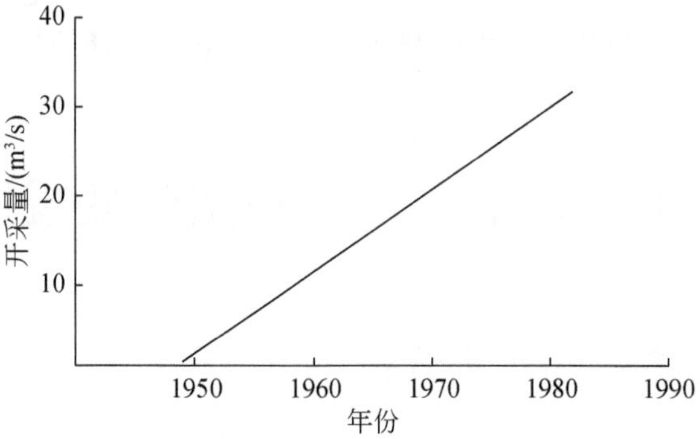

图 4-13 研究区历年地下水开采量增长曲线

源地，每平方千米开采量大于 1000 万 m^3/a。20 世纪 80 年代，由于水资源管理措施的加强和地表水供水量的增加，研究区自备井数量较多且开采布局不合理，有些自备井已超过了使用年限，一部分自备井采取关停和封填措施，地下水开采量略有减少。90 年代，地下水开采量相对稳定，进入 21 世纪，西郊地区自备井数量约为 3463 眼，地下水开采有所控制，开采量逐渐减少（表 4-2）。

表 4-2 自备井各阶段年平均变化

时间	时长	数量变化	年均变化
1949～1957 年	9a	增加 548 眼	平均每年 60 眼
1958～1963 年	6a	增加 1350 眼	平均每年 225 眼
1964～1966 年	3a	增加 678 眼	平均每年 226 眼
1970～1980 年	11a	增加 3687 眼	平均每年 366 眼
1981～2000 年	20a	减少 1600 眼	平均每年 80 眼
2001～2010 年	10a	减少 1200 眼	平均每年 120 眼

2）水厂开采

研究区内水厂包括第三水厂（1958 年）、青龙桥水厂（1981 年）、门城自来水厂（1986 年）、海泉饮用水厂（1997 年）、宏伟自来水厂（1998 年）、杨庄水厂（1998 年）、稻香湖水厂（2003 年）、五里坨水厂（2004 年）、碧水青山水厂（2004 年）等水厂大多以地下水为水源。为满足供水需求，部分水厂后期不同程度地进行了改扩建工程，造成地下水的严重超采。

对研究区各类别用水量进行统计发现，水厂开采量占区内地下水总开采量的 50% 左右，是研究区内地下水的主要开采方式。

4.3.2 地下水开发利用现状分析

1. 2011 年地下水开发利用情况

西郊岩溶区包括房山区北部区、门头沟区东南部、石景山区、海淀区、丰台区西北部分地区及昌平区西南部分地区。其各区地下水开发利用量根据 2011 年第一次全国水利普查数据进行统计，统计结果如下。

1）房山区北部区

房山区北部区包括青龙湖镇、佛子庄乡和河北镇 3 个乡镇。

（1）村镇分散开采量。据统计，研究区内共有分散水井 14 眼，其中基岩井 12 眼，第四系井 2 眼（表 4-3）。岩溶水开采层主要为寒武系和奥陶系灰岩，有少量青白口系分乡镇的开采量。

表 4-3　2011 年房山区地下水开采量统计表

地区	开采量/万 m^3	井数/眼
河北镇	21.75	9
佛子庄乡	19.71	5

（2）集中水源地开采量。区内的大中型集中水源地主要为上万水源地（青龙湖镇），共有水井 7 眼，全部为基岩井。水井取水层位为奥陶系，年总开采量为 70 万 m^3。

综合统计结果显示，该区内共有水井 26 眼，地下水年总开采量为 116.43 万 m^3，其中岩溶水年总开采量达到 106.42 万 m^3。

2）门头沟区东部

门头沟区东部包括大台、军庄、潭柘寺、王平、妙峰山、龙泉、永定和雁翅 8 个乡镇。

（1）村镇分散开采量。据 2011 年调查统计，该区共有分散水井 189 眼，其中基岩井 154 眼，第四系井 35 眼。岩溶含水层主要为寒武系和奥陶系灰岩。分乡镇的开采量结果见表 4-4。

表 4-4　2011 年门头沟区地下水开采量统计表

地区	开采量/万 m^3	井数/眼
大台	23.82	4
军庄	132.53	34
龙泉	80.33	24
妙峰山	98.79	36
潭柘寺	102.51	21
王平	16.87	13

续表

地区	开采量/万 m^3	井数/眼
永定	48.66	53
雁翅	8.41	4
合计	511.92	189

(2) 集中水源地开采量。该区内的集中水源地包括门头沟自来水厂、王平镇水厂和首钢石灰矿水源地（表4-5）。

表4-5　2011年门头沟区主要水源地地下水开采量统计表

水源地名称	开采量/万 m^3	井数/眼
门头沟自来水厂	283.08	3
王平镇水厂	3.35	5
首钢石灰矿水源地	12.13	3
合计	298.56	11

2011年门头沟自来水厂、王平镇水厂和首钢石灰矿水源地共有水井11眼，全部为基岩井，取水层位为奥陶系，年总开采量为298.56万 m^3。

综合统计结果显示，该区内共有水井200眼，地下水年总开采量为810.48万 m^3，其中岩溶水年总开采量达到760.76万 m^3。

3）石景山区

(1) 分散供水井开采量。据2011年调查统计，区内共有分散水井92眼，其中基岩井25眼，第四系井67眼。年总开采量为1539.41万 m^3，岩溶水年总开采量为179.20万 m^3。

(2) 集中水源地开采量。该区的主要水源地包括杨庄和五里坨两个大中型水源地，共有水井55眼，其中第四系井15眼，基岩井40眼，岩溶含水层主要为奥陶系（表4-6）。

表4-6　2011年石景山主要水源地地下水开采量统计表

水源地名称	开采量/万 m^3	井数/眼
五里坨水源地	1	4
杨庄水源地	1702.80	51
合计	1703.80	55

2011年石景山区杨庄水源地和五里坨水源地共有水井55眼，年总开采量为1703.80万 m^3，岩溶水年总开采量为1544.99万 m^3。

经综合统计，石景山区共有水井147眼，地下水年总开采量为3243.21万 m^3，其中岩溶水开采量约为1724.19万 m^3。

4）海淀区部分地区

(1) 分散供水井开采量。据调查统计，2011年该区内共有分散水井1064眼，其中基岩井199眼，第四系井865眼。岩溶水取水层以奥陶系灰岩含水层为主。分乡镇开采量结果见表 4-7。

表 4-7　2011 年海淀区分散供水水井地下水开采量统计表

镇名	开采量/万 m^3	井数/眼
八里庄街道办事处	31.10	5
东升街道办事处	350.22	30
马连洼街道办事处	168.82	15
上庄镇	231.47	162
四季青镇	1639.88	274
苏家坨镇	519.09	157
万柳地区办事处	192.03	56
温泉镇	242.01	62
西北旺镇	928.83	170
香山街道办事处	303.47	17
学院路街道办事处	484.30	24
西三旗街道办事处	101.64	20
紫竹院街道办事处	166.49	8
中关村街道办事处	14.22	2
永定路街道办事处	117.53	3
燕园街道办事处	78.62	5
田村路街道办事处	12.26	3
曙光街道办事处	47.32	4
上地街道办事处	30.85	2
清华园街道办事处	345.08	6
清河街道办事处	67.52	7
北下关街道办事处	209.98	11
北太平庄街道办事处	3.17	2
甘家口街道办事处	5.27	2
海淀街道办事处	287.29	12
花园路街道办事处	131.28	5
合计	6709.74	1064

（2）集中水源地开采量。该区内主要水源地包括水源三厂、青龙桥水厂、苏家坨宏伟水厂、温泉碧水青山水厂、白家疃海泉水厂、稻香湖水厂 6 个集中水源地，共有水井 149 眼，其中基岩井 77 眼，第四系井 72 眼，水井取水层位以第四系和奥陶系灰岩含水层为主（表 4-8）。

表 4-8　2011 年海淀区主要水源地地下水开采量统计表

水源地名称	开采量/万 m^3	井数/眼
水源三厂	6471.97	121
青龙桥水厂	16.77	8
苏家坨宏伟水厂	39.04	7
温泉碧水青山水厂	29.63	4
白家疃海泉水厂	49.10	8
稻香湖水厂	31.00	1
合计	6637.51	149

综合统计，区内共有水井 1213 眼，地下水年总开采量为 13 347.25 万 m^3，其中奥陶系岩溶水开采量约为 5665.66 万 m^3。

5）丰台区岩溶部分地区

（1）分散供水井开采量。据 2011 年调查统计，该区内共分散水井 109 眼，其中基岩井 74 眼，第四系井 35 眼，岩溶含水层主要为奥陶系灰岩。地下水年总开采量为 1045.13 万 m^3，其中岩溶水开采量为 505.75 万 m^3。

（2）集中水源地开采量。该区内主要水源地为长辛店和王佐镇水源地，共有水井 16 眼，均为基岩井，取水层位主要为奥陶系灰岩。年总开采量为 402.9 万 m^3，其中岩溶水开采量为 402.9 万 m^3。

综合统计，区内共有水井 125 眼，岩溶水井 90 眼，第四系井 35 眼，地下水年总开采量 1448.03 万 m^3，其中岩溶水开采量约为 908.65 万 m^3。

6）昌平区部分地区

据 2011 年调查统计，该区内共有水井 563 眼，其中基岩井 398 眼，第四系井 165 眼，年总开采量为 3633.97 万 m^3，其中岩溶水开采量为 2693.83 万 m^3。

由表 4-9 各区统计结果可知，2011 年西郊岩溶区共有水井 2274 眼，年总开采量为 22 599.37 万 m^3；其中岩溶水开采量约为 11 859.51 万 m^3，以奥陶系岩溶水为主。

表 4-9　2011 年各区县地下水开采量统计表　　（单位：万 m^3）

地区	2011 年	
	总开采量	岩溶水开采量
丰台	1 448.03	908.65
石景山	3 243.21	1 724.19
海淀	13 347.25	5 665.66
门头沟	810.48	760.76
房山	116.43	106.42
昌平	3 633.97	2 693.83
合计	22 599.37	11 859.51

2. 2015 年地下水开发利用情况

随着南水用量的不断增加，区域内自备井逐渐关停，水厂逐渐减采，地下水开采量相对于 2011 年有所减小，其开发利用情况如表 4-10 所示。

表 4-10　2015 年各区县地下水开采量统计表　　（单位：万 m^3）

地区	2015 年	
	总开采量	岩溶水开采量
丰台	1 466.88	920.48
石景山	3 426.78	2 011.13
海淀	13 093.64	5 558.00
门头沟	1 145.83	1 075.52
房山	105.62	96.54
昌平	2 602.75	1 929.40
合计	21 841.50	11 591.07

经统计，2015 年西郊地下水年总开采量为 21 841.50 万 m^3，其中第四系水年总开采量为 10 250.43 万 m^3，岩溶水年开采总量为 11 591.07 万 m^3。2015 年西郊地下水的开采仍以岩溶水开采为主，其岩溶水年开采总量约占地下水年总开采量的 53%。

3. 水源三厂历年地下水开发利用情况

第三水厂建于 1958 年，位于永定河冲洪积扇的中上部，是一座以地下水为水源的水厂，取水水源为奥陶系岩溶裂隙水和第四系地下水。目前共有水源井 98 眼，其中第四系井 68 眼，基岩井 30 眼。由于城市的迅速发展以及供水需求的日益增加，第三水厂分别于 1975 年、1979 年、1997 年进行了改扩建，增加了 10 万 m^3 高峰供水量，扩建后日供水能力为 39 万 m^3。1999 年后，北京连续干旱，地下水位下降，水质不断恶化，2005 年，开凿基岩水源井 15 眼，第四系水源井 4 眼，增加日供水量 6 万 m^3 的岩溶地下水，经过三次改造后，第三水厂的日供水能力达 50 万 m^3。截至目前，第三水厂现有供水井 79 眼，其中第四系水井 64 眼，基岩井 15 眼，第四系地下水和奥陶系地下水开采量分别为 5218 万 m^3/a 和 3346 万 m^3/a。

根据海淀区水源三厂 1958～2018 年数据资料（图 4-14），可以看出 1958～1979 年水源三厂累计开采量 15.08 亿 m^3，年平均开采量 0.69 亿 m^3；1980～1999 年，累计开采量 21.43 亿 m^3，年平均开采量 1.07 亿 m^3；2000～2015 年，累计开采量 12.51 亿 m^3，年平均开采量 0.78 亿 m^3，可以看出，水源三厂开采量在 1980～2000 年急剧增大，造成地下水严重超采。

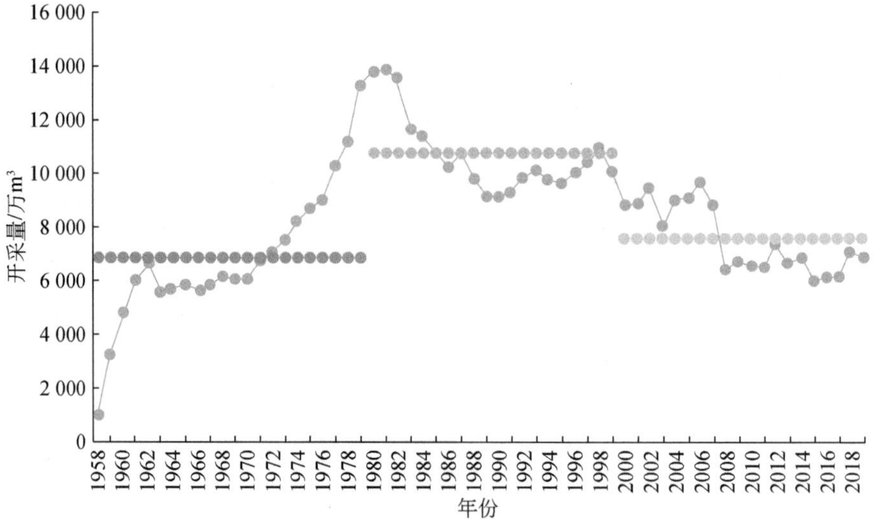

图 4-14　水源三厂 1958 ~ 2018 年开采量折线图

4.4　本章小结

(1) 本章分析了地下水动态与补径排变化关系，从降水、上游来水以及地下水开采等方面与水位做相对分析，结果表明：造成地下水超量开采的主因是人口增加、社会经济发展；其次为上游来水量减少，造成补给量大幅减少，地下水开采量的增加和补给量的减少使该地区地下水处于负均衡状态，地下水长期超采，地下水位呈现出逐年下降的趋势。若想遏制住该地区地下位下降的趋势，必须采取增补与减采的措施，使地下水由负均衡向正均衡方向转变。

(2) 随着城市工农业生产的迅速发展，生活用水的增加，西郊地区地下水开采量从 1949 年的 0. 6m^3/s 增到 1980 年的 30. 0m^3/s。西郊地区各类深井从 1949 年的 73 眼增至 1983 年的 7671 眼，后由于地下水的不合理开发，对自备井进行关停和封填，研究区内的水井数量锐减，至 2010 年，水井数量约为 3463 眼。根据 2011 年第一次全国水利普查数据统计，西郊岩溶区年总开采量为 22 599. 37 万 m^3，其中岩溶水开采量约为 11 859. 51 万 m^3。2015 年西郊地下水年总开采量约为 21 841. 5 万 m^3，其中第四系水年总开采量为10 250. 43 万 m^3，岩溶水年开采总量为 11 591. 07 万 m^3。

第5章　北京市西郊地下水动态变化驱动力及演变模型研究

5.1　地下水动态变化驱动力研究目的与研究内容

5.1.1　研究目的

西郊地区为北京市生态环境的重要组成部分以及重要的供水水源地，基于自然及社会二元因子历史数据资料库，对西郊地下水动态变化的驱动力及相关因子进行定性定量辨识及评价，同时构筑相关数学模型并在此基础上进行地下水演变规律模拟及情景预测研究，为北京生态环境变化、城市供水安全以及城市建设安全等提供重要理论支持。

5.1.2　研究内容

地下水变化的影响驱动因子众多，且具有复杂性和强非线性，各因子之间相互作用，尤其是人类活动的影响，已从过去的次要地位上升为主要影响因素之一。本研究的任务就是以数据驱动为基础、以数据挖掘技术为手段，建立社会经济发展在自然气候与环境变化双重驱动下北京西郊地区地下水演变规律与相关数学模型，并在模型的基础上对各因子灵敏度和重要性进行定性定量研究。

5.2　社会经济和自然因素数据整理分析

5.2.1　社会经济数据

1）研究区域长时间序列动态人口变化数据

通过查阅《北京区域统计年鉴》和《北京统计年鉴》收集整理了 1949～2015 年北京市全市人口统计数据（图 5-1）和 1980～2015 年研究区内海淀、石景山、门头沟、丰台、房山、大兴六个区的人口数据，其中包括总人口、户籍人口及暂住人口。

2）研究区域逐年长系列经济发展变化数据

通过查阅《北京区域统计年鉴》和《北京统计年鉴》收集整理了 1952～2015 年北京市生产总值及工业总产值、农业总产值（图 5-2），并计算出工业和农业在 GDP 中的占比。

我国早期使用社会总产品作为主要经济指标，直至 1993 年才正式取消国民收入核算并将 GDP 作为国民经济核算的核心指标，因此重点收集 1993 ~ 2013 年研究区内各区的 GDP 及工业总产值、农业总产值数据。

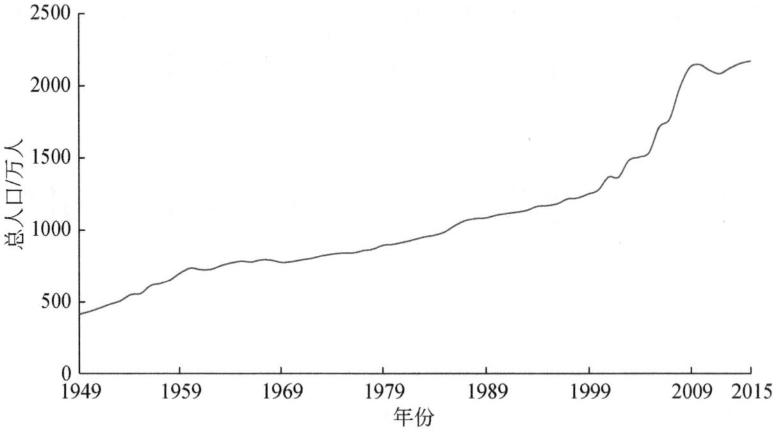

图 5-1　1949 ~ 2015 年北京市总人口变化曲线

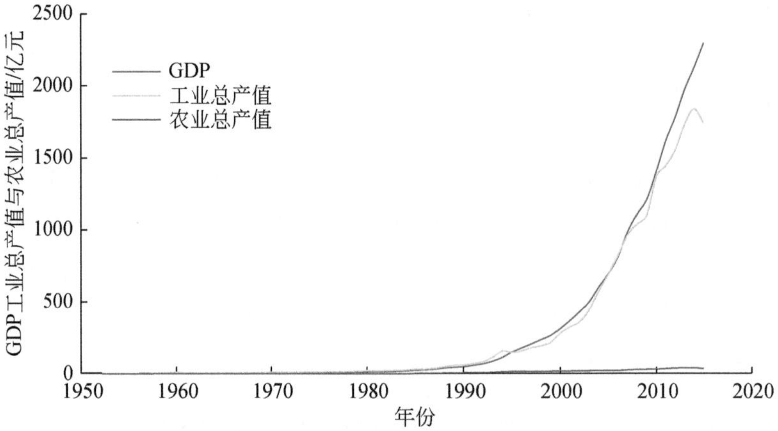

图 5-2　1952 ~ 2015 年北京市经济发展趋势

5.2.2　自然因素数据

1）降水量

从《北京统计年鉴》获取了北京市 1949 ~ 2015 年全市年降水量数据（图 5-3）。

2）归一化植被指数的提取

（1）数据来源。选用 1975 ~ 2013 年 Landsat 卫星数据和 HJ 卫星数据，其中 1975 ~ 1986 年为 Landsat MSS 数据，分辨率为 60m（表 5-1）；1986 ~ 2010 年为 Landsat TM 数据，分辨率为 30m（表 5-2）；2011 ~ 2013 年为中国资源卫星应用中心网站上的 HJ 卫星数据，

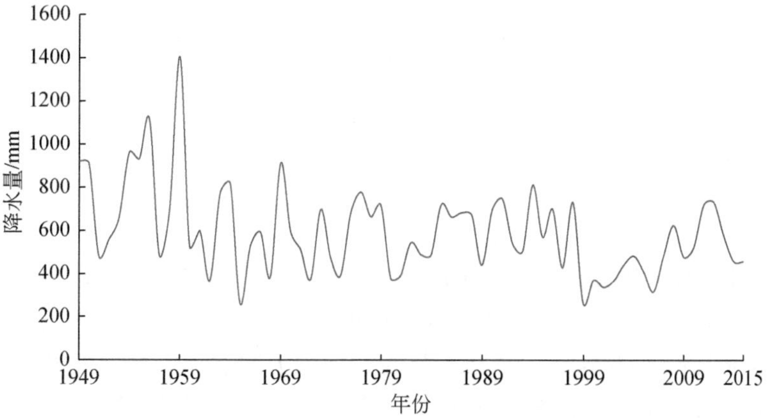

图 5-3　1949 ~ 2015 年北京市年降水量变化曲线

传感器为 CCD2，分辨率为 30m（表 5-3）。为使归一化植被指数（NDVI）计算准确便于比较，选择每年 6 月末至 9 月中旬期间晴空条件下的数据用于 NDVI 的计算。但是由于 1997 ~ 1999 年北京雾霾严重、数据资源有限，2006 ~ 2007 年云量多、分辨率受限，这两段时间内均没有研究区的有效影像。为保持 1975 ~ 2013 年的研究区数据分辨率一致，将 1987 ~ 2013 年的数据均重采样为 60m，最终采用的遥感数据分辨率均统一为 60m。

表 5-1　MSS 传感器

波段	波长范围/μm	分辨率/m
1	0. 5 ~ 0. 6	60
2	0. 6 ~ 0. 7	60
3	0. 7 ~ 0. 8	60
4	0. 8 ~ 1. 1	60

表 5-2　TM 传感器

波段	波长范围/μm	分辨率/m
1	0. 45 ~ 0. 52	30
2	0. 52 ~ 0. 60	30
3	0. 63 ~ 0. 69	30
4	0. 76 ~ 0. 90	30
5	1. 55 ~ 1. 75	30
6	10. 40 ~ 12. 50	30
7	2. 08 ~ 2. 35	30

表 5-3　CCD2 传感器

波段	波长范围/μm	分辨率/m
1	0. 43 ~ 0. 52	30

续表

波段	波长范围/μm	分辨率/m
2	0. 52 ~ 0. 60	30
3	0. 63 ~ 0. 69	30
4	0. 76 ~ 0. 90	30

（2）数据预处理：①几何校正，消除遥感影像中的几何畸变；②辐射定标，利用数据头文件中给出的各波段定标参数，将传感器记录的电压或数字值（DN）转换为辐亮度值，定标公式为 $L=\text{gain}\times\text{DN}+\text{bias}$，其中 gain 与 bias 分别为增益和偏移，可由元数据或头文件查得；③大气校正，在辐射定标的基础上，利用大气校正获取地表真实反射率。采用 ENVI 软件中的 FLAASH 模块对多光谱数据进行大气校正，输入大气模型参数、平均地面高程、中心点经纬度、波谱滤波函数等参数后即可得到影像各波段的地表反射率。

（3）NDVI 的计算。

$$\text{NDVI}=\frac{\text{NIR}-R}{\text{NIR}+R} \tag{5-1}$$

式中，NIR、R 分别为红外波段和红光波段的反射率值。利用 ENVI 软件中的 Band math 功能即可由反射率计算得到 NDVI 值。

（4）NDVI 值的特征。NDVI 结果介于［-1，1］，负值表示地表覆盖为云、水、雪等，0 表示岩石或裸土等，正值则表示有植被覆盖且随植被覆盖度的增大而增大。NDVI 是植被生长状态及植被覆盖度的最佳指示因子，它经过比值处理，能够部分消除与太阳高度角、卫星观测角、地形、云、阴影和大气条件有关的辐照度条件变化的影响。但是，NDVI 是近红外和红光比值的非线性拉伸，导致其结果对植被覆盖度较高的地区具有较低的敏感性。

3）NDVI 提取结果

通过上述几何校正、辐射定标、大气校正等数据预处理手段，获取了北京西郊研究区域 NDVI（图 5-4 ~ 图 5-6）。

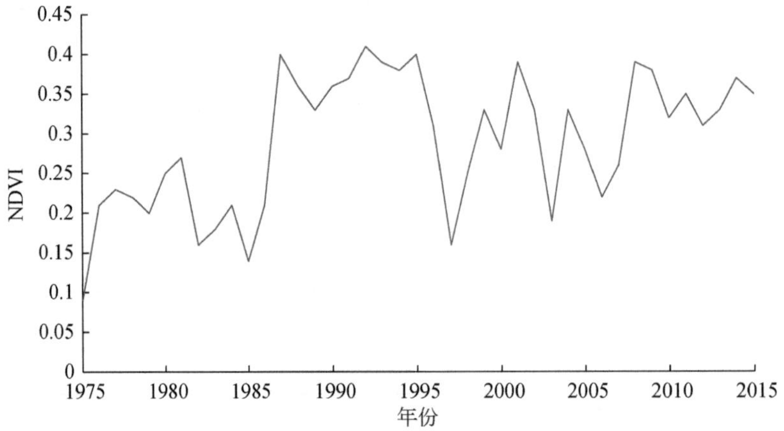

图 5-4　1975 ~ 2015 年北京西郊 NDVI 变化曲线

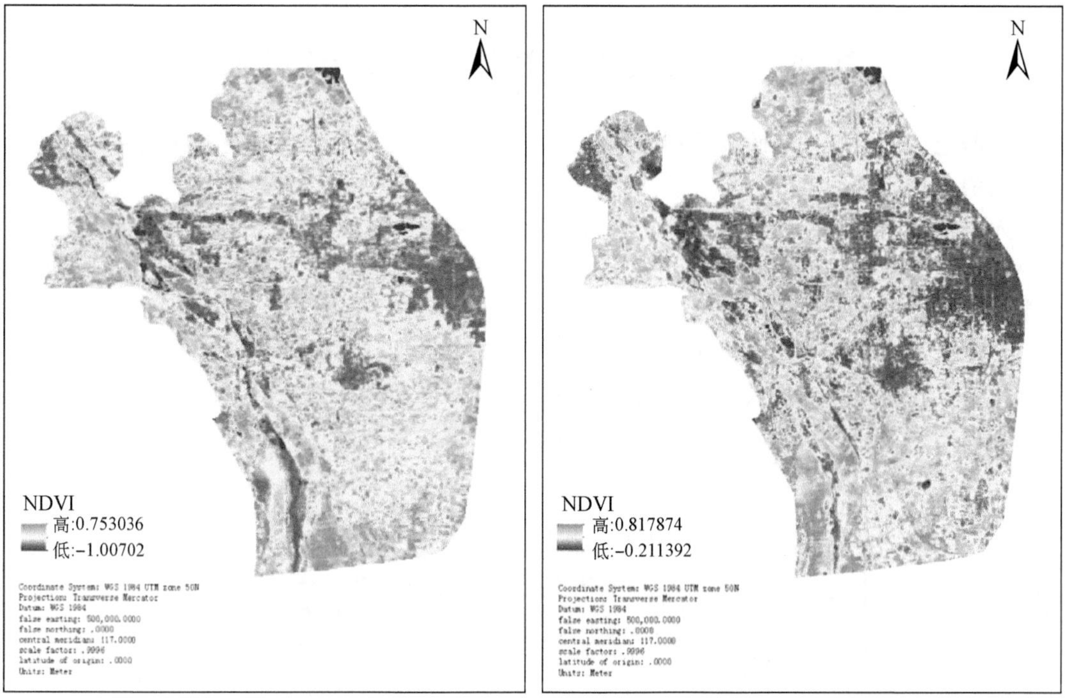

(a)1980年　　(b)1990年

图 5-5　1980 年及 1990 年北京西郊 NDVI 分布

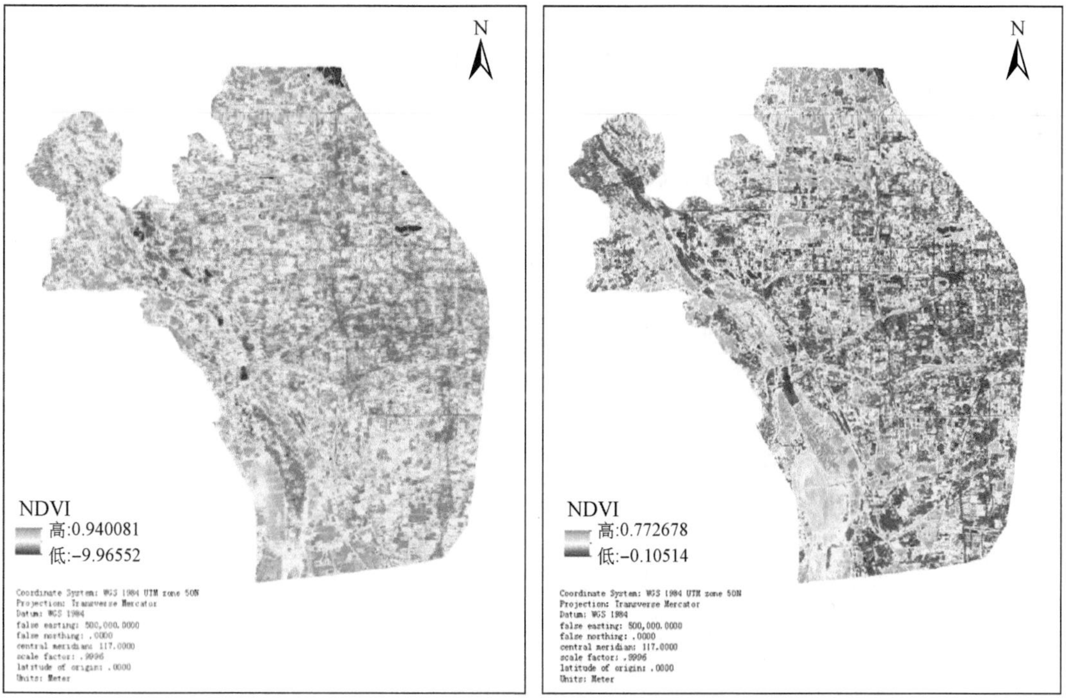

(a)2000年　　(b)2010年

图 5-6　2000 年及 2010 年北京西郊 NDVI 分布

5.3　数据挖掘处理软件工具开发

数据挖掘分析软件是研究顺利实施的必要工具，该工具主要实现人工神经网络和支持向量机两大功能。

人工神经网络以经验风险最小化为目标，一般需要大样本数据，而支持向量机以结构风险最小化为目标，泛化能力强，尤其适合于小样本。两者特点迥异，但均为目前公认的数据挖掘理想方法。

基于研究要求，我们自行研发了分析计算及数据挖掘建模软件工具 AITools（图 5-7），该软件工具除了具有一般人工神经网络的基本功能外，还具有处理时间序列的功能，并且具有神经网络不同层间全向前连接的功能，模拟计算效果更好。

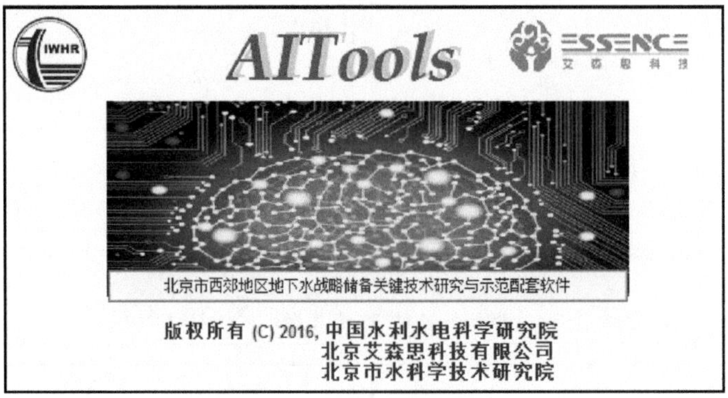

图 5-7　AITools 启动界面

5.3.1　人工神经网络系统开发

我们开发了人工神经网络分析建模系统软件工具（图 5-8～图 5-11），以保证研究能顺利进行。

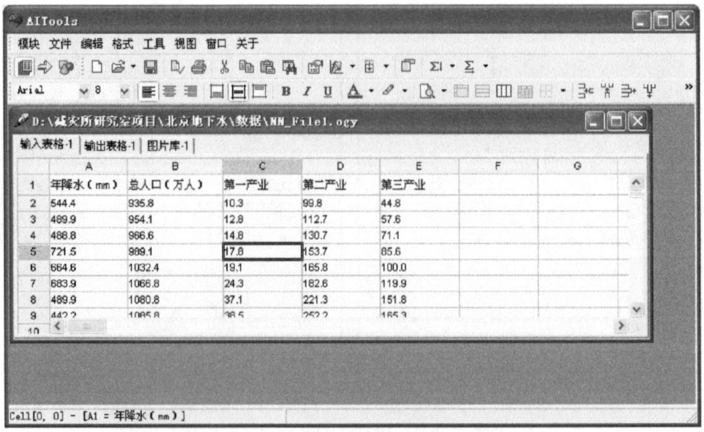

图 5-8　人工神经网络数据录入界面

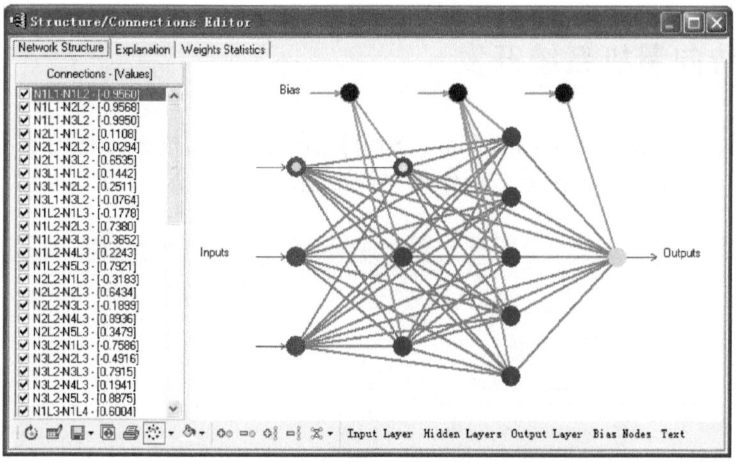

图 5-9　人工神经网络可视化结构设计界面

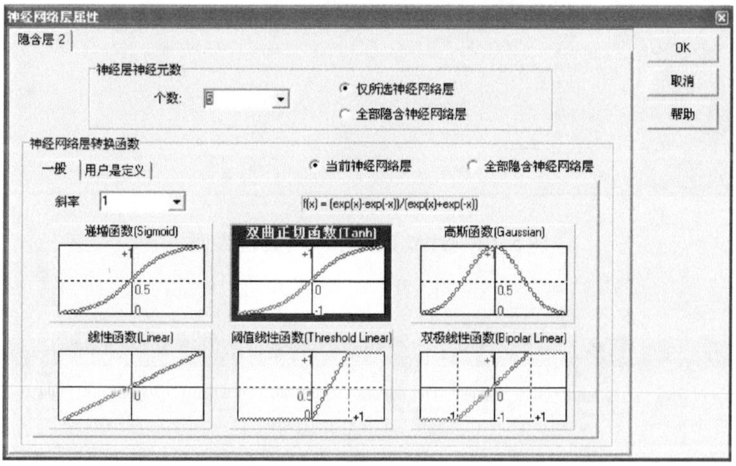

图 5-10　人工神经网络转换函数选择界面

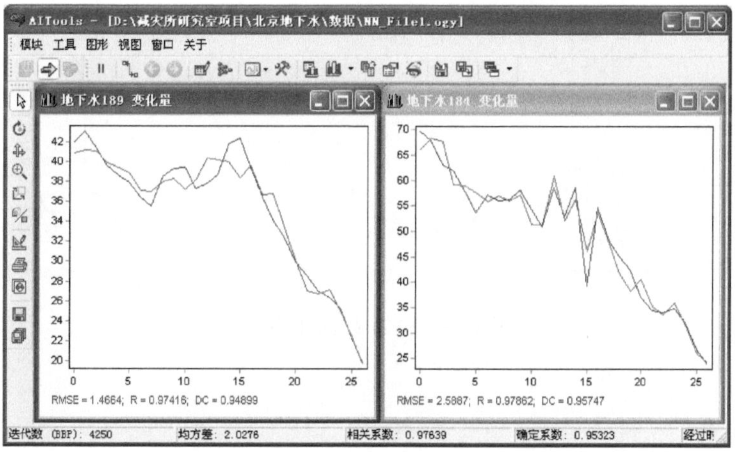

图 5-11　人工神经网络训练结果界面

5.3.2 支持向量机系统开发

支持向量机（support vector machine，SVM）是当今数据挖掘分析的重要和有效手段，为保证研究顺利进行，SVM 相关系统软件开发也圆满完成（图 5-12 ~ 图 5-14）。

图 5-12　SVM 数据录入与处理界面

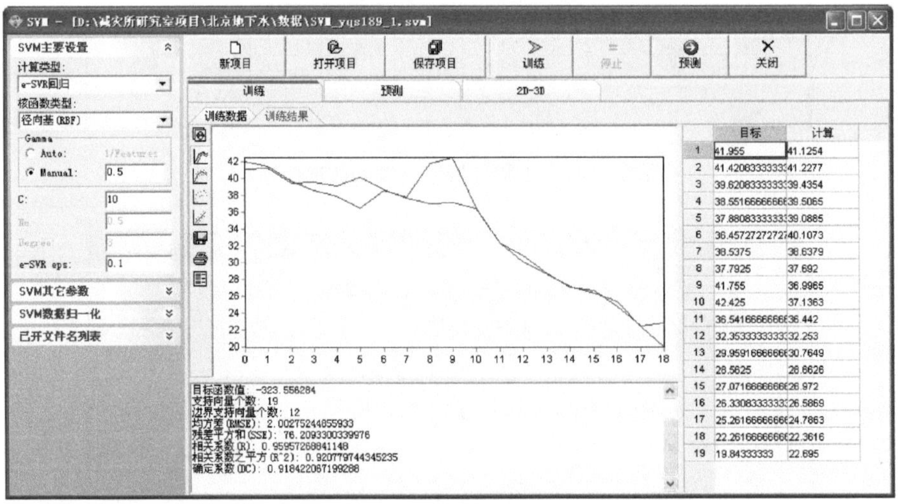

图 5-13　SVM 数据训练界面

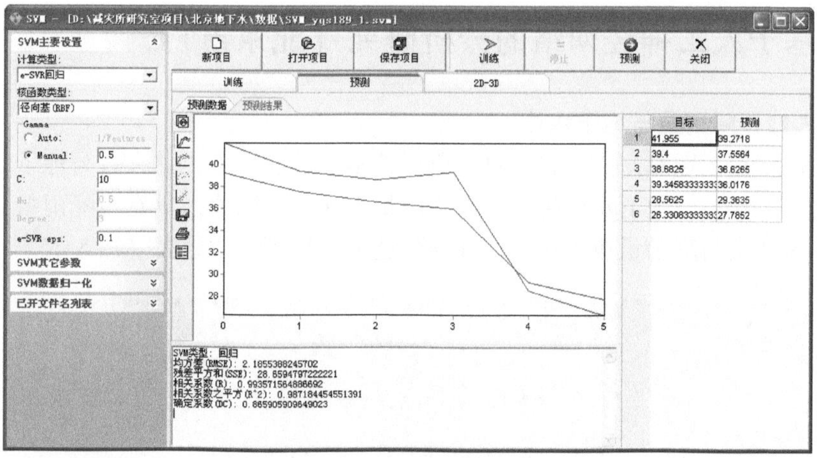

图 5-14　SVM 数据预测界面

5.4　地下水多因子影响模型建立

地下水多因子影响模型的建立是本研究的关键部分，因此如何确定和选择模型影响因子（模型的输入）是首先需要解决的问题。对某一特定区域，若不考虑外来径流，降雨是地下水最主要和直接的补给，而开采则是地下水最主要的损失，理论上如果知道降雨补给量和地下水开采量，则很容易计算出该区域的地下水变化状况；但在研究区，地下水实际开采量数据很难或无法获取。北京市用水中地下水占了很大的比例，这其中除了正规的地下水开采测井有数据记录外，很多工矿、农业、居民等地下水开采量无法统计收集，因此只能通过间接的方法来处理。因为总人口、GDP、工业总产值、农业总产值等因子均与用水量存在极大关系，而这些因子都有良好的历史数据，便于收集获取，因此模型建立中，除了自然因素降雨外，主要考虑以人口、GDP、工农业总产值作为模型输入。

对于模型输出，研究区中门头沟区是重要的地下水补给区，相对应海淀区则是涌泉区，因此分别选择这两个区域里两处典型的地下水位测井数据作为模型输出，尽可能真实地模拟研究区地下水动态变化及相关影响因子。

外来补水主要考虑南水北调进京水量折算成降雨量作为情景预测模型的降雨量输入，以海淀区为例，其区域面积为 430.77km^2，如果南水北调补水量分别按 0.129 亿 m^3、0.215 亿 m^3、0.43 亿 m^{3}和 0.645 亿 m^{3}考虑，则粗略估算，折算成相应增加的降雨量分别约为 30mm、50mm，100mm 和 150mm，通过这种方式可定量评估南水北调进京水量对北京西郊地下水的影响。

基于上述分析，建立了 GDP、工业总产值、农业总产值、总人口、降雨量与地下水位的模型，在模型的基础上开展了多场景情景分析。

5.4.1 基于人工神经网络的分析研究（北京市）

1）总人口、降雨量与地下水位

初步结论：在工业总产值、农业总产值保持不变的前提下，总人口与地下水位大体成反比，即总人口越多，地下水位越低；而降雨量存在一个阈值，只有当降雨量大于该阈值时，地下水位才会与降雨量成正比，即降雨量越大，地下水位越高（图5-15～图5-17）。

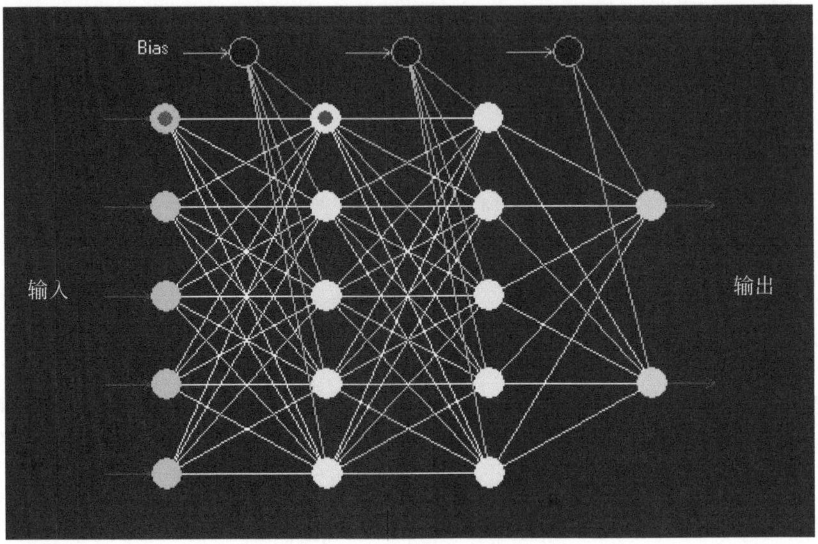

图5-15 双隐含层神经网络

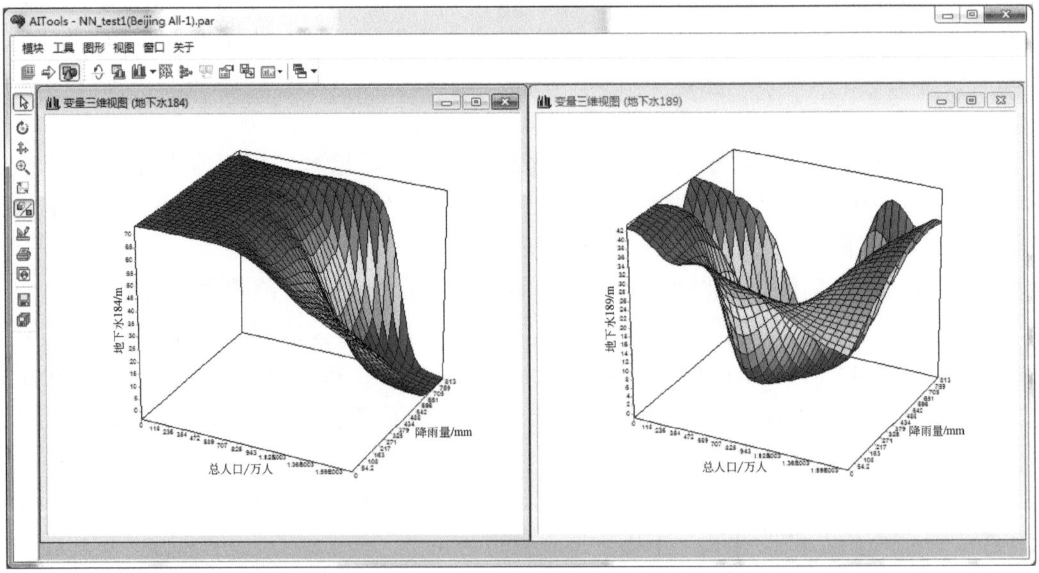

图5-16 人工神经网络：总人口、降雨量与地下水位三维关系界面（北京市）

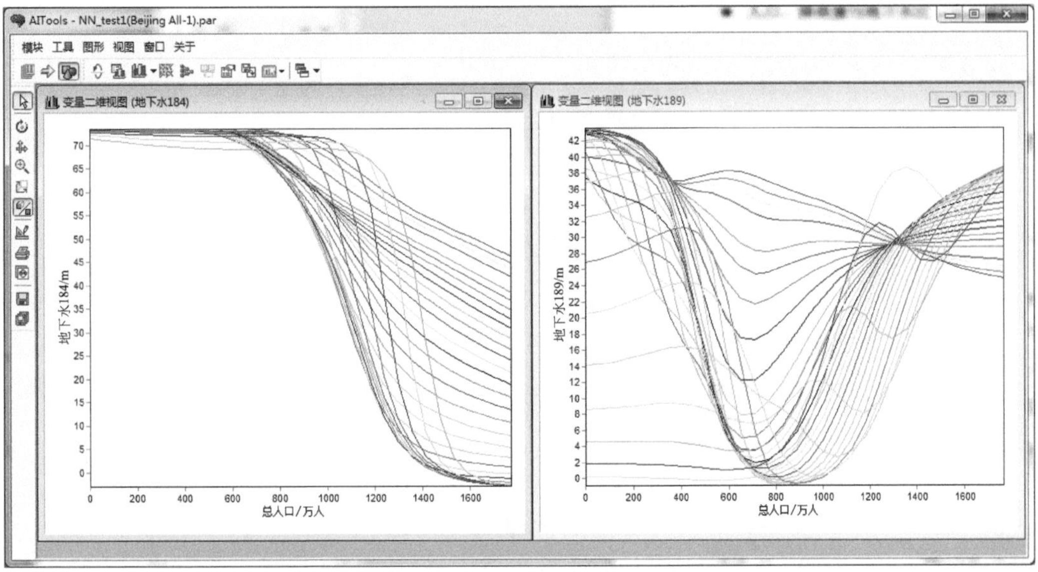

图 5-17 人工神经网络：总人口与地下水位二维关系界面（北京市）

2）工业总产值、农业总产值与地下水位

初步结论：农业总产值存在一个阈值，小于该阈值（158 亿元）时，地下水位与农业总产值成反比，大于该阈值时则成正比，该阈值的出现时间大概在 20 世纪 90 年代中期（图 5-18、图 5-19）。

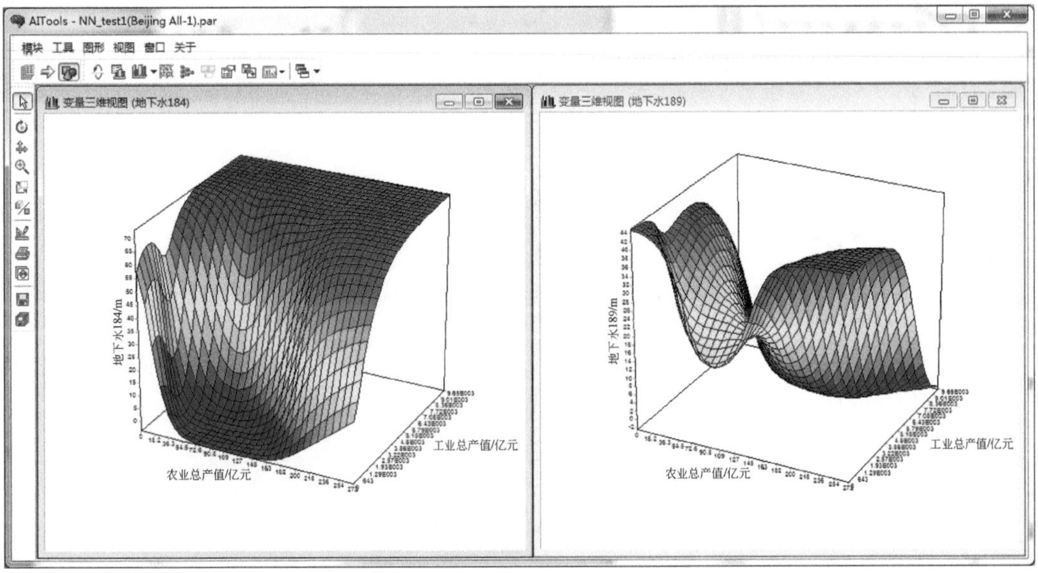

图 5-18 人工神经网络：工业总产值、农业总产值与地下水位三维关系界面（北京市）

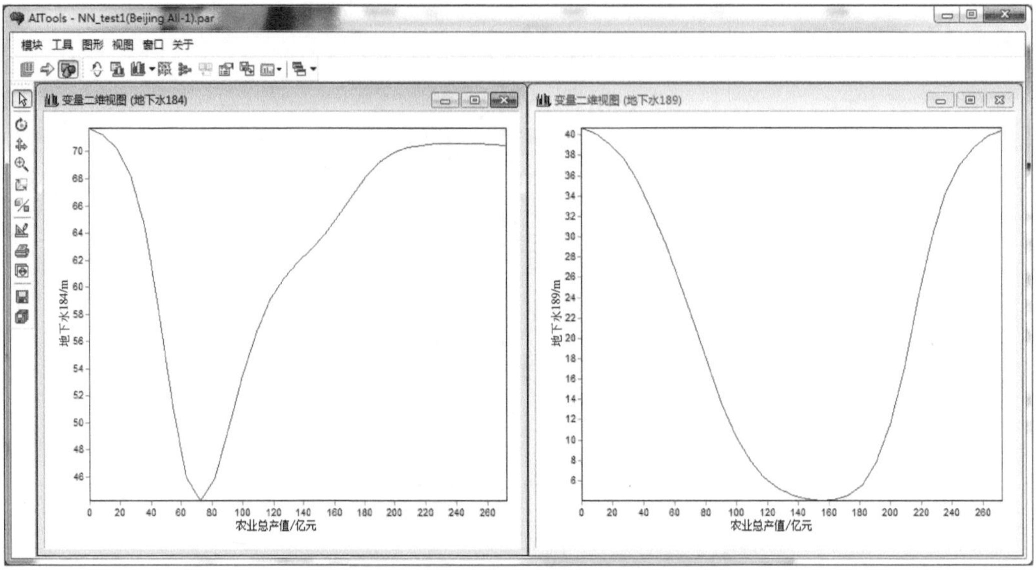

图 5-19　人工神经网络：农业总产值与地下水位二维关系界面（北京市）

3）GDP 与地下水位

初步结论：总体而言，GDP 与地下水位成反比关系（图 5-20）。

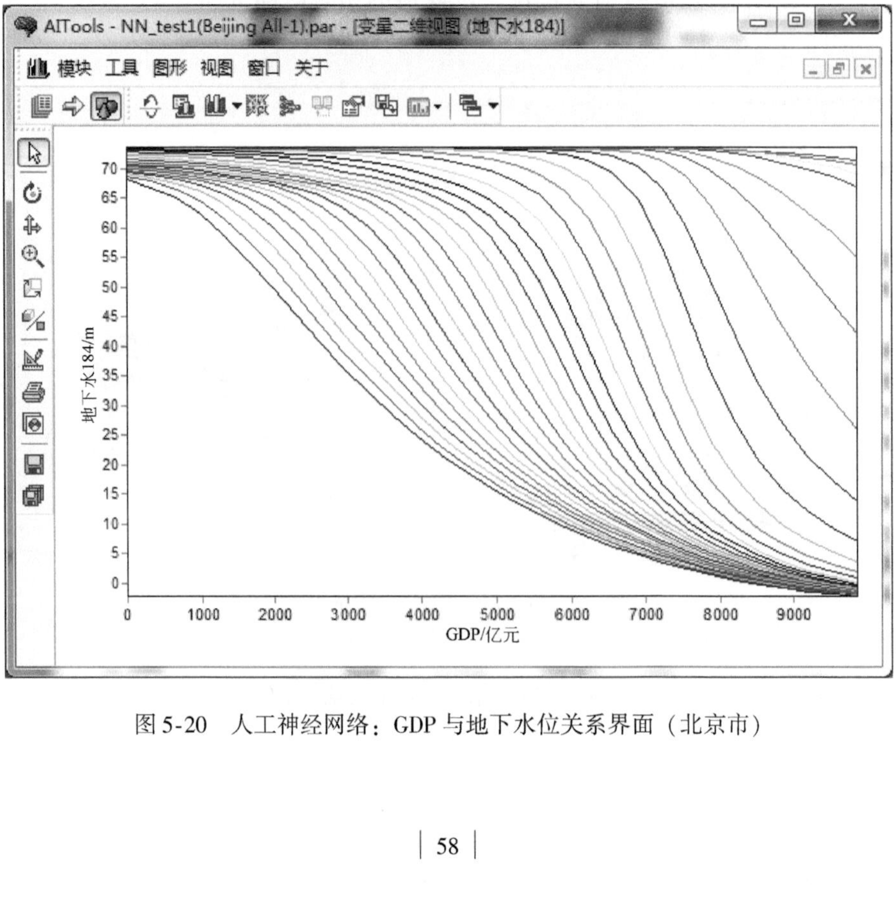

图 5-20　人工神经网络：GDP 与地下水位关系界面（北京市）

4）重要度分析

由图 5-21 可看出，对地下水位影响最大的因子是降雨量，之后依次为总人口、工业总产值、GDP 和农业总产值。

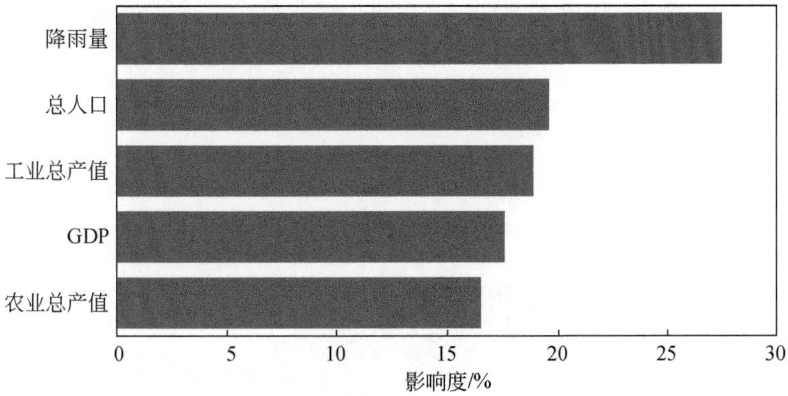

图 5-21　人工神经网络：工业总产值、农业总产值、GDP、总人口与降雨量对地下水位影响度

5.4.2　基于人工神经网络的分析研究：以海淀区为例

1）总人口、降雨量与地下水位

初步结论：与全市情况基本相同，在工业总产值与农业总产值保持不变的前提下，总人口与地下水位大体成反比，即总人口越多，地下水位越低；而降雨量存在一个阈值，只有当降雨量大于该阈值时，地下水位才会与降雨量成正比，即降雨量越大，地下水位越高（图 5-22）。

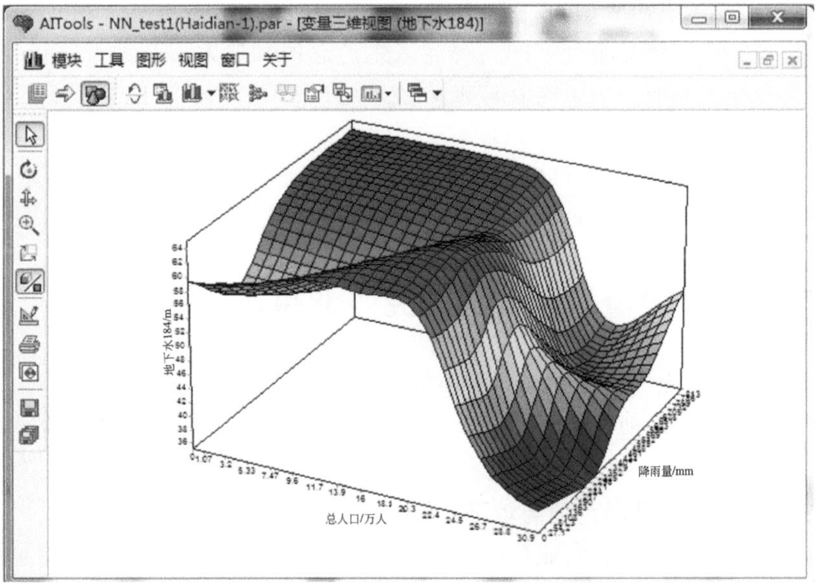

图 5-22　人工神经网络：总人口、降雨量与地下水位三维关系界面（海淀区）

2）工业总产值、农业总产值与地下水位

初步结论：与全市情况略有不同，工业总产值、农业总产值均存在一个阈值，对工业总产值而言，小于该阈值时，地下水位与工业总产值成反比，但大于该阈值时则成正比，该阈值的出现时间大概在 20 世纪 90 年代末期。农业总产值小于阈值时与地下水位成正比，大于阈值时基本成反比（图 5-23）。

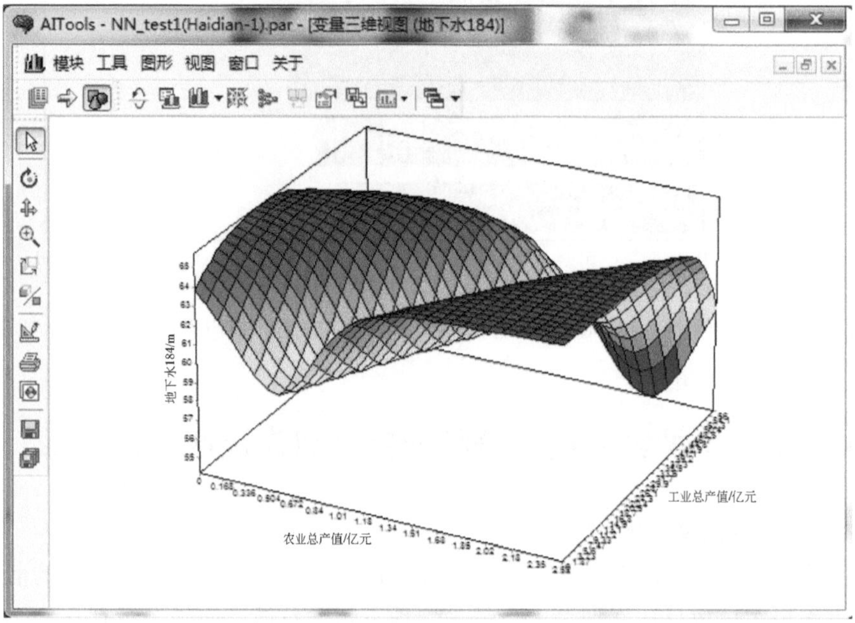

图 5-23 人工神经网络：工业总产值、农业总产值与地下水位三维关系界面（海淀区）

3）全区生产总值、总人口与地下水位

初步结论：与全市情况略有不同，海淀区生产总值和总人口与地下水位均成倒“U”形关系，都存在一个阈值，小于该值时成反比，大于该值时则成正比（图 5-24）。

4）重要度分析

由图 5-25 可看出，海淀区对地下水位影响最大的因子是总人口，之后依次为农业总产值、降雨量、GDP 和工业总产值。

5.4.3 基于支持向量机的分析研究（北京市）

1）支持向量机：总人口、降雨量与地下水位

初步结论：总人口与地下水位成反比关系，降雨量与地下水位成轻微的线性正比关系（图 5-26）。

2）工业总产值、农业总产值与地下水位

初步结论：工业总产值、农业总产值与地下水位均成反比关系（图 5-27 ~ 图 5-29）。

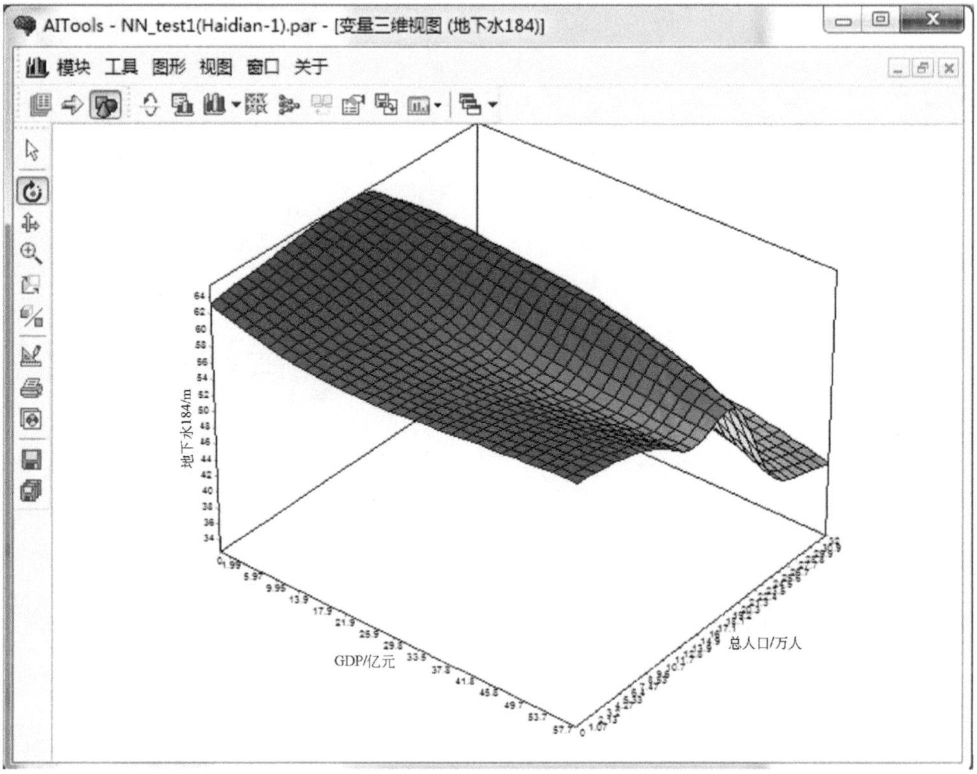

图 5-24 人工神经网络：GDP、总人口与地下水位三维关系界面（北京市）

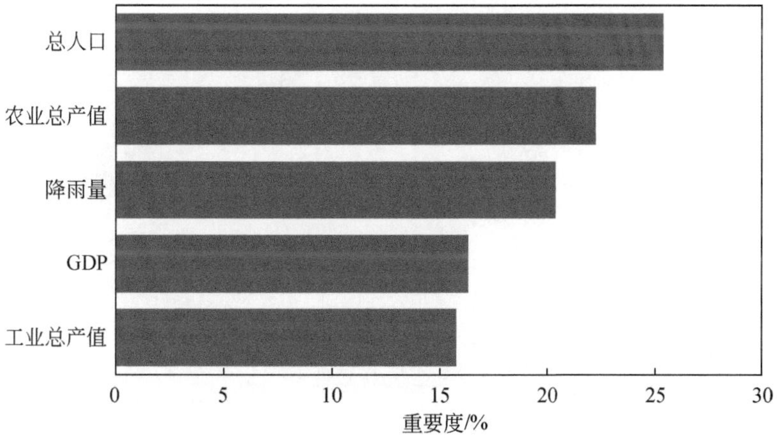

图 5-25 人工神经网络：工业总产值、农业总产值、GDP、总人口与降雨对地下水位影响度

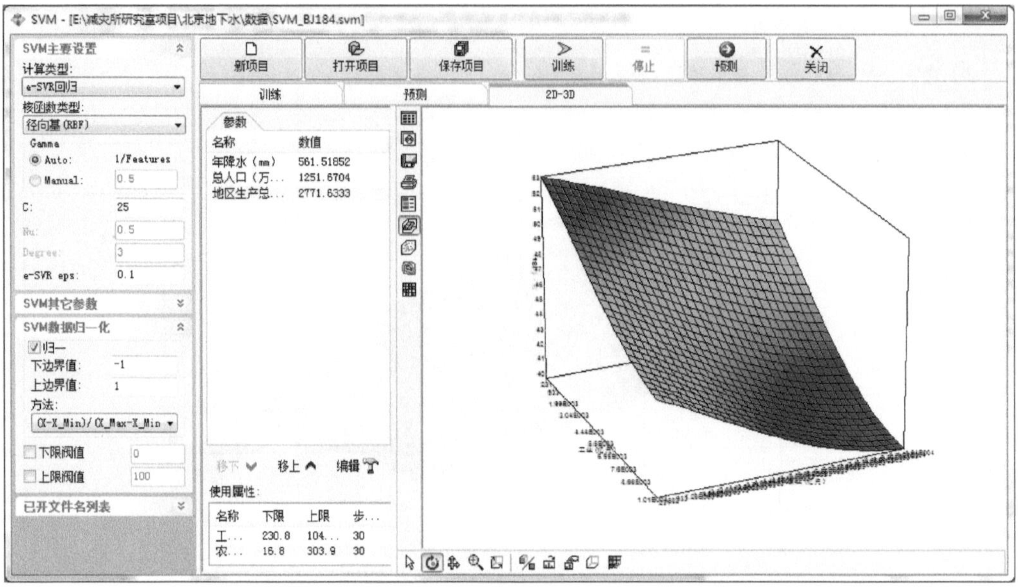

图 5-26　支持向量机：总人口、降雨量与地下水位三维关系界面（北京市）

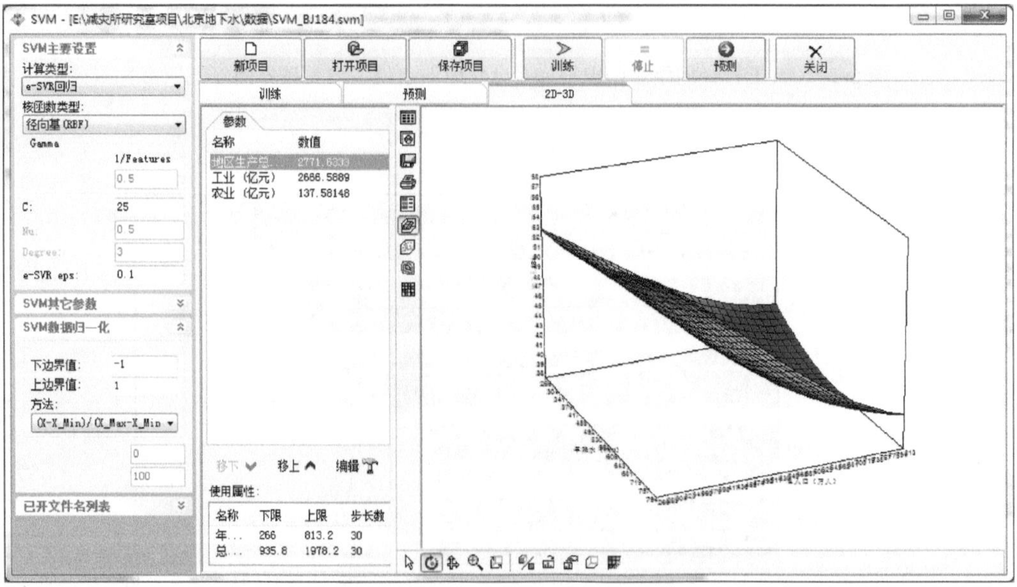

图 5-27　支持向量机：工业总产值、农业总产值与地下水位三维关系界面（北京市）

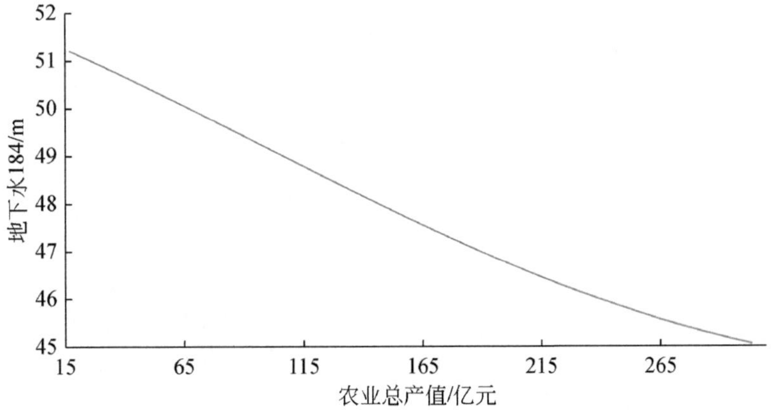

图 5-28　支持向量机：农业总产值与地下水位关系图（北京市）

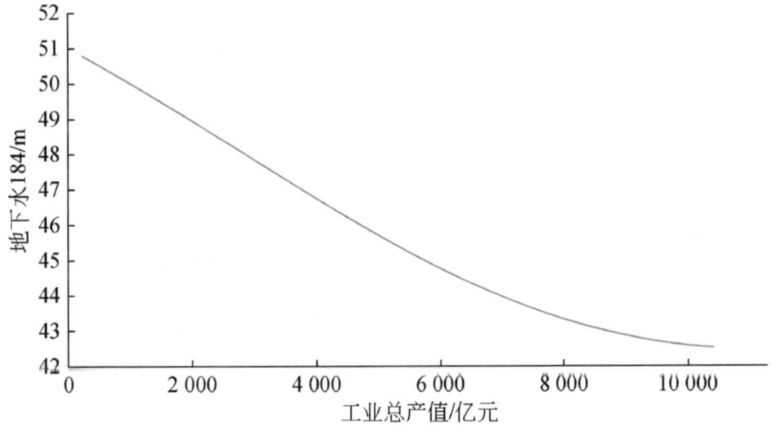

图 5-29　支持向量机：工业总产值与地下水位关系图（北京市）

5.4.4　基于支持向量机的分析研究（海淀区）

1）支持向量机：总人口、降雨量与地下水位

初步结论：人口数量与地下水位成反比关系，降雨量与地下水位成“U”形关系（图 5-30）。

2）工业总产值、农业总产值与地下水位

初步结论：工业，农业与地下水位均呈轻微“U”形关系（图 5-31～图 5-33）。

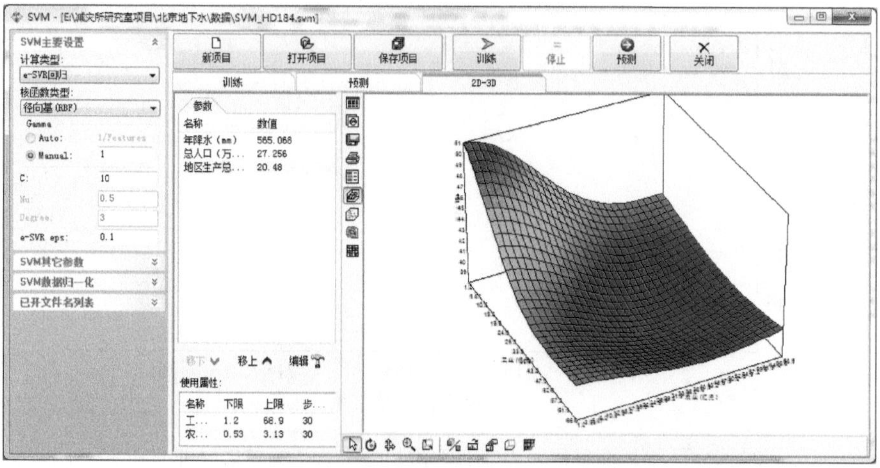

图 5-30　支持向量机：总人口、降雨量与地下水位三维关系界面（海淀区）

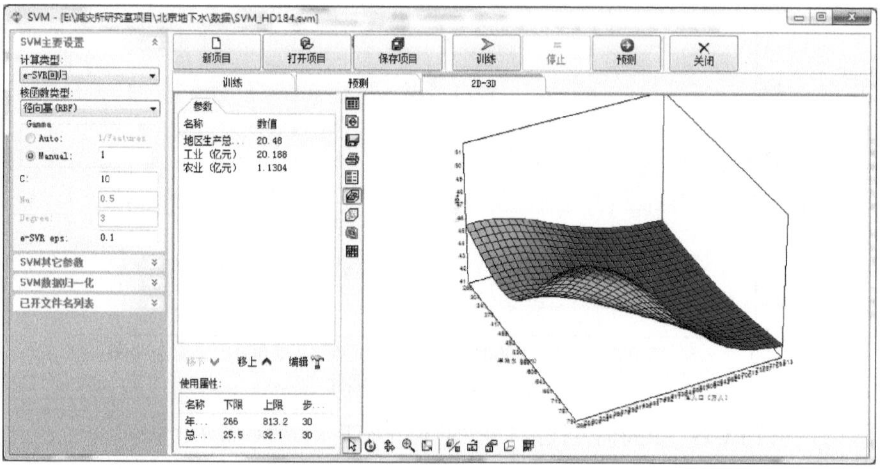

图 5-31　支持向量机：工业总产值、农业总产值与地下水位三维关系界面（海淀区）

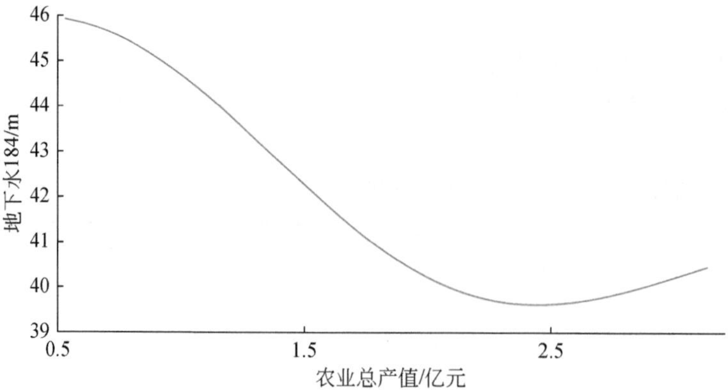

图 5-32　支持向量机：农业总产值与地下水位关系图（海淀区）

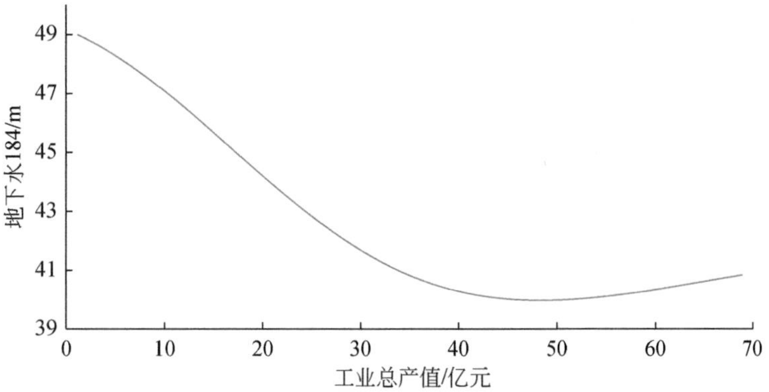

图 5-33　支持向量机：工业总产值与地下水位关系图（海淀区）

5.5　基于时间序列的人工神经网络的分析研究（海淀区）

针对海淀区 189 号测井数据，结合海淀区降雨量、总人口、GDP、工业总产值与农业总产值，建立时间序列神经网络模型，并对未来地下水位变化进行预测和情景分析。模型基本形式如下：

$$H_t=f(H_{t-1},x_1,x_2,x_3,x_4,x_5) \tag{5-2}$$

式中，H_t 为 t 年时刻地下水位；H_{t-1} 为 $t-1$ 年时刻地下水位；x_1、x_2、x_3，x_4，x_5 分别为 t 年时刻降雨量、总人口、GDP、工业总产值和农业总产值。

双隐含层时间序列神经网络模型结构如图 5-34 所示。

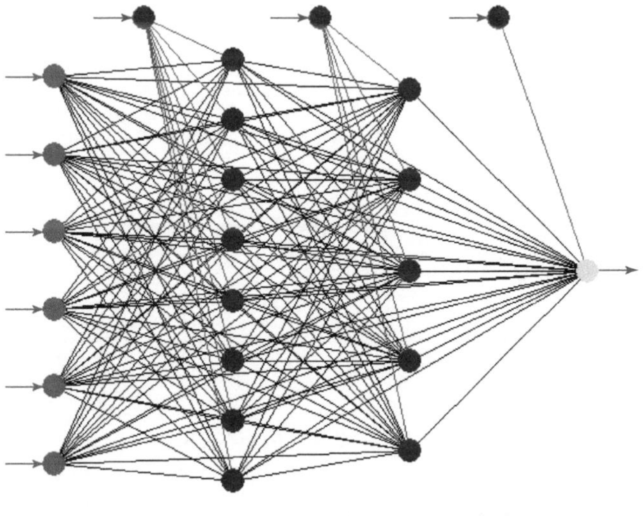

图 5-34　双隐含层时间序列神经网络结构图

神经网络训练计算结果如图 5-35 所示，训练效果非常好。

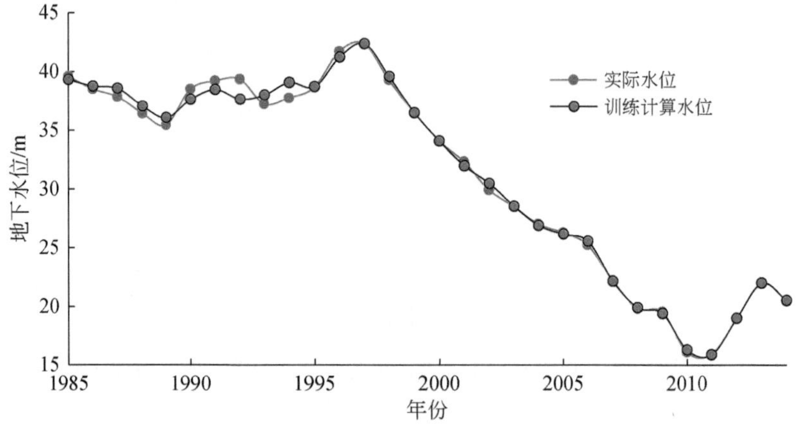

图 5-35　神经网络训练计算结果对比图

人口模型：为便于进行预测及未来情景分析，根据海淀区历年实际人口，建立 Logistic 人口增长模型：

$$x_1 = a_2 + \frac{a_1 - a_2}{1 + \left(\frac{t}{t_0}\right)^p} \tag{5-3}$$

式中参数：$a_2 = 133.279\ 308\ 961\ 599$，$a_1 = 427.271\ 055\ 369\ 959$，$t_0 = 2\ 005.066\ 187\ 272\ 2$，$p = -508.324\ 104\ 883\ 471$。

相关系数 R 高达 0.991 12，吻合度高，说明该模型非常适合（图 5-36）。

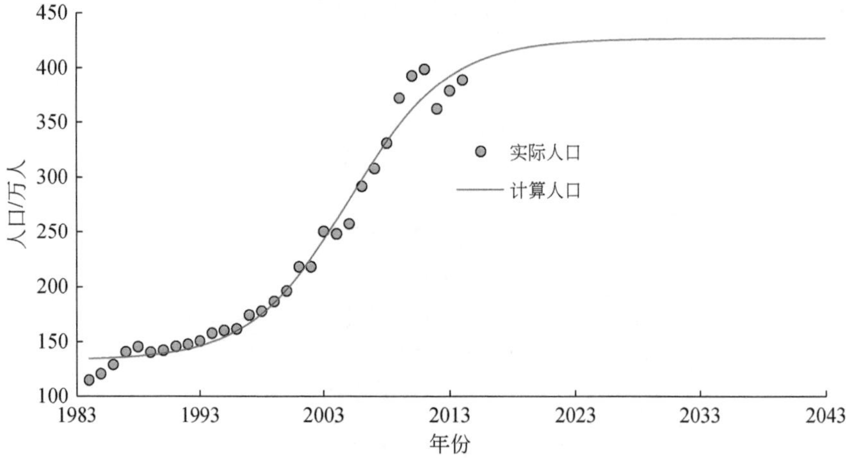

图 5-36　1984 ~ 2043 年人口增长曲线

5.5.1　情景分析一：不同降雨量情景

预测及情景分析的降雨量，按四种情况进行考虑：即在多年平均降雨量的基础上分别增加 30mm、50mm、100mm 和 150mm，预测年降雨量则分别为 590mm、620mm、670mm 和 750mm，这四种情况也可以视为南水北调入京水量所带来的影响，预测年限至 2040 年。

人口变化按 Logistic 人口模型计算。GDP 和工业总产值按年增 3% 计算，农业总产值则按年增 1% 计算。具体数值见表 5-4。

表 5-4 情景预测输入数据

年份	总人口/万人	GDP/亿元	工业总产值/亿元	农业总产值/亿元
2015	405.22	4418.70	2277.54	5.96
2016	409.84	4551.26	2345.86	6.02
2017	413.55	4687.80	2416.24	6.08
2018	416.49	4828.43	2488.73	6.14
2019	418.82	4973.29	2563.39	6.20
2020	420.66	5122.48	2640.29	6.26
2021	422.10	5276.16	2719.50	6.33
2022	423.24	5434.44	2801.08	6.39
2023	424.12	5597.48	2885.11	6.45
2024	424.82	5765.40	2971.67	6.52
2025	425.36	5938.36	3060.82	6.58
2026	425.78	6116.51	3152.64	6.65
2027	426.11	6300.01	3247.22	6.72
2028	426.37	6489.01	3344.64	6.78
2029	426.57	6683.68	3444.98	6.85
2030	426.72	6884.19	3548.33	6.92
2031	426.84	7090.72	3654.78	6.99
2032	426.94	7303.44	3764.42	7.06
2033	427.01	7522.54	3877.35	7.13
2034	427.07	7748.22	3993.67	7.20
2035	427.11	7980.66	4113.48	7.27
2036	427.15	8220.08	4236.89	7.34
2037	427.18	8466.69	4363.99	7.42
2038	427.20	8720.69	4494.91	7.49
2039	427.21	8982.31	4629.76	7.57
2040	427.23	9251.78	4768.66	7.64

四种不同降雨量情景预测结果图如图 5-37 所示。

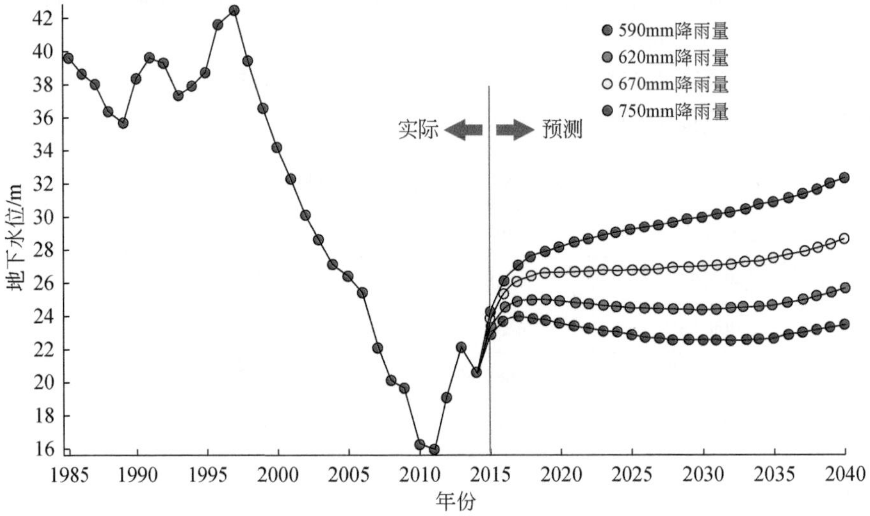

图 5-37　不同降雨量对地下水位恢复影响情景分析曲线

由表 5-5 可看出，降雨量的增加可以持续抬高地下水位，相比 2015 年，至 2040 年最好情况地下水位可增加 8.05m。

表 5-5　不同降雨量地下水位变化情况

年份	地下水位/m			
	590mm 降雨量	620mm 降雨量	670mm 降雨量	750mm 降雨量
2015	22.81	23.27	23.77	24.22
2016	23.68	24.46	25.34	26.06
2017	23.89	24.87	26.04	26.98
2018	23.83	24.96	26.35	27.50
2019	23.68	24.93	26.49	27.85
2020	23.52	24.85	26.57	28.12
2021	23.37	24.78	26.62	28.36
2022	23.22	24.70	26.67	28.58
2023	23.08	24.62	26.71	28.79
2024	22.95	24.55	26.74	28.98
2025	22.83	24.48	26.77	29.16
2026	22.73	24.42	26.79	29.33
2027	22.63	24.37	26.82	29.49
2028	22.56	24.34	26.86	29.64

续表

年份	地下水位/m			
	590mm 降雨量	620mm 降雨量	670mm 降雨量	750mm 降雨量
2029	22.50	24.31	26.90	29.80
2030	22.46	24.30	26.95	29.95
2031	22.44	24.32	27.02	30.11
2032	22.46	24.36	27.10	30.29
2033	22.49	24.42	27.21	30.47
2034	22.56	24.51	27.34	30.67
2035	22.65	24.62	27.50	30.89
2036	22.77	24.76	27.67	31.13
2037	22.92	24.93	27.88	31.39
2038	23.10	25.12	28.10	31.66
2039	23.29	25.34	28.35	31.96
2040	23.51	25.57	28.61	32.27

5.5.2 情景分析二：不同 GDP 增速情景

降雨量保持 620mm，以 2015 年为预测始期，2015 年起 GDP 增速分别按 1%、2%、2.5% 和 3% 考虑（图 5-38），可以看出，GDP 增速越大，地下水位恢复越慢，反之 GDP 增速越小，地下水位恢复越快（表 5-6）。

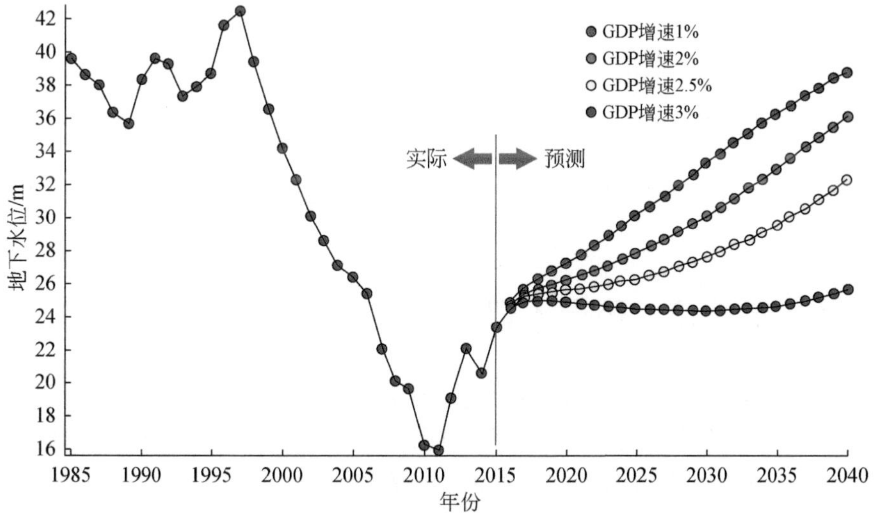

图 5-38　不同 GDP 增速对地下水位恢复影响的情景分析曲线

表 5-6　不同 GDP 增速地下水位变化情况

年份	地下水位/m			
	GDP 增速 1%	GDP 增速 2%	GDP 增速 2.5%	GDP 增速 3%
2015	23.39	23.33	23.30	23.27
2016	24.88	24.69	24.58	24.46
2017	25.71	25.33	25.11	24.87
2018	26.28	25.68	25.34	24.96
2019	26.77	25.95	25.46	24.93
2020	27.26	26.21	25.57	24.85
2021	27.77	26.48	25.68	24.78
2022	28.32	26.79	25.81	24.70
2023	28.89	27.12	25.97	24.62
2024	29.48	27.47	26.13	24.55
2025	30.09	27.86	26.32	24.48
2026	30.71	28.26	26.53	24.42
2027	31.35	28.69	26.76	24.37
2028	31.98	29.15	27.01	24.34
2029	32.62	29.62	27.29	24.31
2030	33.26	30.12	27.59	24.30
2031	33.89	30.65	27.93	24.32
2032	34.51	31.19	28.29	24.36
2033	35.12	31.76	28.69	24.42
2034	35.71	32.34	29.12	24.51
2035	36.29	32.95	29.58	24.62
2036	36.85	33.57	30.07	24.76
2037	37.39	34.20	30.60	24.93
2038	37.91	34.84	31.15	25.12
2039	38.40	35.49	31.73	25.34
2040	38.87	36.14	32.33	25.57

5.5.3　情景分析三：不同人口情景

降雨量保持620mm，人口按 Logistic 人口模型计算，以2015 年为预测始期，2015 年至2040 年的三种人口情景分别进行预测计算（图5-39），可以看出，人口总量对地下水位有着极其明显的影响作用，人口总量越大地下水位恢复越慢，反之地下水位恢复越快（表5-7）。

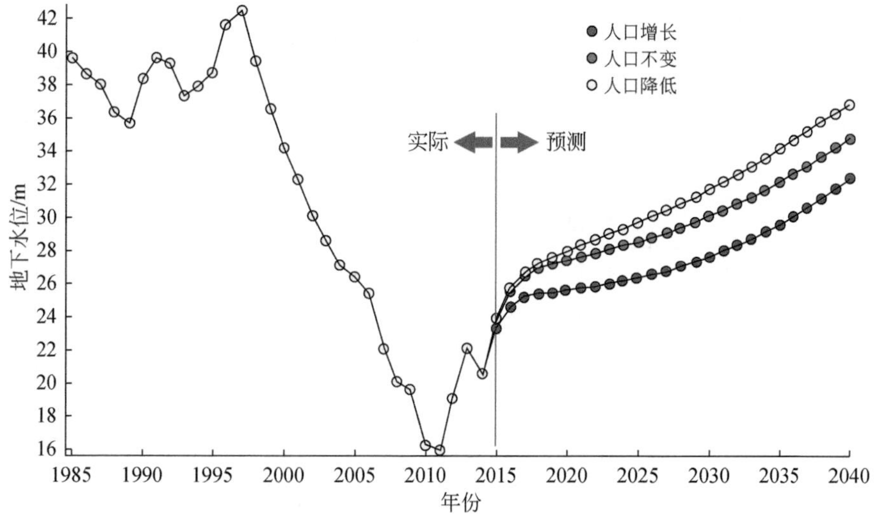

图 5-39　三种人口情景对地下水位恢复影响的情景分析曲线

表 5-7　不同人口变化情景与地下水位变化情况

年份	地下水位/m		
	人口增加	人口不变	人口降低
2015	23. 30	23. 83	23. 89
2016	24. 58	25. 51	25. 66
2017	25. 11	26. 33	26. 59
2018	25. 34	26. 79	27. 14
2019	25. 46	27. 09	27. 55
2020	25. 57	27. 35	27. 91
2021	25. 68	27. 58	28. 25
2022	25. 81	27. 81	28. 59
2023	25. 97	28. 05	28. 93
2024	26. 13	28. 29	29. 28
2025	26. 32	28. 55	29. 64
2026	26. 53	28. 81	30. 02
2027	26. 76	29. 10	30. 40
2028	27. 01	29. 40	30. 81
2029	27. 29	29. 72	31. 23
2030	27. 59	30. 06	31. 67
2031	27. 93	30. 42	32. 13

续表

年份	地下水位/m		
	人口增加	人口不变	人口降低
2032	28.29	30.81	32.61
2033	28.69	31.23	33.10
2034	29.12	31.66	33.60
2035	29.58	32.13	34.12
2036	30.07	32.61	34.65
2037	30.60	33.11	35.18
2038	31.15	33.63	35.72
2039	31.73	34.17	36.26
2040	32.33	34.72	36.80

5.5.4 情景分析四：理想情景

理想情景假设为降雨量保持750mm（按2亿m^3/a回补水量考虑），人口按至2040年均匀递减至340万人，GDP及工农业总产值均按年1%的增速进行预测计算（图5-40），可以看出，在理想情景下地下水位恢复速度明显加快，至2040年，相比2015年可恢复提升水位25.22m（表5-8）。

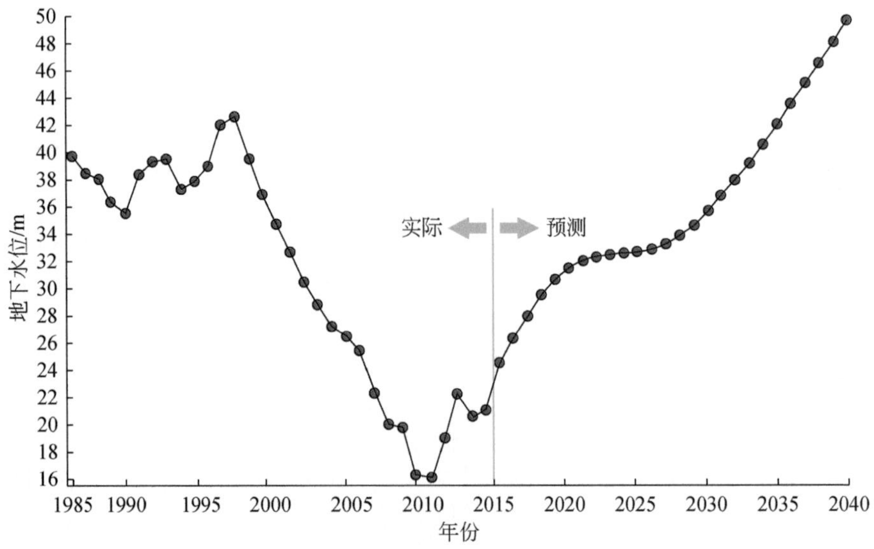

图5-40　理想情景地下水位恢复影响情景分析曲线

表 5-8　理想情景地下水位变化情况

年份	地下水位/m
2015	24.49
2016	26.31
2017	27.99
2018	29.44
2019	30.60
2020	31.44
2021	31.98
2022	32.27
2023	32.41
2024	32.50
2025	32.63
2026	32.87
2027	33.28
2028	33.88
2029	34.66
2030	35.61
2031	36.71
2032	37.91
2033	39.21
2034	40.58
2035	42.00
2036	43.47
2037	44.98
2038	46.53
2039	48.10
2040	49.71

5.5.5　情景分析五：2030 年达到涌泉状况情景

如果按上节中 2 亿 m^3/a 回补水量，则大约在 2042 年可恢复涌泉水位。如果希望在 2030 年就达到 52m 左右的涌泉水位，地下水回补水量经过试算应不少于 3.15 亿 m^3/a 水量（其对应增加降雨量约为 500mm），图 5-41 为地下水位恢复变化对比趋势图。

从上面预测分析可看出（表 5-9），如果希望在 2030 年即达到 52m 左右的涌泉地下水位，地下水回补水量应不少于 3.15 亿 m^3/a。

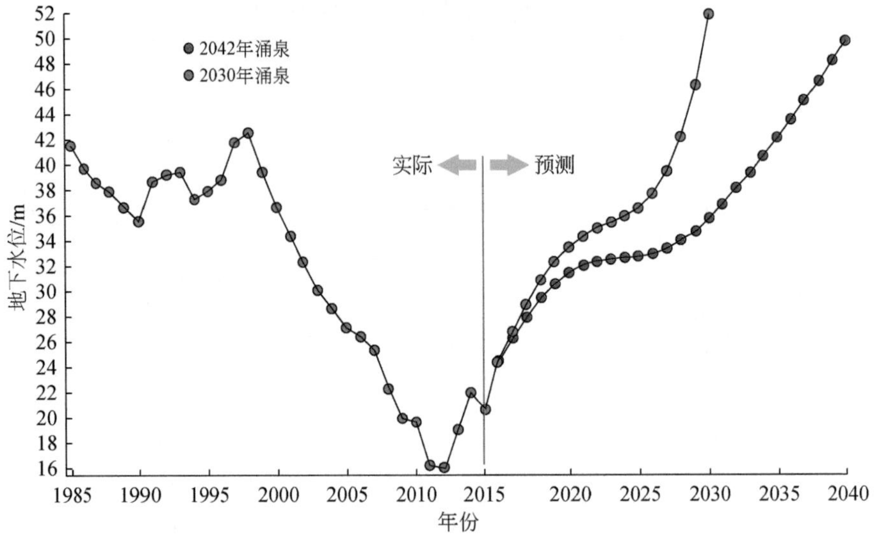

图 5-41　2042 年与 2030 年达到涌泉状况情景的地下水位恢复曲线图

表 5-9　2030 年达到涌泉状况地下水位变化情况

年份	地下水位/m
2015	24.31
2016	26.71
2017	28.88
2018	30.75
2019	32.28
2020	33.46
2021	34.31
2022	34.91
2023	35.38
2024	35.86
2025	36.53
2026	37.64
2027	39.41
2028	42.16
2029	46.19
2030	51.88

5.5.6　基于不同情景的预测分析

本节将基于时间序列神经网络进行不同情景下的地下水演变模拟分析。虽然神经网络具有超强的数据学习认知能力，但其外延预测能力却有一定局限性，如预测输入数据范围超出训练学习数据范围而引起的预测误判等。鉴于此，根据神经网络有限预测数据构建简单明了且易于使用的非线性回归模型并用于未来中长期预测，经过分析对比以下模型公式，可以很好地模拟不同情景地下水位变化情况，即单一模型公式，不同的情景模式仅参数不同。

$$y=a_1\times\exp[-b_1(x-c_1)^2]+a_2\times\exp[-b_2(x-c_2)^2] \tag{5-4}$$

式中，y 为地下水位；x 为预测年份；a_1、b_1、c_1、a_2、b_2、c_2 为回归模型参数。

情景一：不同降雨量

不同降雨量情景的模型参数值见表 5-10，地下水位变化拟合模型对比见图 5-42。

表 5-10　不同降雨情景模型参数值

参数	降雨量情景一（590mm）	降雨量情景二（620mm）	降雨量情景三（670mm）	降雨量情景四（750mm）
a_1	22. 469 05	24. 305 41	26. 743 89	27. 495 2
b_1	−0. 000 48	−0. 000 4	−0. 000 28	−0. 000 11
c_1	2 030. 485	2 028. 897	2 024. 563	2 001. 883
a_2	−0. 003 8	−0. 005 66	−0. 009 63	−0. 011 27
b_2	−0. 017 83	−0. 016 83	−0. 015 22	−0. 014 62
c_2	2 034. 012	2 034. 283	2 034. 742	2 034. 933
相关系数	0. 999 724	0. 995 816	0. 998 796	0. 999 347

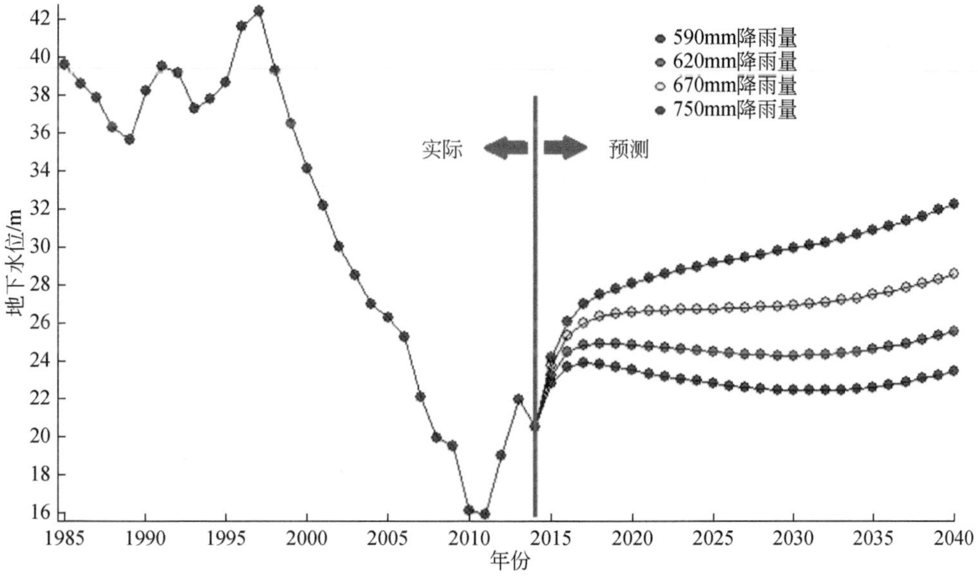

图 5-42　不同降雨情景地下水位变化拟合模型对比图

表 5-11 为基于回归模型的不同降雨量情景地下水位预测。

表 5-11　不同降雨量情景地下水位值　　（单位：m）

年份	降雨量情景一（590mm）	降雨量情景二（620mm）	降雨量情景三（670mm）	降雨量情景四（750mm）
2018	23.86	24.99	26.38	27.54
2020	23.57	24.91	26.64	28.20
2025	22.78	24.43	26.70	29.09
2030	22.47	24.31	26.95	29.94
2035	22.69	24.66	27.55	30.96
2040	23.47	25.52	28.54	32.18
2045	24.84	26.91	29.96	33.59
2050	26.65	28.66	31.63	35.04

情景二：不同 GDP 增速

不同 GDP 增速情景的模型参数值见表 5-12，地下水位变化拟合模型对比见图 5-43。

表 5-12　不同 GDP 增速情景模型参数值

参数	GDP 增速情景一（1% 增速）	GDP 增速情景二（2% 增速）	GDP 增速情景三（2.5% 增速）	GDP 增速情景四（3% 增速）
a_1	52.975 5	22.481 42	25.454 39	24.305 41
b_1	0.000 173	-0.000 23	-0.000 42	-0.000 4
c_1	2 081.992	1 994.124	2 016.11	2 028.896
a_2	-2.951 03	-4.865 49	-0.000 5	-0.005 66
b_2	8.641 615	7.204 782	-0.026 42	-0.016 84
c_2	2 015.353	2 015.405	2 032.797	2 034.28
相关系数	0.999 724	0.999 874	0.999 995	0.995 816

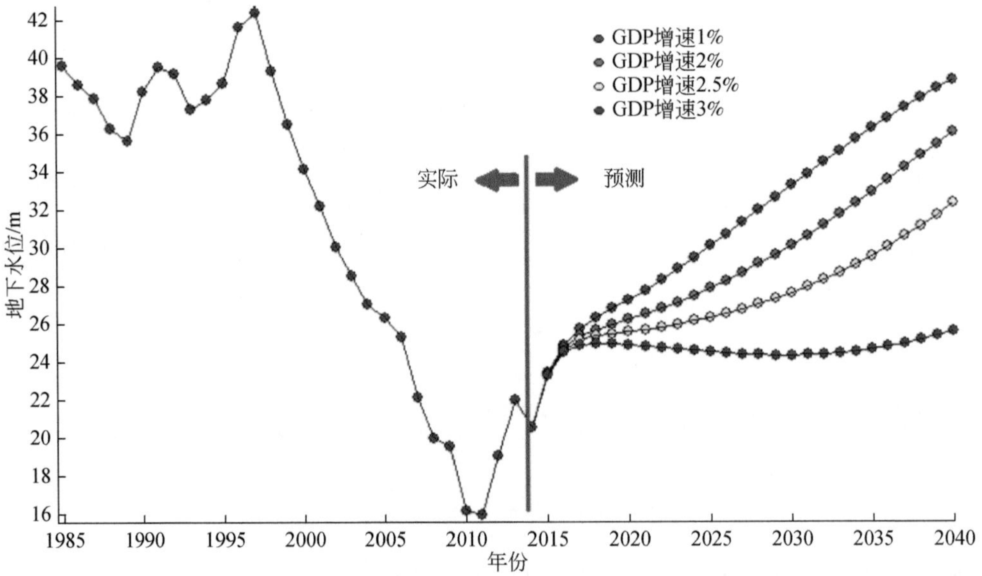

图 5-43　不同 GDP 增速情景地下水位变化拟合模型对比图

表 5-13 为基于回归模型的不同 GDP 增速情景地下水位预测。

表 5-13　不同 GDP 增速情景地下水位值　　（单位：m）

年份	GDP 增速情景一（1% 增速）	GDP 增速情景二（2% 增速）	GDP 增速情景三（2.5% 增速）	GDP 增速情景四（3% 增速）
2018	26.11	25.59	25.33	24.99
2020	27.27	26.18	25.58	24.91
2025	30.22	27.92	26.31	24.43
2030	33.21	30.12	27.60	24.31
2035	36.17	32.87	29.57	24.66
2040	39.06	36.28	32.35	25.52
2045	41.82	40.50	36.13	26.91
2050	44.39	45.72	40.00	28.66

情景三：不同人口变化

不同人口变化情景的模型参数值见表 5-14，地下水位变化拟合模型对比见图 5-44。

表 5-14　不同人口情景模型参数值

参数	人口变化情景一（人口增加）	人口变化情景二（人口不变）	人口变化情景三（人口降低）
a_1	25.408 3	26.159 75	21.123 56
b_1	-0.000 41	-0.000 25	-0.000 12
c_1	2 015.833	2 006.474	1 971.724
a_2	-19 718	-50 460.3	-110.06
b_2	0.022 321	0.015 168	0.046 322
c_2	1 994.763	1 989.586	2 005.974
相关系数	0.999 988	0.999 982	0.999 973

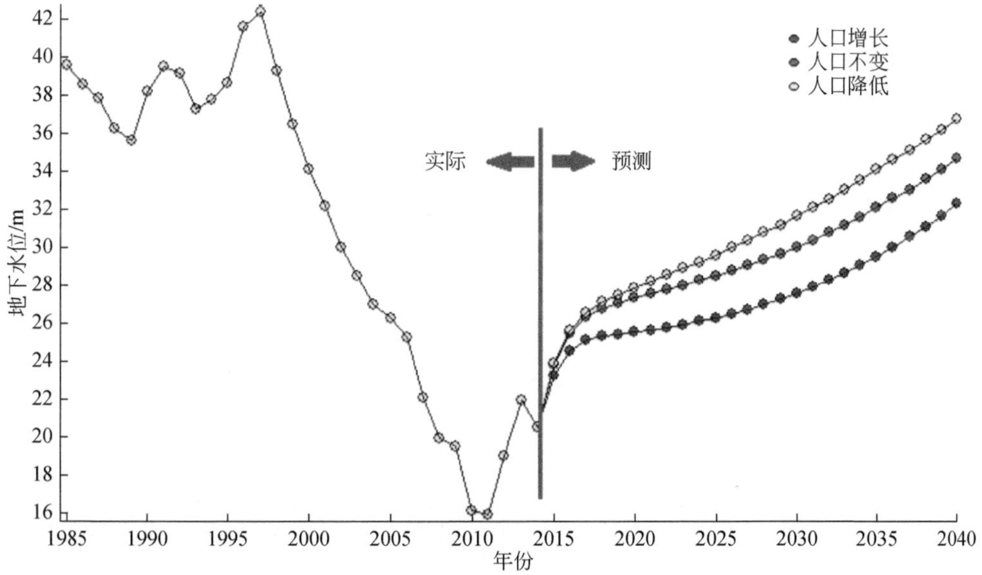

图 5-44　不同人口变化情景地下水位变化拟合模型对比图

表5-15为基于回归模型的不同人口变化情景地下水位预测。

表5-15 不同人口变化情景地下水位值 (单位：m)

年份	人口变化情景一（人口增加）	人口变化情景二（人口不变）	人口变化情景三（人口降低）
2018	25.34	26.81	27.15
2020	25.58	27.36	27.89
2025	26.31	28.53	29.65
2030	27.61	30.08	31.70
2035	29.58	32.12	34.08
2040	32.35	34.73	36.87
2045	36.12	38.04	40.12
2050	41.17	42.19	43.93

通过上述对不同情景的预测分析计算，可以得出至2050年不同情景下的地下水位变动情况。

情景四：理想情景

理想情景的模型参数值见表5-16，地下水位变化拟合模型对比见图5-45。

表5-16 理想情景模型参数值

参数	参数值
a_1	151.223 021 805 414
b_1	0.000 239 345 983 229 044
c_1	2 108.178 704 784 8
a_2	8.060 191 771 154 98
b_2	0.021 984 068 675 092 4
c_2	2 019.107 033 407 01
相关系数	0.999 654 210 521 643

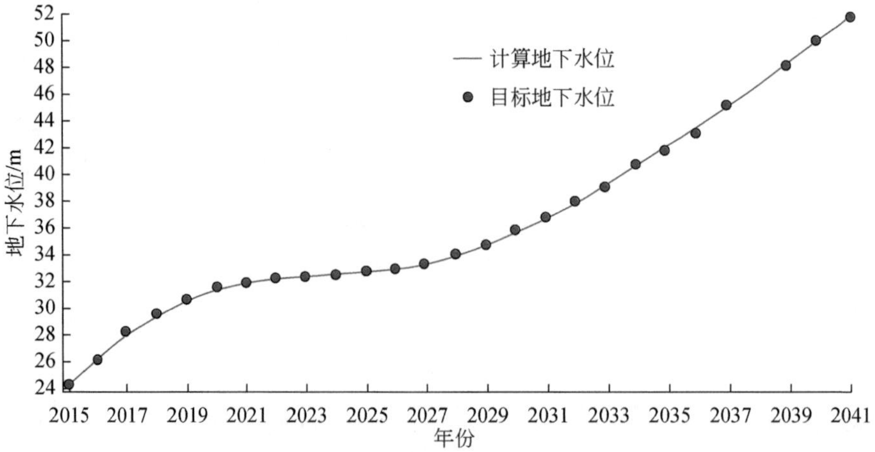

图5-45 理想情景地下水位变化拟合模型对比图

表 5-17 为基于回归模型的理想情景地下水位预测。

表 5-17　理想情景地下水位值　　（单位：m）

年份	地下水位
2018	29.44
2020	31.44
2025	32.63
2030	35.61
2035	42.00
2040	49.71
2041	51.7

通过上述模型预测分析，理想情景下至 2050 年，相比 2015 年最大恢复水位可达 40m 以上，可以达到玉泉山恢复涌泉的地下水位要求。

5.6 本章小结

人工神经网络智能技术在地下水动态变化驱动力及演变模型研究中发挥了重要作用，能处理常规方法无法或很难解决的数学建模问题，我们开发的分析计算工具 AITools 使用简洁，构筑的模型及其输出结果合理。

（1）从基于人工神经网络和支持向量机分析的计算结果来看，虽然两者的计算机理不同，但得出的结果在总体上还是基本一致的：①总人口与地下水位呈明显的反比关系；②工业总产值、农业总产值与地下水位呈 U 形关系；③一般而言，对地下水位影响最大的因子是总人口，其次为降雨量、GDP、工业总产值和农业总产值。

（2）基于时间序列人工神经网络情景分析计算结果显示，总人口、GDP 及降雨量是影响北京西郊地区地下水恢复的三大重要因素，按有利形势（按 2 亿 m^3/a 回补水量，约等于增加 200mm 降雨量，同时人口按至 2040 年均匀递减至 340 万，GDP 及工农业总产值均按年 1% 的增速进行预测计算），至 2042 年即可恢复至约 52m 的涌泉水位，而如果希望在 2030 年地下水位恢复至涌泉水位，地下水回补水量则不应少于 3.15 亿 m^3/a。

第6章 北京市西郊地下水渗流路径勘查技术研究

6.1 地下水补给条件分析

西郊地区岩溶水的补给来源有三个：一是军庄地区的大气降水补给和永定河的渗漏补给；二是永定河在军庄—雁翅间奥陶系灰岩出露区以河曲形式流过，河水渗漏大量补给地下水；三是鲁家滩地区岩溶裂隙水接受大气降水补给和大石河河水的渗漏补给，由西南向北东径流。其中，永定河补给是西郊岩溶水的主要补给源，但永定河断裂属于推断，其性质需要进一步查明，同时需要查清永定河河水与地下水相关关系。

6.1.1 永定河断裂性质勘查

本节采用地球物理勘探方法，以查明永定河断裂性质。地球物理工作布置采用点、线、面结合，先面上测量，后布置剖面线，剖面布置采取浅层地震、音频大地电磁和高精度重力联合勘探。

1. 地面地质调查

区内地面调查沿永定河两岸（下苇甸至琉璃村）开展，实际调查点19处，调查点位置见图6-1。通过地面调查基本查明了地层出露岩性、地层接触关系和地质构造等。

主要调查点描述如下：

DI01：位于永定河东岸，出露岩性为黑色石英质粉砂岩。

DI03：出露岩性为奥陶系灰岩，产状为164°∠34°

DI04：出露岩性为奥陶系灰岩，产状为155°∠41°，该区域存在破碎带，推断该处存在一断层。

DI09：位于永定河东岸，有灰绿色红色粉砂互层产出，产状为75°∠21°

DI11：位于龙泉务村，岩性为沉积岩，粒序层理由下至上为砂质砾岩—砂岩—泥岩，产状为149°∠21°。

DI12：位于陈家庄村公路，永定河南，下伏松散的砂岩，上覆推断灰质泥岩，产状为95°∠21°

2. 地球物理勘查结果

在北京市门头沟区军庄采用浅层地震、音频大地电磁法和高精度重力等综合地球物理

图 6-1　地面调查点位置分布图

手段，探测方式采用点、线、面结合方式，主要任务是查明测区内永定河断裂及次级断裂位置。该区工作布置见图 6-2。

工作布置上，该区首先布置了重力勘探平面，在此基础上布置了两横一纵三段剖面，三段剖面均采用综合地球物理手段同线测量。纵剖面布置于永定河东岸公路上，剖面长度 3km，两条横剖面横跨永定河布置。以下为具体结果。

1）重力平面测量结果

测区重力勘探采用剖面与平面结合方式。通过重力勘探面上测量，获取该区块布格重力异常分布特征，进而计算基底深度，并推断可能的断层分布。

重力平面测量沿永定河两岸布置，平面测网位置南起琉璃渠村，北至陈家庄，南北长而东西窄，为不规则形状，控制面积约 3. 35km^2。通过重力仪测得的原始数据，经纬度校正、布格校正和地形校正后，得到布格重力异常数据。布格重力异常 Δg_B 的计算公式（单位 $10^{-5}m/s^2$）为

$$\Delta g_B = \Delta g_C + \delta g_\varphi + \delta g_B + \delta g_T \tag{6-1}$$

式中，Δg_C 为测点相对于总基点的重力值；δg_φ 为纬度校正值；δg_B 为布格校正值；δg_T 为总地形改正值。

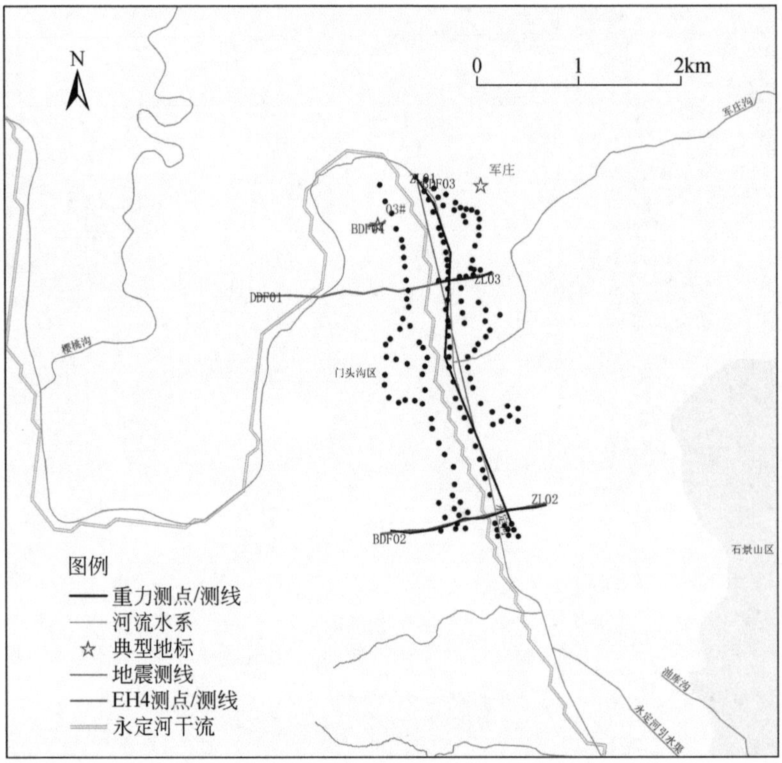

图 6-2　军庄工作区地球物理勘查工作部署图（I 区）

各测点观测值经过上述各项校正后获得布格重力异常值。图 6-3 为军庄工作区布格重力异常分布等值线图，图中黑色圆点标记为测点位置，由图可见，军庄工作区的布格异常值变化范围为 6.3～3.4g/mgal，变化量为 1.9g/mgal，布格重力异常北部、中部和南部存在高值区，其南北两端变化较剧烈，分别存在一个明显梯度带，中部存在几处异常圈闭，推断可能为岩溶发育区。

采用归一化标准差法，对布格重力异常数据进行数值计算，该方法是基于计算和追踪重力场变换函数的极大值，是衡量数据局部差异的一种计算手段，计算结果中等值线极大值处推断为构造线位置。该区重力异常归一化标准差等值线计算结果见图 6-4。通过拾取图中的极大值，对照布格重力异常分布，提取本区断裂构造信息，该区内主要发育近南北向断裂构造（永定河断裂的一段），同时存在近东西向断裂，以及另两处小型构造。

通过重力勘探平面测量，初步锁定了永定河断裂位置。在重力勘探平面测区中布置一纵两横剖面，开展精细勘探，进一步追踪断裂位置。

2）重力勘探、地震勘探与电磁法剖面布设

剖面布设：纵剖面（I-I）地震勘探 BDZ01 线、EH4-勘探 BDF03 线和重力勘探 BZL01 线；横剖面 I-II：地震勘探 BDZ02 线、EH-勘探 BDF01 线；横剖面：I-III：BDF02 线。

军庄工作区纵剖面布置于永定河东岸，沿公路布置，方向与永定河断裂小角度斜交，剖面长度约 3km，剖面方向由北向南。

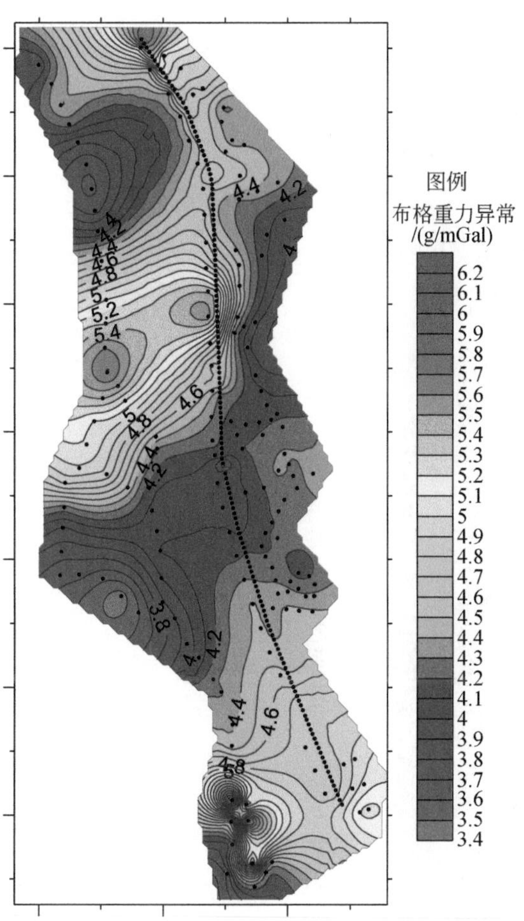

图 6-3　布格重力异常分布等值线图

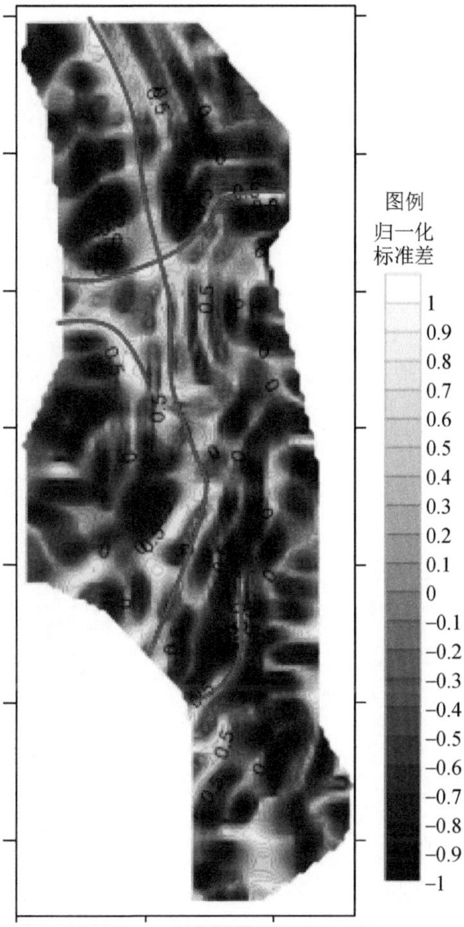

图 6-4　重力异常归一化标准差等值线

军庄工作区横剖面 I-II 线位于测区中部，由西向东布置，EH-4 剖面 BDF01 线东段与地震勘探剖面 BDZ01 线位置重合。横剖面 I-III 位于测区南部，同线布置了 EH-4 勘探 BDF02 线和重力勘探 BZL02 线。

3）勘探钻孔对比综合物探结果

门头沟区龙泉雾村岩溶水勘探井 03#位于军庄工作区西北角，该位置为重力布格异常分布图中的低密度区。钻探结果揭示，该处卵砾石厚度为 15m，15m 深度见灰岩，基岩埋深较浅。对照地球物理勘探结果，浅层地震和音频大地电磁法剖面能够揭示基岩—覆盖层界面。浅层地震通过追踪反射波同相轴能够进一步识别岩层内部结构，岩性信息需对照地质钻孔。音频大地电磁法通过电阻率经验值能够对岩性有一定的认识，从纵向分层能力上看，该手段能够分辨电阻率差异较大的岩层，而不足以分辨电阻率较接近或厚度较薄且埋深较大的岩层。

4）地球物理剖面分析解译

对比分析该区三段地球物理剖面探测结果（图 6-5 ~ 图 6-11），该区第四系砂卵砾石

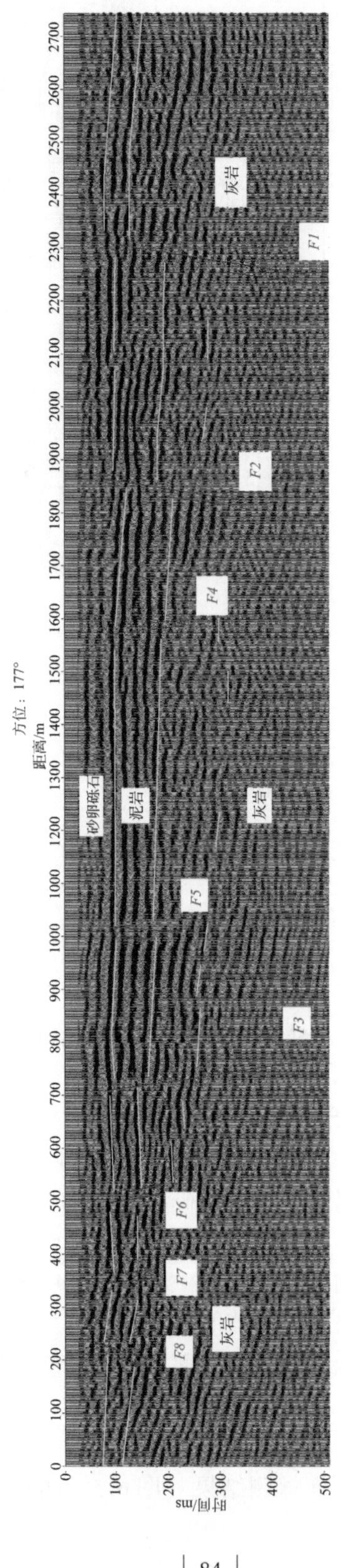

图6-5　军庄工作区纵剖面浅层地震BDZ01线时间剖面及解译结果

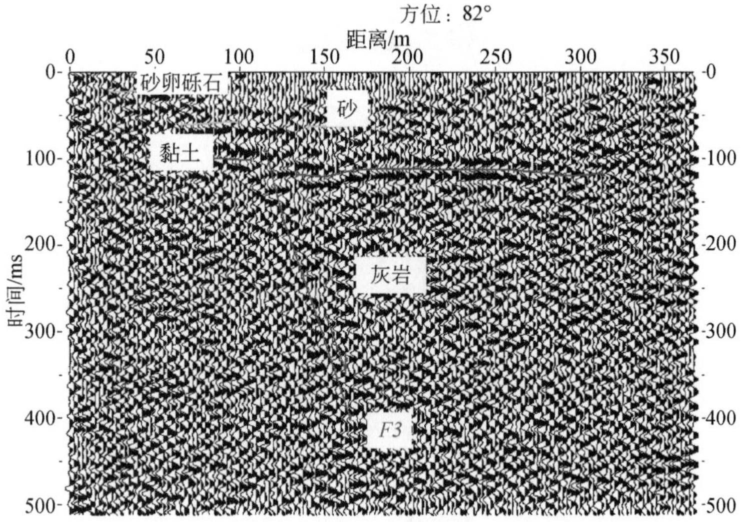

图 6-6 军庄工作区横剖面浅层地震 BDZ02 线时间剖面及解译结果

层厚度小于 40m，呈透镜体状分布，在电磁法剖面表现为局部高阻团块状异常，多分布在该区北部，而黏土隔水层电阻率相对较低，在地震剖面中呈较为连续的同相轴反射界面，黏土层多分布在该区南部和东部。根据区域地质资料，军庄地区奥陶系地层大面积出露，同时有部分石炭系—二叠系泥岩、泥质砂岩出露，两者不整合接触。结合地球物理探测结果，该区出露岩体为中奥陶统深灰色、灰黑色白云质灰岩及角砾状灰岩，电阻率较高，一般超过 300Ω · m，在岩溶发育区电阻率会显著下降至 100Ω · m 以下，灰岩区集中分布在该区北部、南部和西部。石炭系—二叠系泥岩、泥质砂岩电阻率相对较低，且较为接近，约 100Ω · m，该套地层主要分布于测区中部。通过综合地球物理勘查，推断本区地层结构见图 6-12。

通过地震剖面中的同相轴分布特征、地电断面中的电阻率分布和重力垂向一阶导数、水平一阶导数、欧拉反褶积计算等综合地球物理响应分析，该区内断裂构造较为发育。地球物理探测结果显示：区内发育的较大规模的断裂构造由北向南依次为 F3、F2 和 F1，这三条断层基本控制了该区岩体的展布特征。纵剖面 I-I 和横剖面 I-II 均揭示了 F3 断层，该断层走向近 160°，倾向南东，倾角近直立，为正断层，推断为永定河断裂的一段。纵剖面 I-I 中三种方法均在剖面约 1950m 位置揭示了 F2 断裂的存在，为正断层，北倾，倾角近直立。纵剖面 I-I 和横剖面 I-II 中揭示的另一条断层为 F1 断层，F1 断层走向近东西向，为正断层，北倾，倾角近直立。

该区内揭示的小型断裂构造由北向南排布依次为：F8 断裂、F7 断裂、F6 断裂、F0 断裂、F5 断裂、F4 断裂及 F1-1 断裂，断裂位置见图 6-5 ~ 图 6-11。这些断裂发育深度一般在 100 ~ 200m，地电断面（图 6-9）在 F1 和 F1-1 断层附近形成了低阻圈定，推断受断层作用，基岩岩溶水上升，形成了局部岩溶发育区，连通了第四系松散层孔隙水和碳酸盐岩类岩溶水。由此可基本确定沿永定河断裂和次级断裂构造发育有向南和近北东向的深部岩溶水强径流带，岩溶最大发育深度埋深不小于 200m。

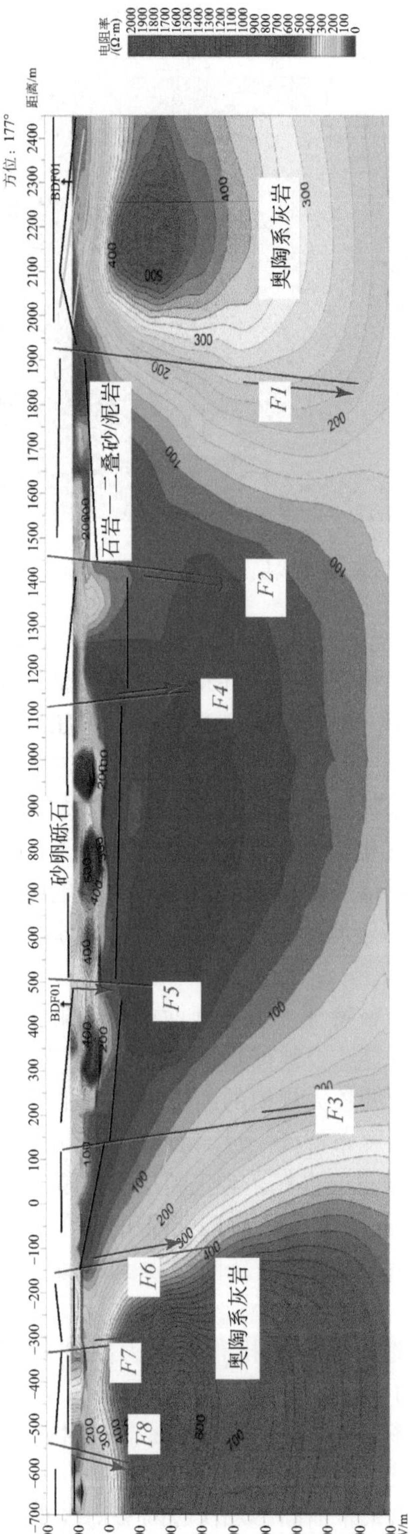

图6-7　军庄工作区纵剖面EH-4勘探BDF03线反演电阻率断面图（浅层地震BDZ01线同线）

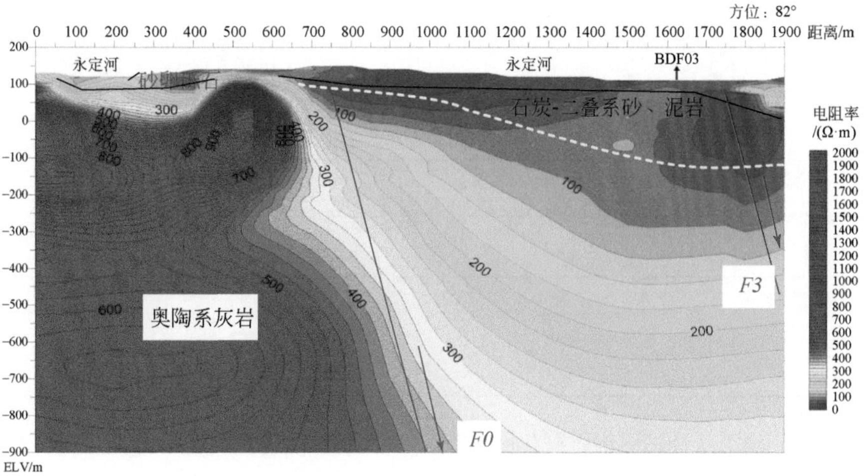

图6-8　军庄工作区横剖面 EH-4 勘探 BDF01 线反演电阻率断面图

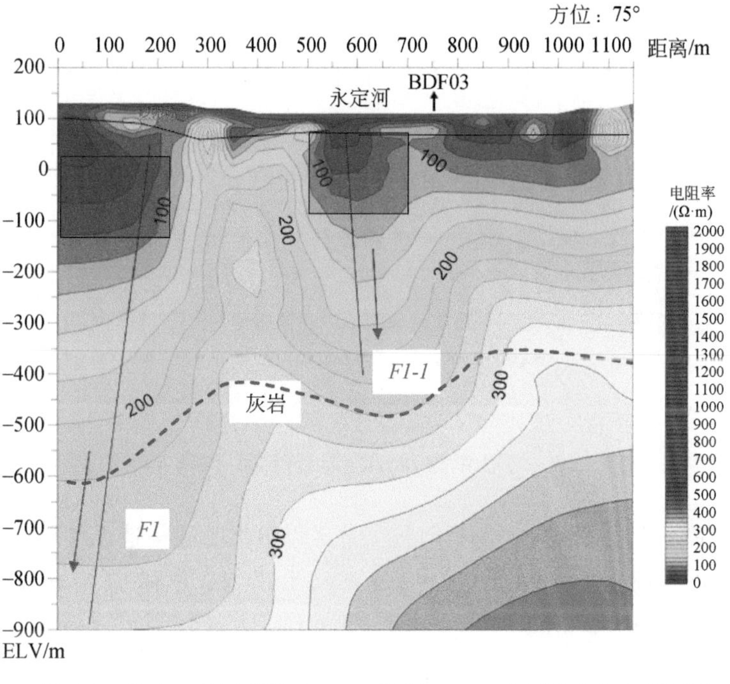

图6-9　军庄工作区横剖面 EH-4 勘探 BDF02 线反演电阻率断面图

通过综合地球物理勘查工作，军庄工作区推断断裂构造分布见图6-12、图6-13，该区共推断11条断裂，图6-12、图6-13中以“Fj-”依次编号。该区主断裂（编号为Fj-3）—即永定河断裂的性质，其走向与永定河斜交（图6-4），走向与已有地质资料推断基本一致。永定河断裂为导水正断层，控制着该区深部岩溶水径流。其他小型断裂（编号为Fj-0～Fj-9）均通过单条地球物理剖面推断，断层走向大致为东西向。从地球物理方法应用效果分析，若要获取更为准确的断裂构造平面分布情况，重力平面测量工作是必要的，通过对重力数据的数值计算，可获取相对准确的断层位置及走向，而通过单一的剖面线测

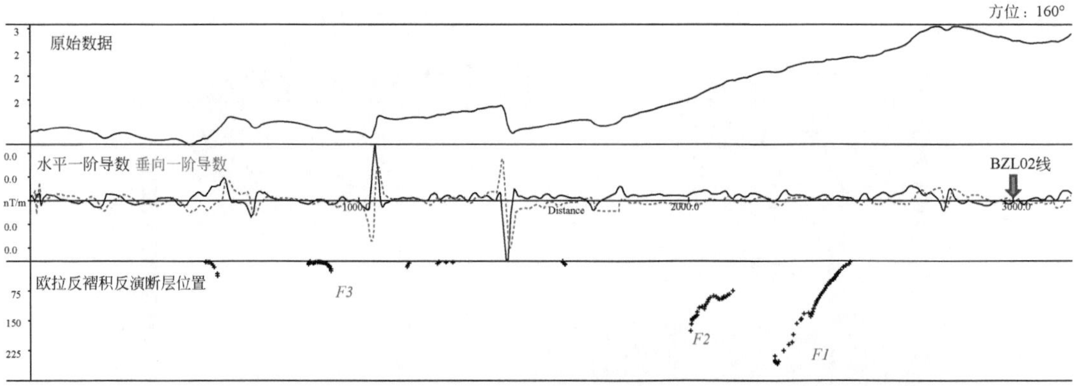

图 6-10　军庄工作区纵剖面重力勘探 BZL01 线反演结果（浅层地震 BDZ01 线同线）

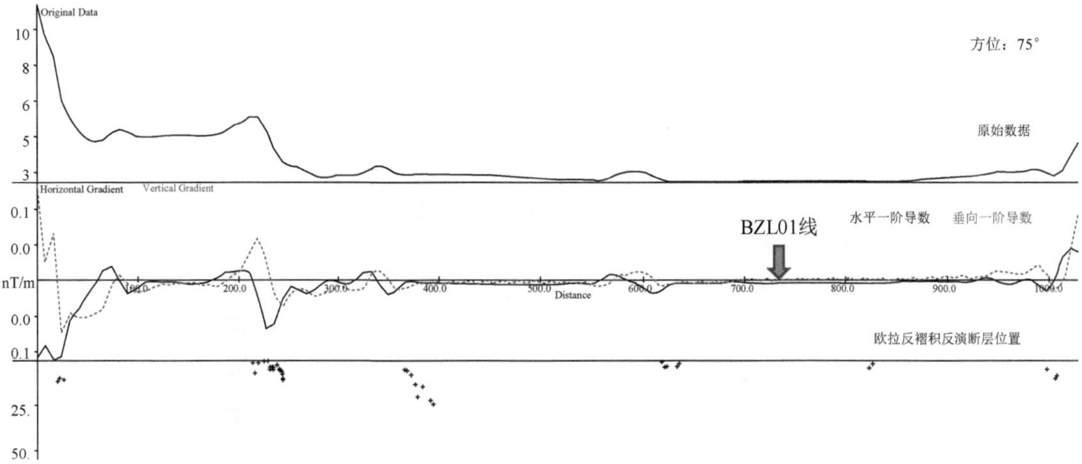

图 6-11　军庄工作区横剖面重力勘探 BZL02 线反演结果（EH-4 勘探 BDF02 线同线）

量，能获取断点位置，断层倾向倾角等信息，不足以给出断裂构造系统平面展布信息，本次工作中所覆盖的其他三个工作区，即三家店、玉泉山、翠微山等测区推断结果亦是如此。

3. 结果分析

军庄地球物理勘查工作区南北长约 3.5km，东西宽约 1.0km，控制面积约 $3.5km^2$，部署了包括高精度重力、浅层地震法和音频大地电磁法三种物探方法的实物工作量，以及重力辅助测绘定位工作量，通过以上对各种物探方法取得点、线、面成果的综合解译分析，取得以下几点认识。

（1）方法适用性：本区地球物理勘查工作采用了三种物探方法，从有效性分析，三种物探方法各具特色，以不同地球物理参数反映地质信息。地震勘探通过弹性波场分布特征揭示地层结构及断裂位置。音频大地电磁法地层分层能力不及地震勘探，但对局部富水有

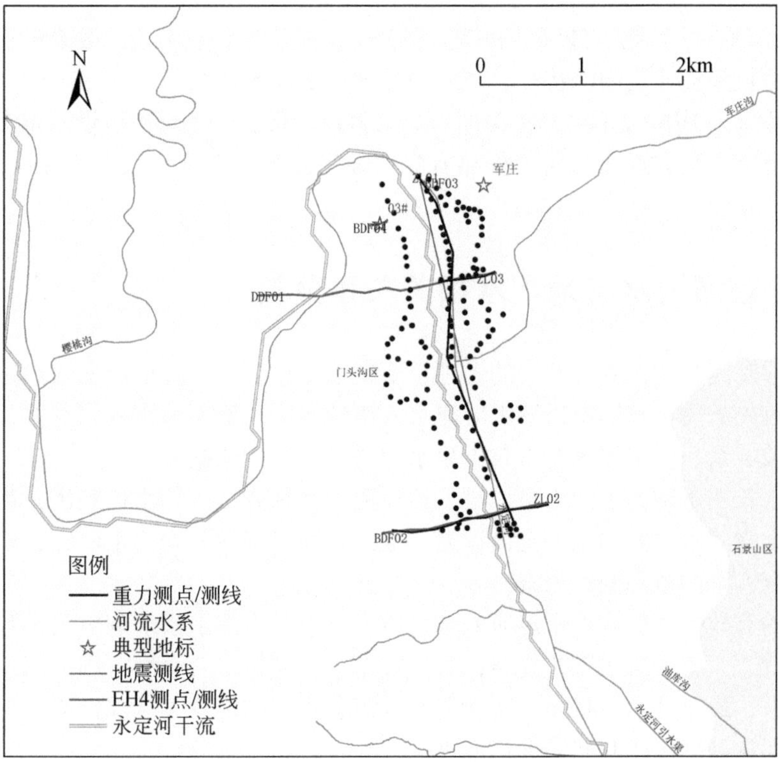

图 6-12　军庄工作区推断断裂构造分布图

较好的揭示，并通过电阻率由高到低变化判定断层位置。重力勘探通过布格重力异常、水平一阶导数和垂向一阶导数，以及欧拉反褶积反演等计算手段，能较为准确地刻画断点位置。三种物探方法的结合，有效地解译出该区地层结构（包括灰岩顶板埋深）、断裂构造分布等地质信息。

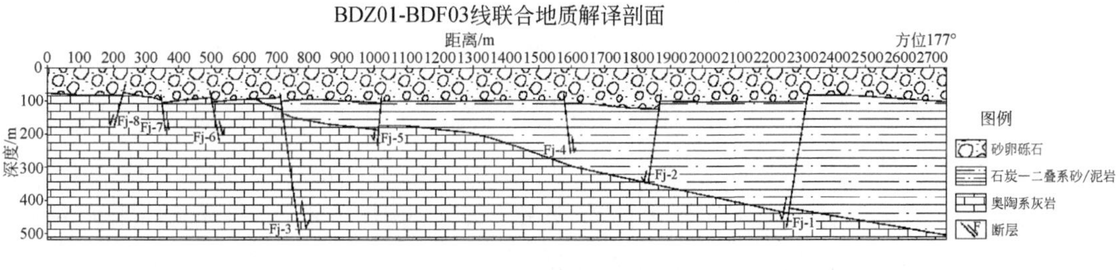

图 6-13　军庄工作区地球物理–地质解译剖面

（2）探明了军庄区域断裂构造主要有以永定河南北向断裂与起于陈家庄村东西向断裂构造的发育规律。三种物探方法勘探结果相互验证，通过面上重力反演解译结果、音频大地电磁法反演和浅层地震勘探解释结果等，推断出正断层 11 条，区域内永定河断裂主构造方向呈现北部东弯向南偏西回摆发育趋势。

（3）揭示了区域内松散层与基岩两层结构的地层岩性赋存特征。区域内基岩埋深为10～120m，第四系松散层以砂砾层和砂土层为主，基岩发育有石炭二叠系砂泥岩和奥陶系灰岩，灰岩顶板呈现北浅南深特征，灰岩顶板埋深20～550m。

（4）查明了军庄测区中部存在深部岩溶水强径流带，基本可确定沿永定河断裂和次级断裂构造发育有向南和近北东向的深部岩溶水强径流带，岩溶最大发育深度不小于200m埋深。

6.1.2 永定河河水与地下水相关关系分析

河水入渗观测是此次专门开展的一项重要试验工作。为了查清河水入渗过程和对岩溶水的影响，首先需要了解近岸岩溶水对河水入渗的响应。确定河水入渗参数，是建立河水与岩溶水相关关系、永定河水与玉泉山泉水力联系的基础依据。

由于河水长期干枯，玉泉山泉也早已经断流。常规方法，如水位观测，难以获得泉水出流处岩溶水与河水之间响应的直接数据。这是长期以来西郊岩溶水研究，以及制定玉泉山泉水泉恢复方案的重要制约因素。

探寻新的有效方法，获得永定河入渗河段入渗水与岩溶水系统响应关系数据是推动此项研究的关键。西郊岩溶水系统复杂，除了在军庄和潭柘寺含水层有小范围出露外，大部分被深埋地下，最厚处达2000m。这种类型岩溶水系统的观测无现成经验，在探寻新方法过程中，需要从基础工作开始并逐步推进。

此次试验选取SF_6作为示踪剂开展河水与岩溶水相关关系研究，SF_6是一种有机化合物，主要应用于电气开关绝缘气体。在生活和日常生活用品中并不常用，也未发现有自然形成产物，因此环境背景值极低（2.5fm/L）。新开发出的测试仪器具有极低的检测限（0.015fm/L），具有替代现有常规人工示踪剂的巨大潜力。在实际工作中，首先执行项目规定任务，即完成采集和观测常规水化学同位素样品。同时增加了这一项新的观测工作，验证示踪剂类型、检测精度，以及观测井即时响应有效性。此次试验结果表明，在上游河水中投放示踪剂SF_6，下游的河水或岩溶水观测井中均发现了注入的SF_6，具有极高的响应，因此SF_6能够用于大体积水体运移的观测和示踪。该项工作方法和程序为更详细揭示河水与岩溶水系统关系提供了新的观测手段，具有重要意义。

1. 同位素示踪分析

2016年4月28日落坡岭水库（电站）放水一天（约10小时），向三家店水库补水。在下苇甸桥下（接近放水口）将SF_6饱和水溶液注入河水中，初始稀释比为10^{-7}。水中SF_6最终挥发进入大气，对水质环境的影响可忽略。

放水前河水和地下水SF_6含量在1～2fmol/kg。

放水时加注SF_6后，河水SF_6含量变化较大，高于背景值2000倍以上。

近岸岩溶水观测井井深200～300m，每一眼观测井水的SF_6都有即时响应。在三天内SF_6峰值通过近岸观测井。

丁家滩岩溶水井 SF_6 峰维持时间约 12 小时。SF_6 响应曲线为“平台式”，即开始为高值，然后呈现阶段下降（图 6-14）。

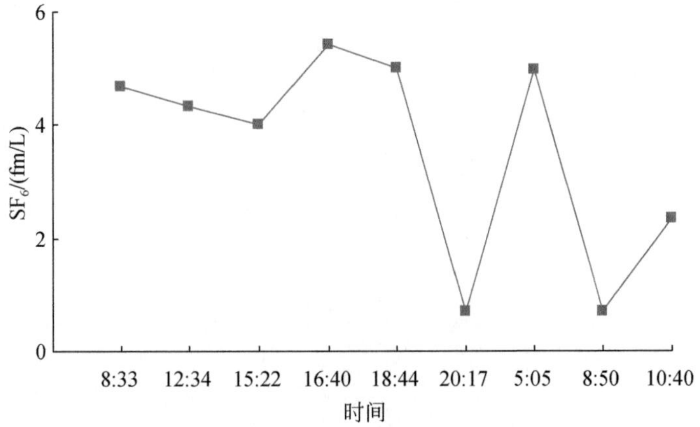

(a) 丁家滩

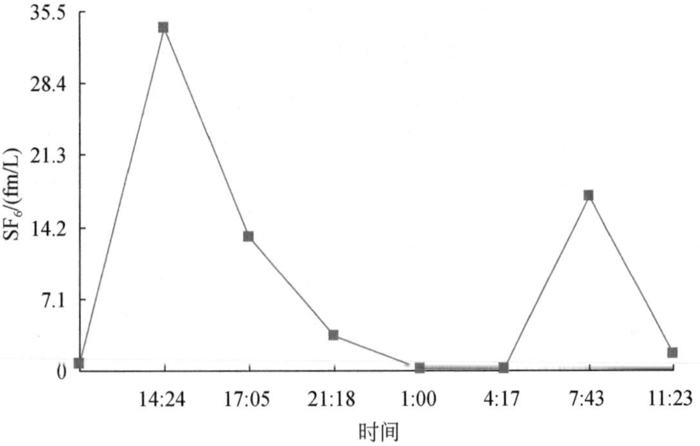

(b) 陈家庄

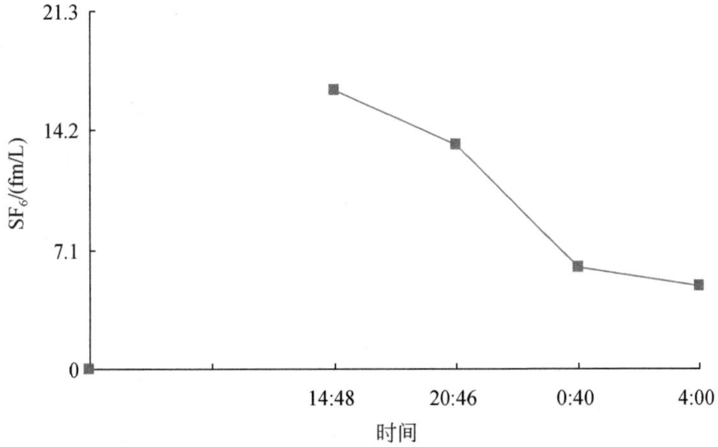

(c) 军庄

图 6-14　永定河渗漏段临时过水的地下水响应

陈家庄岩溶水井呈双峰，每个峰的持续时间为 7 小时，为“复式脉冲式”，开始为高值脉冲峰，结束时为低值脉冲峰（图 6-14）。

军庄岩溶水井 SF_6 峰持续时间大于 10 小时（上午至中午，样品缺失），军庄为脉冲式（图 6-14）。

三眼观测井岩溶水 SF_6 响应浓度和方式有明显差别。陈家庄井水 SF_6 峰值最高，高于背景值 1700 倍，军庄观测井 SF_6 峰值高于背景值 7 倍，丁家滩观测井 SF_6 峰值仅高于背景值 2 倍。观测井水 SF_6 峰值浓度越高，表明观测井地下水与河水关系越密切，观测井水中河水占比越高。三个观测井河水比例由大到小的顺序为陈家庄>军庄>丁家滩（图 6-15）。

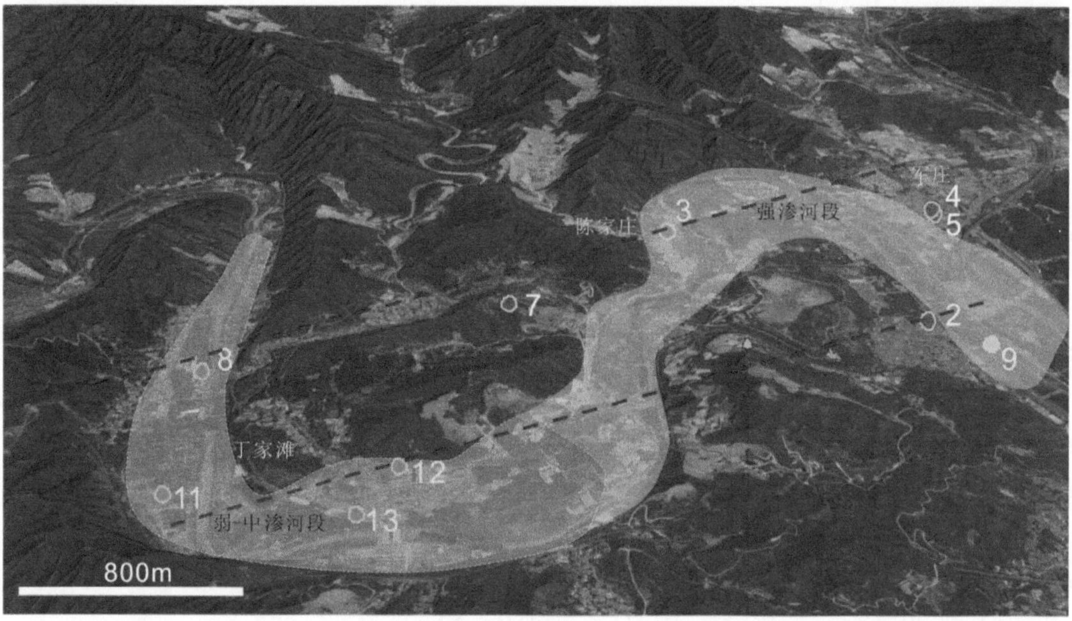

图 6-15　军庄—丁家滩河段渗透性分布

通过河水人工示踪发现，上游放水点距丁家滩观测井 4km，在河水未到达观测井处时，观测井中已开始有示踪剂出现和响应。在陈家庄和军庄也同样具有这一现象。由此可以确定，河水在干枯河床上的流速低于入渗水在地下的流速。永定河河道长期干枯，初始放水时，河水前峰首先克服河水入渗进入河床下部孔隙引起的前行阻力而导致河水流速下降，因此河道放水过程中河水流速低于入渗水在地下水的流速。表现形式为近岸岩溶水井较早出现入渗补给响应，表明上游河道有切穿河床的裂隙-断裂通道。

2. 河水入渗过程中地下水位变化规律

为查明河水入渗过程中补给区地下水位变化，沿河道新建 3 眼监测井，其中位于丁家滩附近 200m 深基岩监测井 2 眼（J1、J2），陈家庄水库附近 400m 深基岩监测井 1 眼（J3），见图 6-16。

图 6-16　西郊永定河附近 J1、J2、J3 监测井位置图

通过抽水试验获得其地质孔的渗透系数以及影响半径，见表 6-1。

表 6-1　各监测井抽水试验参数

井号	静水位埋深/m	渗透系数/(m/d)	影响半径/m
J1	29. 38	0. 36	89. 6
J2	11. 13	0. 67	325. 85
J3	16. 21	0. 78	89. 45

门头沟地区基岩水位在 3 月初之前一直呈下降趋势，2016 年 11 月至 2017 年 2 月底水位下降超过 5m，水位下降速度为 5. 8cm/d。从 2 月 25 日开始水位逐渐回升，4 月初水位基本稳定，这期间水位回升超过 13m，回升速率为 34. 2cm/d，其水位回升很明显受到河道放水的影响（图 6-17）。

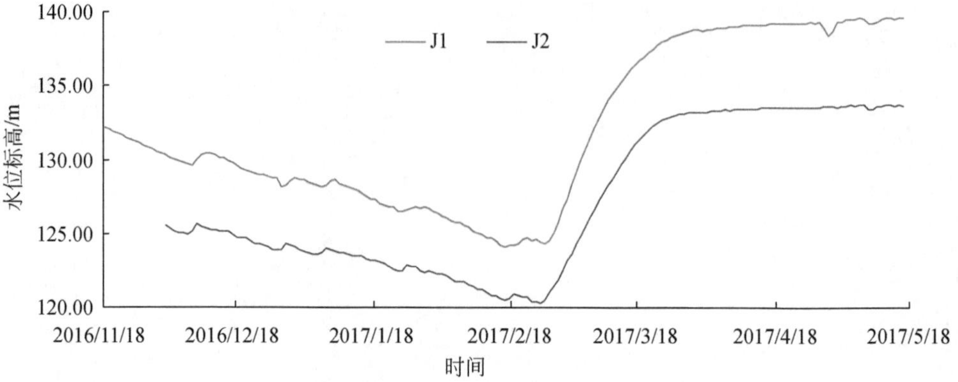

图 6-17　监测井水位变化特征

6.2　地下水径流路径分析

以永定河断裂为研究重点，采用物探及同位素方法勘查强径流带位置，查明地下水径流路径及河水入渗补给比例。

6.2.1　地下水径流路径同位素勘查

1. 岩溶水年龄

1) ^{3}H 年龄

本区地下水^{3}H 值为 2.5～16.8TU。西郊岩溶分布区岩溶水^{3}H 值为 5～15TU，均值为 9.2TU。在潭柘寺、军庄一带岩溶水^{3}H 值最高，随距军庄入渗补给区距离增大，地下水中^{3}H 值浓度逐渐减小，由 15TU 变为小于 9TU。在沙河一带，岩溶水中^{3}H 值较低，为 3TU。在永定河以西，岩溶水^{3}H 值较高；在永定河以东，岩溶水^{3}H 值较低，一般小于 9TU。其中，玉泉山一带岩溶水^{3}H 值为 8TU，温泉王庄村东南深井岩溶水^{3}H 值为 7.8TU，三家店水库水^{3}H 值为 11.5TU。

西郊岩溶水普遍含^{3}H，多数样品的^{3}H 值为 8～12TU。高^{3}H 值位于含水层出露区（军庄、潭柘寺），覆盖区内岩溶水^{3}H 值有下降，主要由于高^{3}H 值的补给区岩溶水与地下水系统中的低^{3}H 值的岩溶水之间的混合，以及地下水系统内^{3}H 衰变减少所致。

低^{3}H 值（约 3TU）岩溶水分布在研究区东北部的山前与平原覆盖区的交界处，以及平原覆盖区内。在只考虑^{3}H 值是由衰变引起的情况下，岩溶水补给区^{3}H 为 11TU，衰变为 7TU 所需的时间为 8 年，衰变为 3TU 所需的时间为 23 年。

由于缺乏可供参考的精确岩溶水^{3}H 年龄的输入函数，在此给出推测^{3}H 年龄，岩溶水中^{3}H 值越大，则岩溶水年龄新，反之则老。因此，靠近补给区的岩溶水的年龄<8 年，低^{3}H值岩溶的水年龄小于 30 年（图 6-18）。

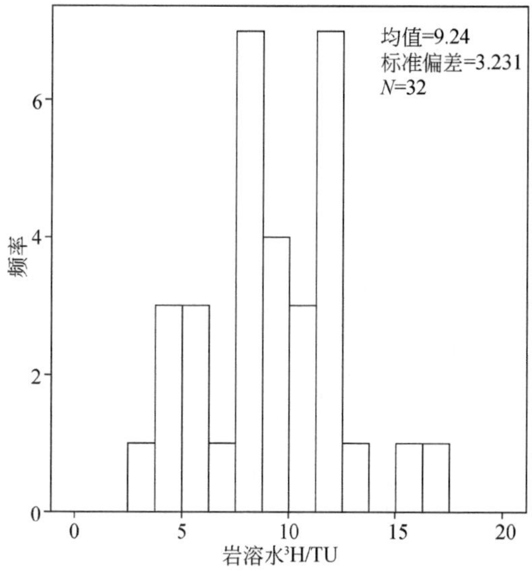

图 6-18　西郊岩溶水 ^{3}H 值

2）CFCs 年龄

在西郊地区获得 44 个岩溶水样品的 CFCs 年龄数据。测试结果表明岩溶水 CFCs 值接近或者大于降水 CFCs 值，部分样品的 CFCs 值，高于大气值数倍甚至几十倍。地下水系统与大气降水补给区联系密切。一些人为排放物随降水、地表水（或者污水排放）进入含水层，会影响 CFCs 值。

按照当前大气降水输入函数（1992 年以后分辨率下降）计算出岩溶水、泉水和第四系水的年龄为 20 ~ 30 年。CFCs 年龄集中在 18 ~ 33 年，均值为 23 年。

3）SF_6 年龄

SF_6 测年方法与 CFCs 测年方法原理相似。CFCs 测年尺度范围为 0 ~ 60 年，但 1992 年以来补给的地下水测年精度有所下降。研究区 SF_6 测年尺度范围为 0 ~ 40 年，其特点是对 1980 年以来补给的地下水测年精度更高。在 2012 ~ 2013 年系统地测试出了西郊岩溶水 CFCs 年龄及分布。西郊地区地下水中一些有机组分偏高，如多数井点中 CFCs 浓度高于背景值几倍甚至数十倍，说明西郊岩溶水系统受到了较强的人为影响（图 6-19）。

在西郊地区，首次应用表明 SF_6 受人为环境影响更小，是获取更为精确年轻地下水年龄的有效方法。利用 2016 年 10 ~ 11 月两次采集的西郊岩溶水样品，获得了该区首张岩溶水 SF_6 年龄分布图。在永定河断裂（F4）、八宝山断裂（F2）北侧岩溶水年龄最新，小于 30 年，局部地段岩溶水年龄小于 10 年。玉泉山东和北方向岩溶水的年龄较老，大于 30 年（图 6-20）。

4）^{14}C

西郊岩溶区奥陶系岩溶水 ^{14}C 年龄范围为 951 ~ 10 073 年，多数样品的 ^{14}C 年龄小于 6000 年，^{14}C 年龄均值为 4000 年。潭柘寺补给区的鲁家滩岩溶水 ^{14}C 年龄为 951 年，门头沟冯村岩溶水 ^{14}C 年龄为 3298 年，而滨河广场岩溶水 ^{14}C 年龄为 2187 年。自鲁家滩至永定河岩溶水 ^{14}C 年龄呈低—高—低变化。自西杨坨—五里坨—石景山近南北向带 ^{14}C 年龄变化不大，为 2000 年。

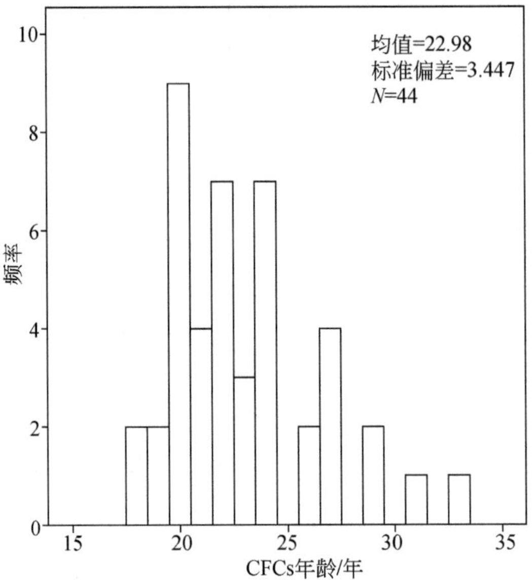

图 6-19　西郊区岩溶水 CFCs 表观年龄

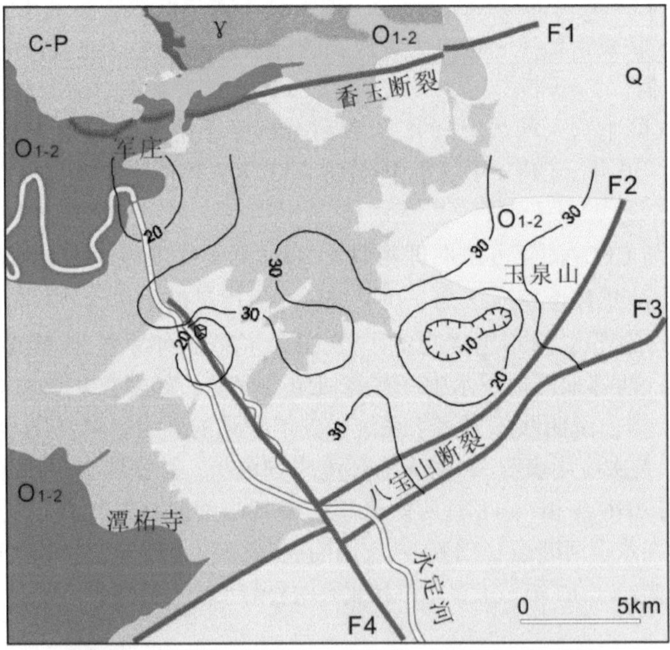

图 6-20　西郊岩溶水 SF_6 年龄分布图

1：奥陶系；2：石炭系—二叠系；3：第四系；4：花岗岩；5：断裂；6：年龄等值线

有三处岩溶水样品的^{14}C 年龄较老，年龄范围为 6000～10 000 年，^{14}C 年龄新的样品分布分散，而这些样品中都含有^{3}H，^{14}C 年龄低。

研究区由^{14}C 年龄可分为三个区：^{14}C<3500 年的岩溶水分布在潭柘寺至石景山一带；^{14}C>3500 年的岩溶水分布在军庄补给区东部，在门头沟龙泉镇一带有近万年的岩溶水；在八宝山断裂北侧近东西方向岩溶水^{14}C 年龄>3500 年，在田村的岩溶水^{14}C 年龄为 6910 年（图 6-21）。

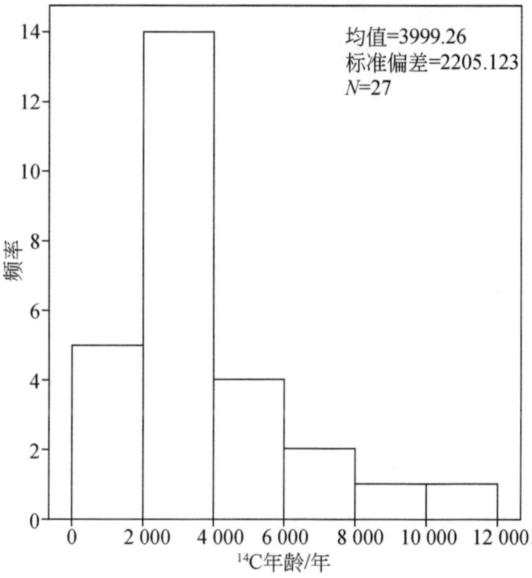

图 6-21　西郊岩溶区^{14}C 年龄

2. 第四系水年龄

1）^{3}H 年龄

在岩溶区东侧靠近山前平原采集了四个第四系水样品，^{3}H 值为 9. 8～14. 9TU。

2） CFCs 年龄

第四系水 CFCs 组成与现代大气降水一致，CFCs 表观年龄为 21～27 年。

3）^{14}C 年龄

五个第四系水^{14}C 年龄为 1000～3860 年。靠近山前地带的第四系水年龄新。

3. 同位素勘查结果分析

基于西郊岩溶水同位素和年龄分布，确定西郊岩溶水补给源及水流通道，得到西郊岩溶水补径排区、水流方向和水流路径（图 6-22）。源于军庄、潭柘寺和永定河的补给水进入岩溶水系统后，水流路径具有方向性，主要为北东向和南东向。在二组断裂交汇处可形成汇水区、富水区，并可转换水流方向。其中，F5 断裂为此次同位素示踪试验的推测断裂，入渗河水经由永定河断裂方向转换后通往玉泉山，并与北东向八宝山断裂有一定的水力联系。

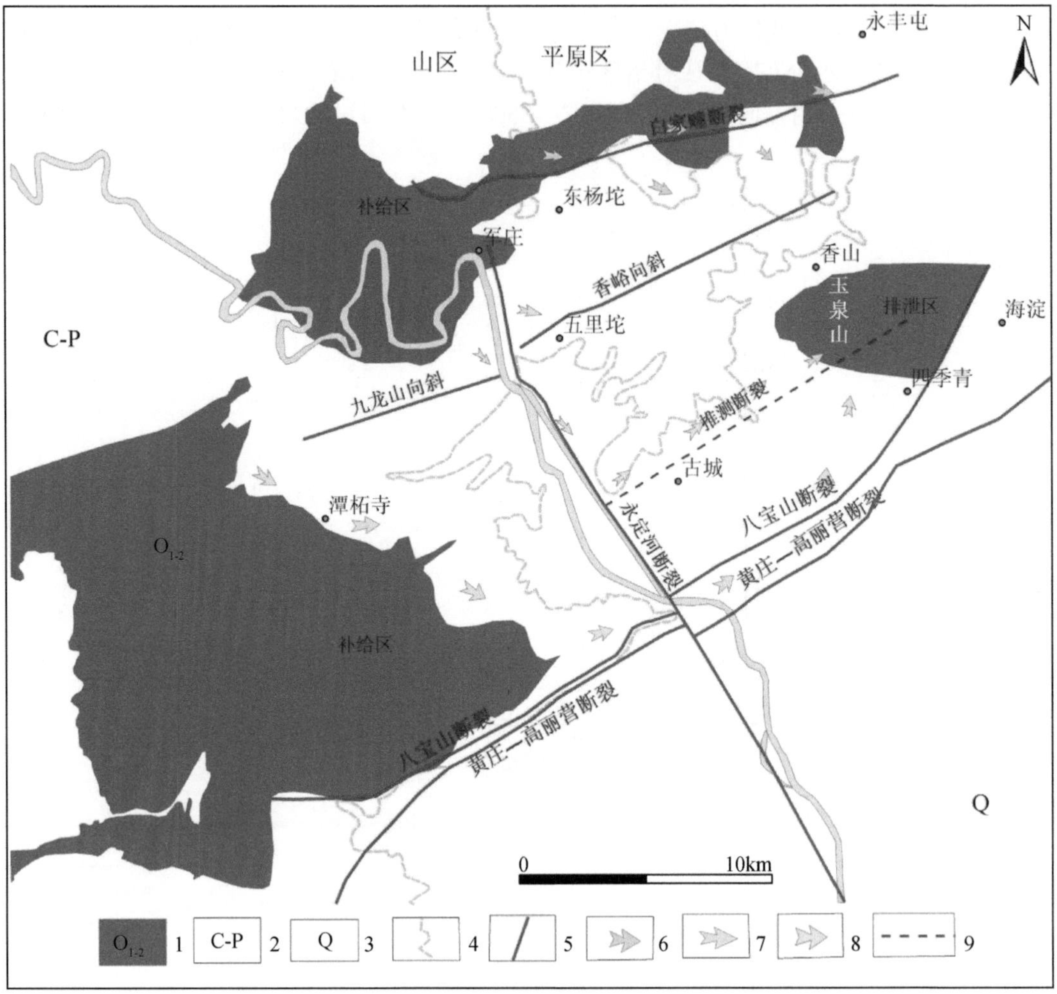

图 6-22　西郊地下水径流路线图

1：奥陶系；2：石炭系—二叠系；3：第四系；4：山区/平原界；5：断裂；6～8：流径及方向；9：推测断裂

6.2.2　地下水径流路径物探勘查

1. 门头沟区三家店至石景山区物探勘查

门头沟区三家店至石景山区的地球物理勘查工作主要是续接门头沟区军庄工作区工作，工作任务是继续追踪永定河断裂位置，印证同位素示踪技术所查明的地下水渗流路径。工作手段仍采用综合地球物理手段，测量方式采用剖面测量。

1）综合物探测线剖面布设

本区地球物理勘查工作主要沿永定河东岸布置近北西—南东向长剖面，并布置横跨河道 3 段短剖面作为辅剖面，重力测量在永定河东岸布置 2 条近平面剖面，以追踪垂直方向的断裂构造。图 6-23 展示了门头沟区三家店至石景山区地球物理勘查工作部署情况。

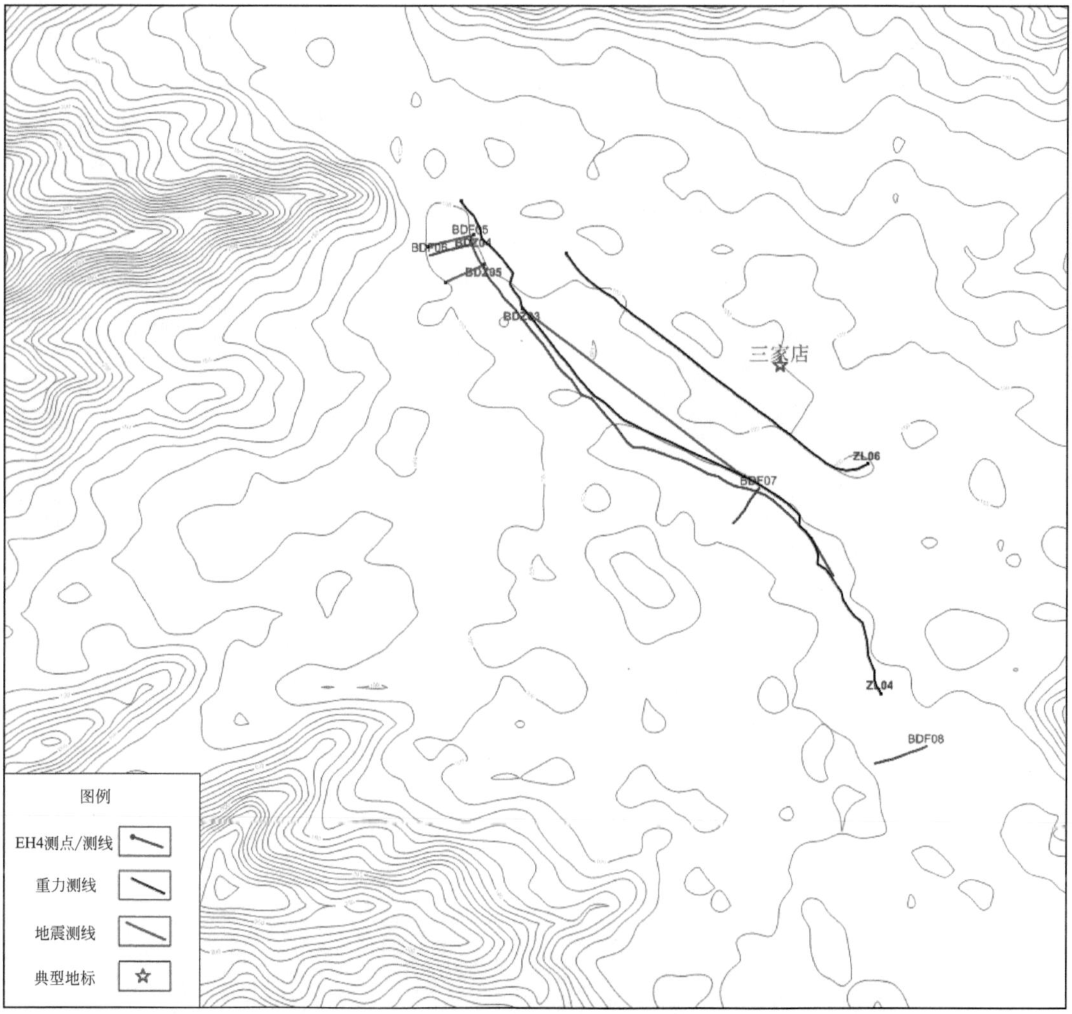

图 6-23　门头沟区三家店至石景山区地球物理勘查工作部署图（Ⅱ区）

纵剖面（Ⅱ-Ⅰ）：三家店地球物理纵剖面北起三家店水坝以南，向南展布至永定楼以南约 500m。该断面布置了长 2.55km 的 EH-4 勘探 BDF05 线，并在 EH-4 剖面中部布置浅层地震勘探 BD203 线。同时，布置了长 3.60km 同线重力勘探 BZL04 线，以及近平行排布的重力勘探 BZL06 线。

三家店工作区横剖面Ⅱ-Ⅱ线位于测区北部，布置了 EH-4 勘探 BDF06 线和地震勘探 BDZ04 线、BDZ05 线，剖面方向近东向西布置。横剖面Ⅱ-Ⅲ位于测区中南部，布置了近东向西方向的 EH-4 剖面 BDF07 线和 EH-4 剖面 BDF08 线。

2）综合物探剖面解译分析结果

对比分析地球物理剖面探测结果（图 6-24 ~ 图 6-28），该区第四系砂卵砾石层厚度小于40m，呈透镜体状，为第四系松散层含水层组，在全区分布。砂卵砾石层电阻率一般大于100Ω·m，黏土隔水层电阻率在30~70Ω·m。根据区域地质资料，该区北部出露侏罗系地层，南部出露石炭系—二叠系地层，两套地层被永定河断裂错断。对照地球物理资料，BDF05线勘探结果显示，剖面0~470m侏罗系砂岩电阻率约100Ω·m；470m至剖面尾段，上部三叠系砂页岩电阻率在100~180Ω·m，下部奥陶系灰岩电阻率超过300Ω·m。剖面BDF06、BDF07和BDF08为横切永定河河道段剖面，BDF06和BDF07剖面线河道下方有局部透水现象出现，而位于测区南部的BDF08剖面，由于电磁干扰，出现了电阻率高值假异常。通过综合地球物理勘查，得到地质推断断面，如图6-29所示。

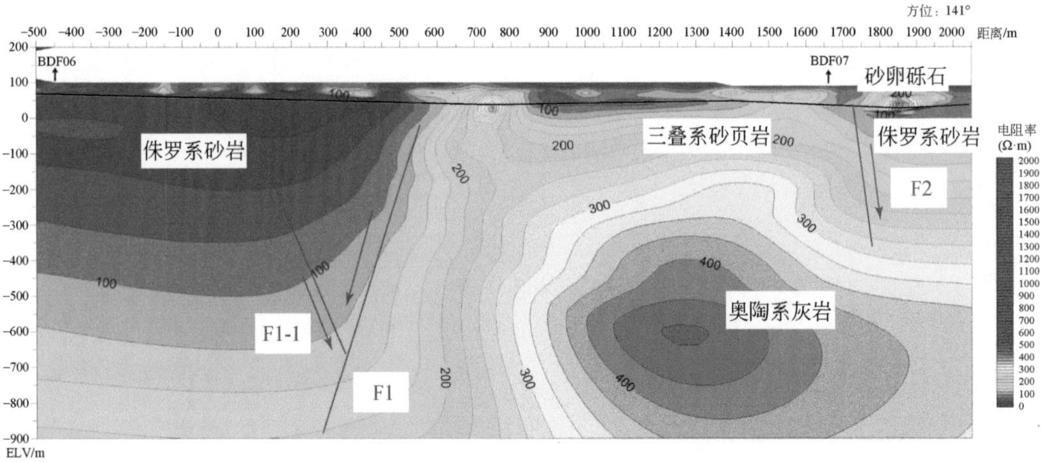

图6-24　三家店纵剖面EH-4勘探BDF05线反演电阻率断面图

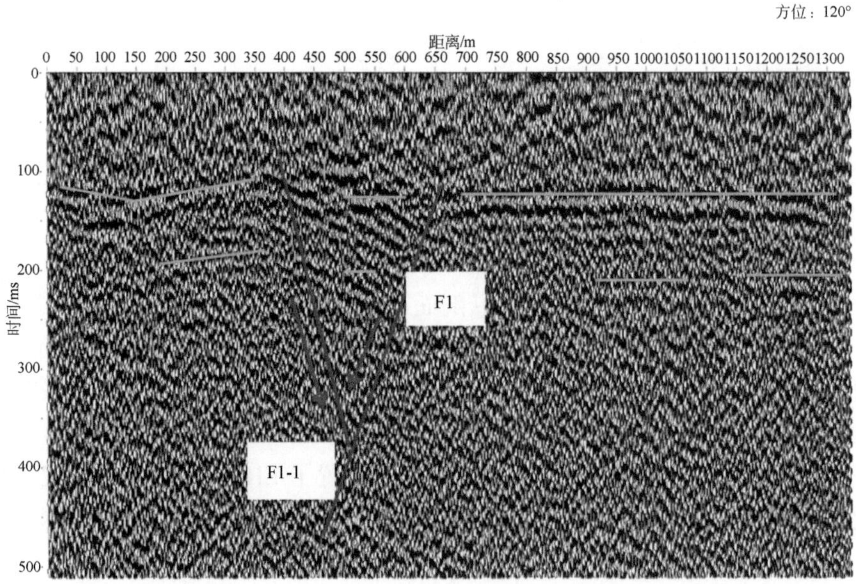

图6-25　三家店纵剖面地震勘探BDZ03线时间剖面（EH-4勘探05线部分同线）

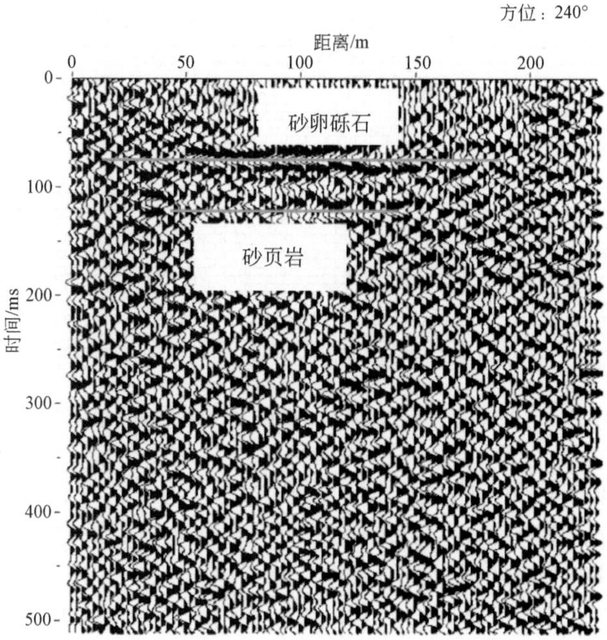

图 6-26　三家店横剖面地震勘探 BDZ05 线时间剖面

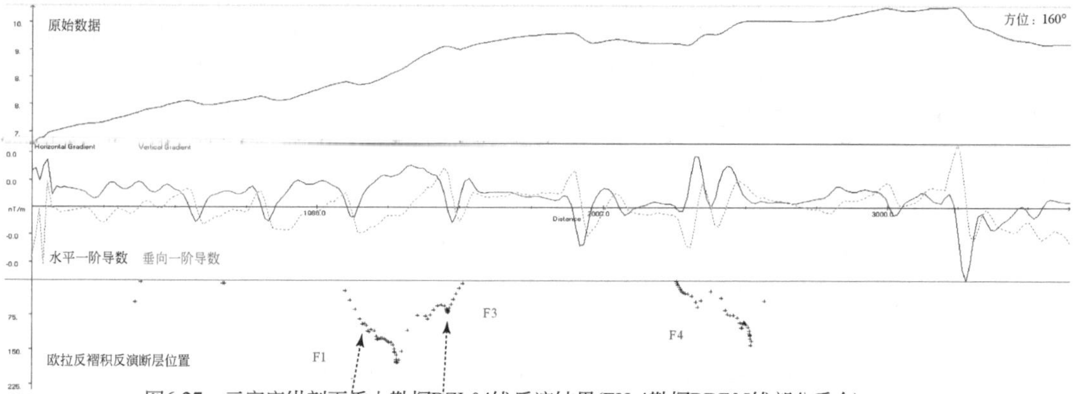

图6-27　三家店纵剖面重力勘探BZL04线反演结果(EH-4勘探BDF05线部分重合)

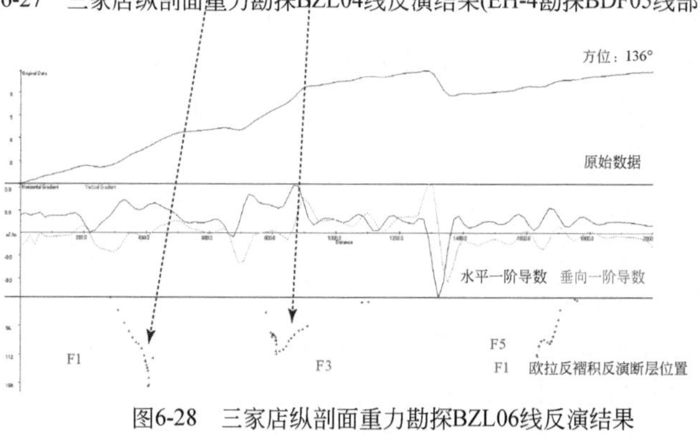

图6-28　三家店纵剖面重力勘探BZL06线反演结果

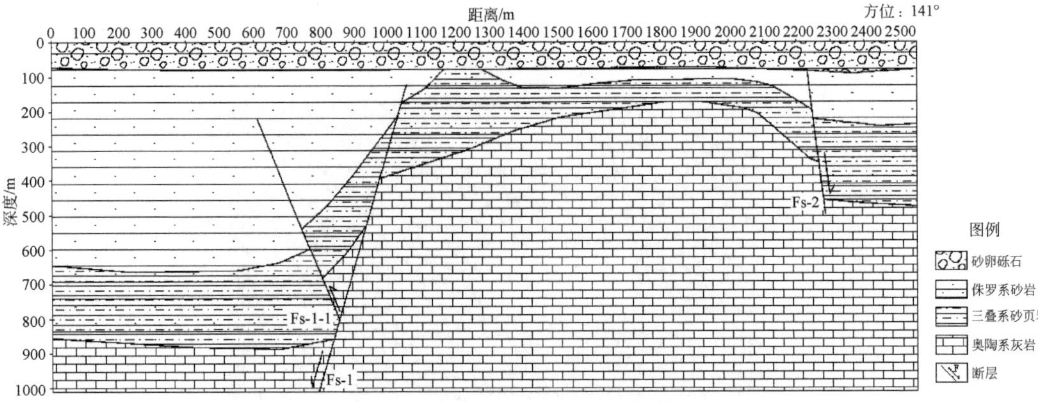

图 6-29　三家店工作区 BDZ03-BDF05 线地球物理–地质解译剖面

据该区地电断面分布可以推断，三家店线状测区北部导水性较好，具有深部断裂导水和岩溶径流导水特征，影响深度大于 300m，而浅部砂砾石层发育，基本没有较为理想的黏土隔水层发育，具有潜水补给天窗的条件。

通过识别地球物理资料异常特征，对该区断裂构造分布进行判定。该区内主断裂构造包括 F1 断裂和 F3 断裂。三种地球物理手段均揭示了 F1 断裂的存在（图 6-24 ~ 图 6-28），F1 断裂错断了侏罗系泥岩和奥陶系灰岩地层，为正断层。F3 断裂通过对布格重力异常数据进行欧拉反褶积计算获得（图 6-28），为正断裂。F1 断裂和 F3 断裂近北东向展布，与区域地质构造格局展布方向一致，F1 断裂倾向偏北，而 F3 断裂倾向偏南。该区内还揭示了一些小型断裂构造，为 F1-1 断裂、F2 断裂、F4 断裂和 F5 断裂，位置详见图 6-24 ~ 图 6-28。通过综合地球物理手段，推断该区主要有 3 条断裂，图 6-29 中以"Fs-"依次编号。

3）物探结果综合分析

三家店工作区受闹市区干扰影响，只能沿长约 3000m 和宽 400m 狭长的永定河道沿线部署工作，区域内同样布置了地震、电磁法和重力工作，三种物探方法综合分析结果如下。

（1）方法的有效性：本区地球物理勘查工作采用了三种工作手段，三家店工作区临近市区，有多处高压输电塔和通信设施，地球物理勘查施工时采取了环境电磁干扰和噪声避让措施，北东向纵剖面选取在环境噪声相对较小的永定河东岸，剖面位置距河面较近，对于重力勘查近区地形改正有一定影响。三种手段纵剖面数据可靠，能有效地反映地质信息，横剖面布置在横跨河道间的小路上，剖面长度有限，限制了地震勘探和重力勘探的有效解译深度，横剖面解译结果仅作为联络剖面参考。

鉴于该区域奥陶系灰岩埋深较大，所采集的大深度电磁法与地震数据可靠度受到客观环境影响，但是该区域重力勘探成果可以解译出深埋奥陶系灰岩顶板的起伏形态，相对准确的深度范围需要钻孔数据刻度校准。

（2）测区北部综合物探剖面测量可确定永定河断裂构造沿永定河道西岸向南偏西发育，三种物探方法测线北段坐落于永定河断裂构造的上盘影响带区域，同时发育两条东西向断裂构造，东部引水渠道重力剖面显示对应断裂构造发育走向。

（3）受永定河断裂带影响，三家店线状测区北部导水性较好，具有深部断裂导水和岩溶径流导水特征，影响深度大于 300m，浅部砂砾石层发育，基本没有较为理想的黏土隔水层发育，具有潜水补给的条件。

2. 石景山至玉泉山岩溶径流通道物探勘查

1）工作区范围

以玉泉山地下岩溶水径流通道为探测重点，确定工作区范围以永定河为西南边界，香山—八大处—法海寺一线为西北边界，北五环为北边界，八宝山断裂为东南边界。工作区位于北京市西北部，西北三环外至西六环内，面积约为 107km^2（图 6-30）。

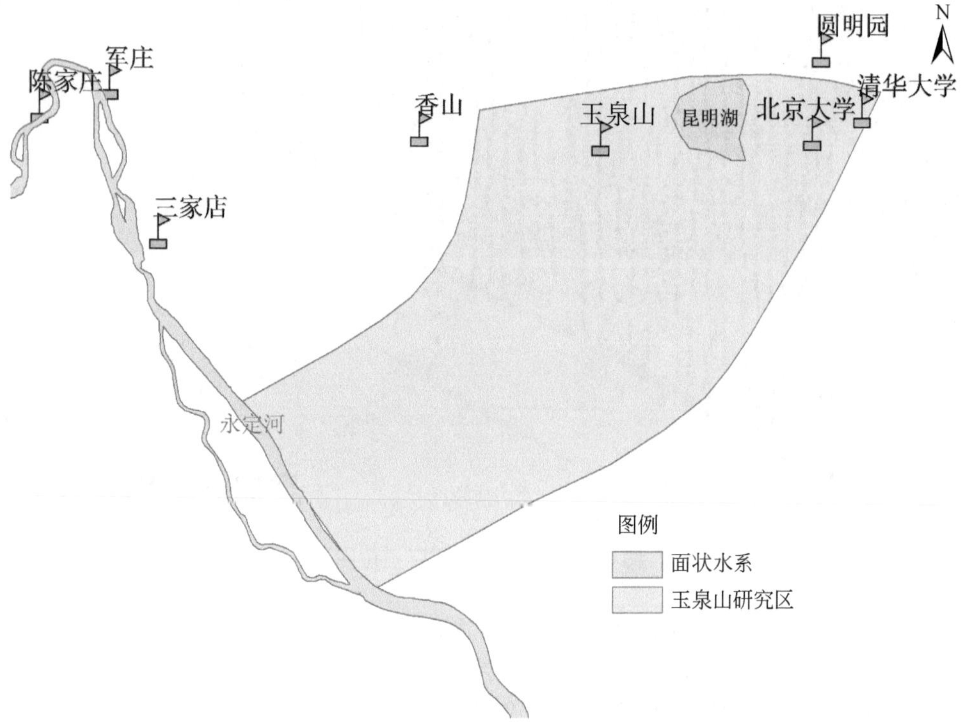

图 6-30　工作区位置图

2）工作方法

由于该工作区位于城市生活区，受电磁和人文干扰较大，本次工作采用不受电磁干扰影响的重力测量、氡气测量与微动测量三种物探工作方法。以重力面积性工作为主，在重力面积性工作成果的基础上，有针对性地开展氡气测量和微动测深工作。

3）工作完成情况

完成重力测量工作面积 100km^2，重力测量点 3670 个，重力质检点 132 个，质检率为 3.60%；实测重力值均方误差为 $\pm 0.016\times10^{-5}$ m/s^2，重力测量实际点位见图 6-31。完成近区重力基点 73 个，重力质检点 5 个，质检率为 6.85%，均方误差为 $\pm 0.001\times10^{-5}$ m/s^2。

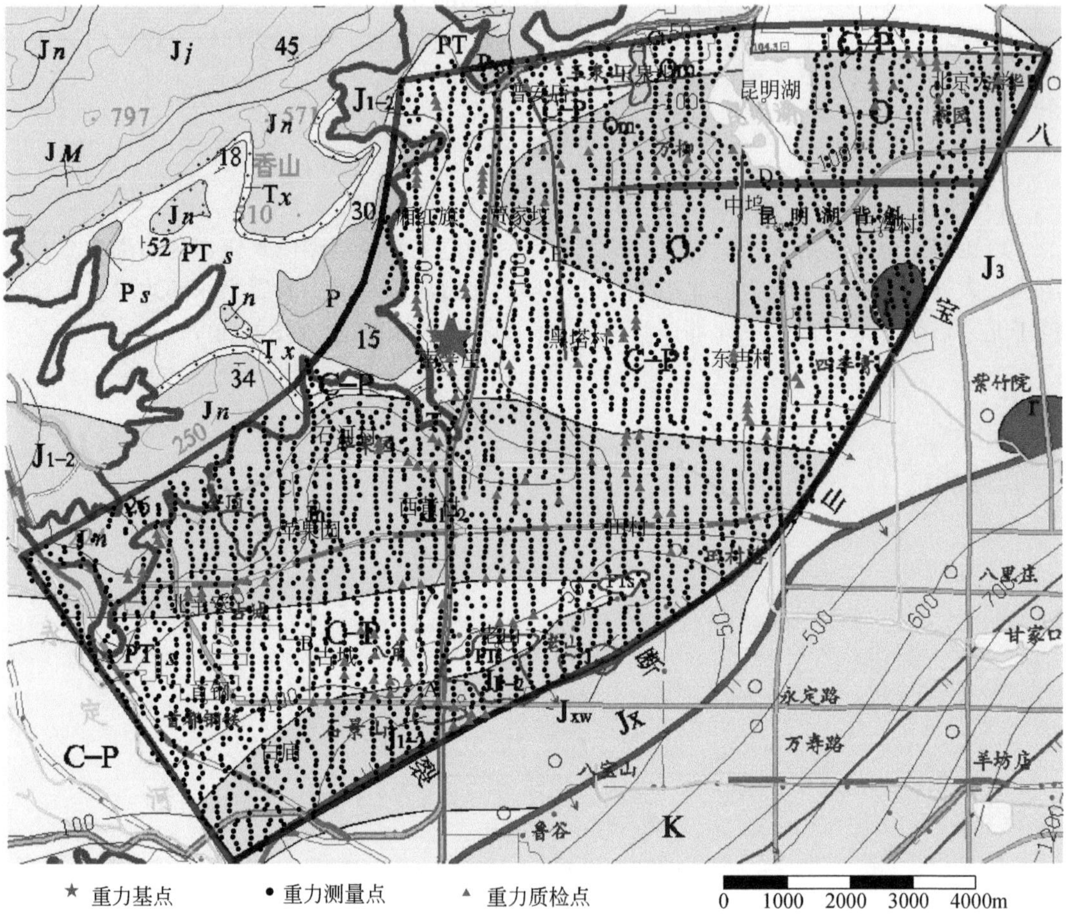

图 6-31　重力测量实际点位图

氡气完成 D1 剖面，氡气测量点 90 个，平面位置见图 6-32。

微动测量的目的是通过波速探测不同地层垂向界面，确定不同时代地层的埋藏深度。本次工作是在重力面积勘探成果基础上，在结合物探测量剖面上重点布设测点，综合三种物探资料，查明断裂空间分布特征及地层组合情况。当测点受到场地条件限制无法测量时，适当调整了测点位置。截至 2017 年 7 月 10 日，完成两个微动测量点，位置见图 6-33。

4）不同方法数据推断解释

（1）重力测量数据推断解释。布格重力异常的本质实际上就是厚度、密度等要素不同的大陆地壳及其相互作用形成的各种岩石建造组合的综合地球物理现象。重力异常解释采用地质与地球物理、地球化学、钻探等相结合，正演与反演相结合，定性解释与定量反演相结合的方法，需要反复研究、多次认识和再次解释。

重力异常是一种区域性的叠加异常，任何局部重力异常都是叠加在区域性的重力异常之中。不同空间尺度的重力异常与不同空间规模和深度的地质因素有关。其中空间尺度最

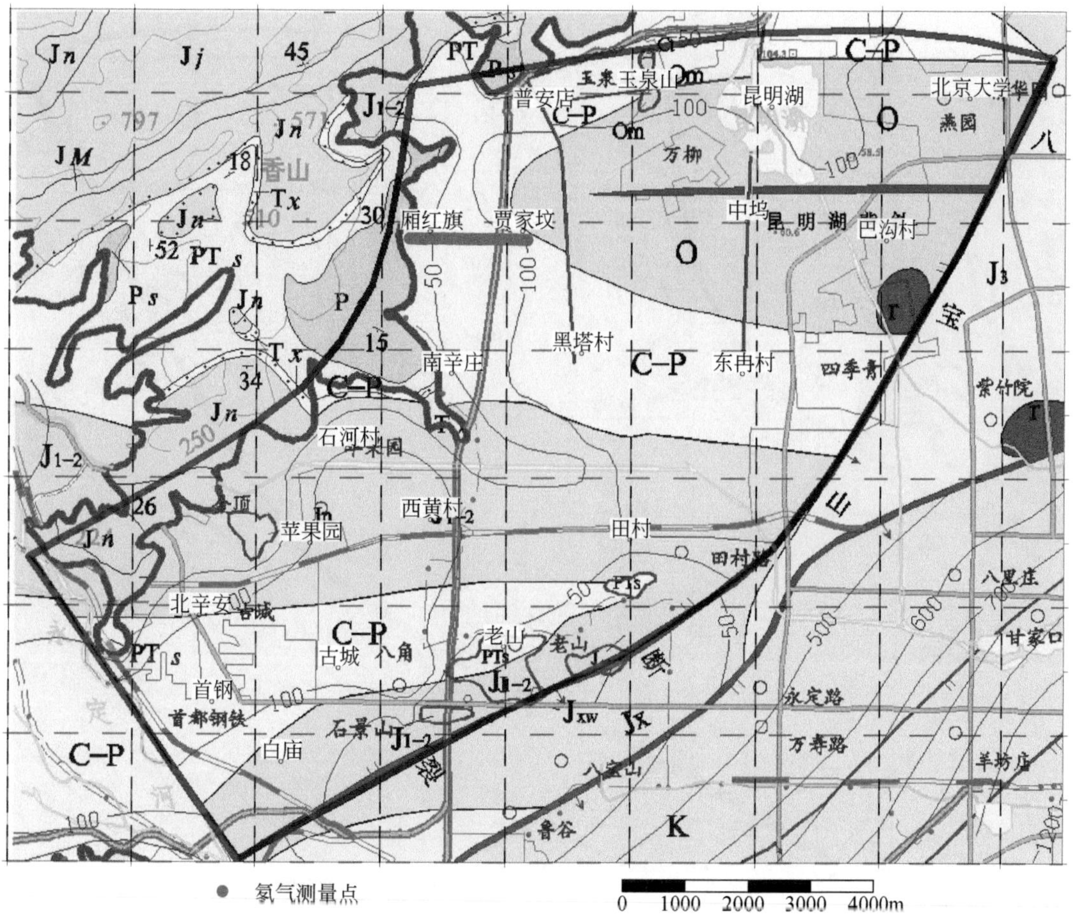

图 6-32　氡气测量实际点位图

大的低频区域异常，被认为是大陆地壳与地幔的界面引起的异常。因此重力异常具有明显的“区域约束局部，深部制约浅部”的基本规律。异常解释要充分地运用该思路，来分析和认识重力异常的地质因素和基本属性。本次重力数据解释先以布格异常图分析区域的重力场特征，再依据剩余异常图及水平梯度图分析区内主要断裂构造，最后结合钻孔数据，对推断的断裂位置进行确认并分析基岩埋深。

从布格异常图（图 6-34）可以看出，工作区重力场分区特征明显，整体表现为南高北低、西高东低，反映了不同地层组合在区域上的密度差异。在工作区中部，以南辛庄至田村一带为界，西南部为高重力场区，最大布格异常值达-13.4mGal，自东南向西北重力值总体呈递减趋势，但存在局部差异，依次划分为 A 区、B 区和 C 区；东北部为相对低重力场区，其内部也存在明显差异，以玉泉山至田村一带为界，东部重力值略高于西部，为 D 区；西部则形成明显的低重力异常圈闭，贾家坟一带为低值中心，最小重力值达-22.5mGal，为 E 区。各区重力场特征及地质成因分述如下：

A 区，布格重力值变化范围为-13.5 ~ -17mGal，沿田村、老山和白庙一带呈北东向

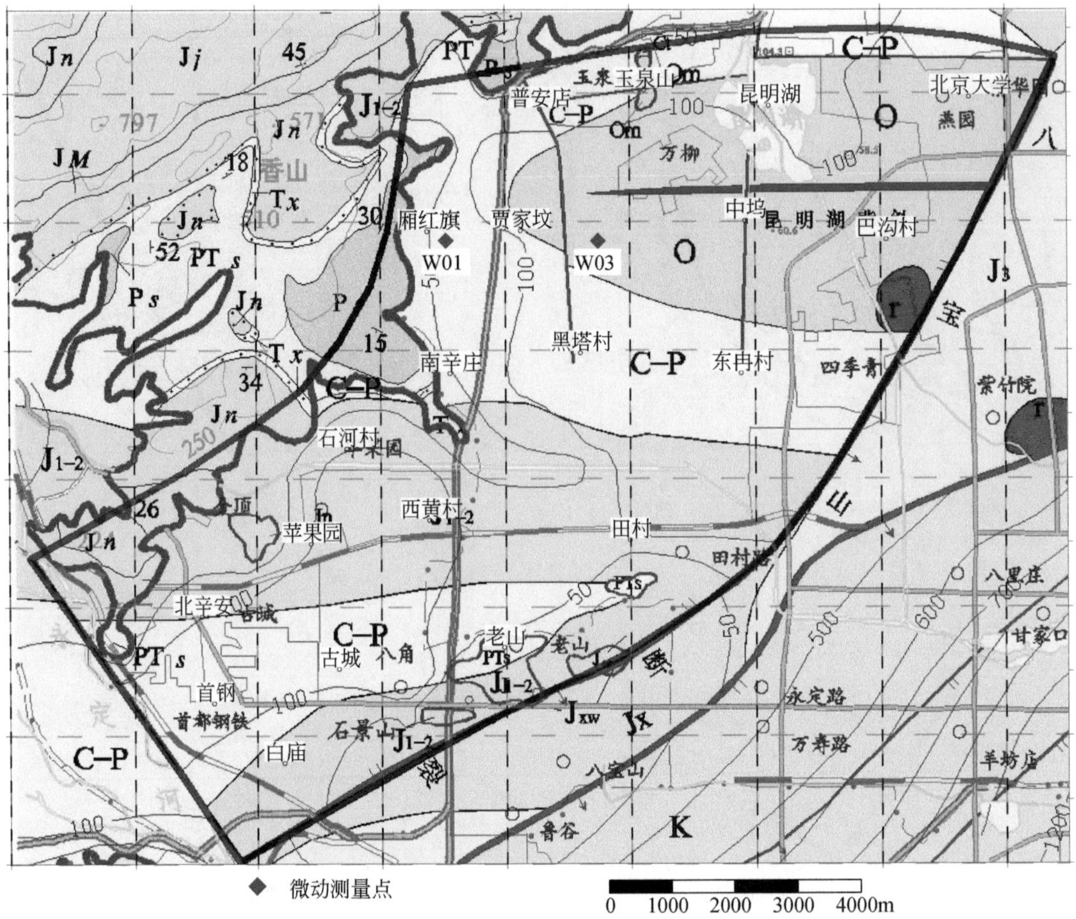

图 6-33　微动测量实际点位图

条带状分布，为全区较高重力异常区，反映基岩埋藏深度不大，较高重力背景还可能与八宝山断裂西侧古老的结晶基底抬升到地壳较浅部有关。

B 区，布格重力值变化范围为-15.5～-18mGal，沿西黄村、古城和首钢一带呈北东向条带状分布。该区北部重力值相对南部较高，可能与北部第四系厚度较薄（钻孔揭露 30～110m）有关。

C 区，布格重力值变化范围为-16～-20mGal，自西南至东北南辛庄、苹果园和北辛安布格重力呈现“低-高-低”形态，反映基岩起伏形态为“一凸两凹”，凸起区位于苹果园一带，第四系厚度一般小于 50m，两个相对凹陷区位于南辛庄和北辛安地区，第四系厚度可能大于 100m。

D 区，布格重力值变化范围为-17.5～-19mGal，为相对高重力异常区，沿北京大学、中坞村和东冉村分布，区内第四系下伏基岩主要为密度较高的奥陶系灰岩。中坞村附近存在局部重力低异常，主要与基岩埋藏较深有关。东冉村附近的局部高异常可能与北西、北东两组断裂活动导致地层相对抬升有关。昆明湖与玉泉山之间的南北向条带状低异常可能

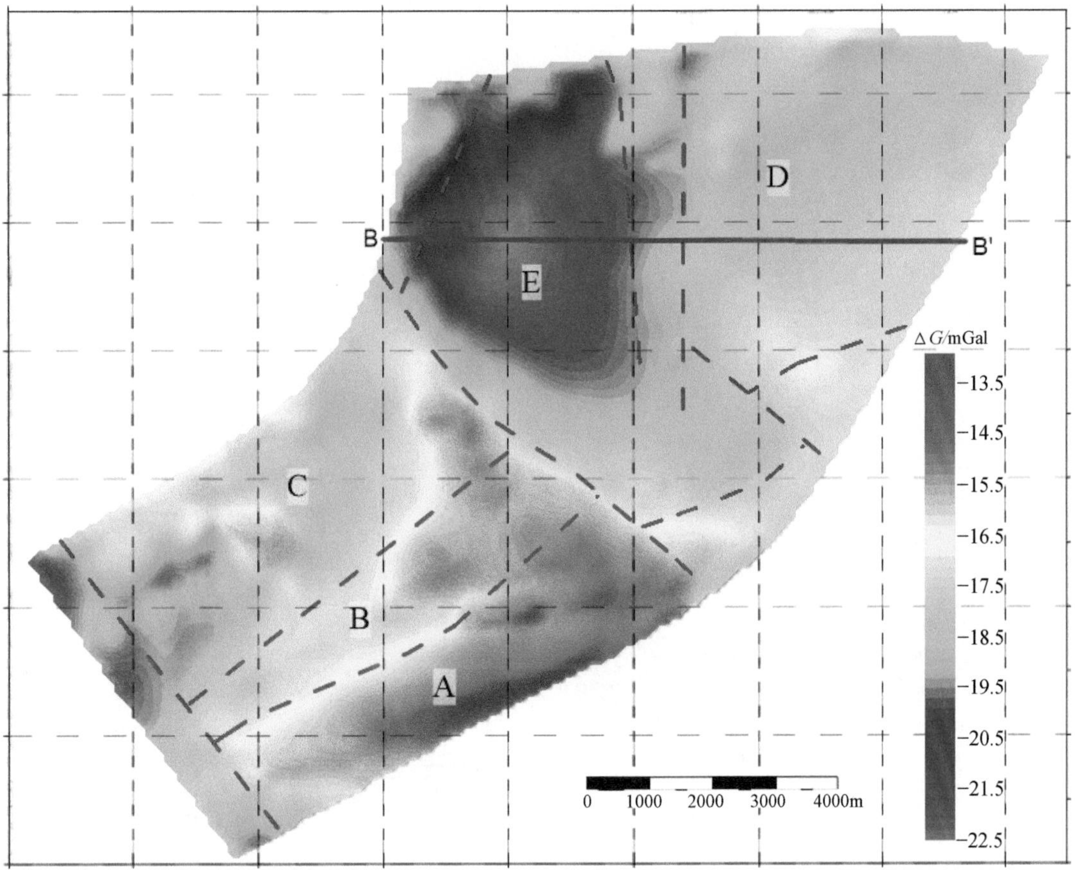

图 6-34　布格重力异常图

反映了南北向断裂构造引起的基岩地层起伏变化。

E 区，布格重力值变化范围为-22.5 ~ -18mGal，为近圆形重力异常低值区，异常中心位于玉泉山西南侧约 3.2km 的贾家坟一带。这一带重力低异常的原因，推测可能与新生界厚度相对较大有关，也可能与低密度的石炭系—二叠系地层厚度较大有关，还可能与奥陶系灰岩地层裂隙发育富水程度高有关。

为突出研究浅部地质构造现象，采用滑动平均法求取了重力区域场，用布格重力异常减去区域场得到了剩余重力异常（图 6-35）。为了进一步刻画断裂等线性构造体的发育方向，求取了水平总梯度模（图 6-36）。综合分析以上图件，除工作区西南边界处的永定河断裂外，区内还推断解释出 7 条可能存在的断裂，皆位于重力异常变化等值线密集带上，为重力异常区的分界线，具体分述如下。

F1：发育在工作区南部，为重力异常 A 区和 B 区的分界线。走向为北东向，倾向为北西向。经东冉村、田村及古城向西南延伸至永定河断裂，区内延展长度约 13.2km，分别被北西向断裂 F3 和 F4 切割。在剩余重力异常图上等值线密集，断裂西北侧整体重力异常值相对较低，东南侧整体重力异常值相对较高。在水平总梯度模图上条带状高值异常，

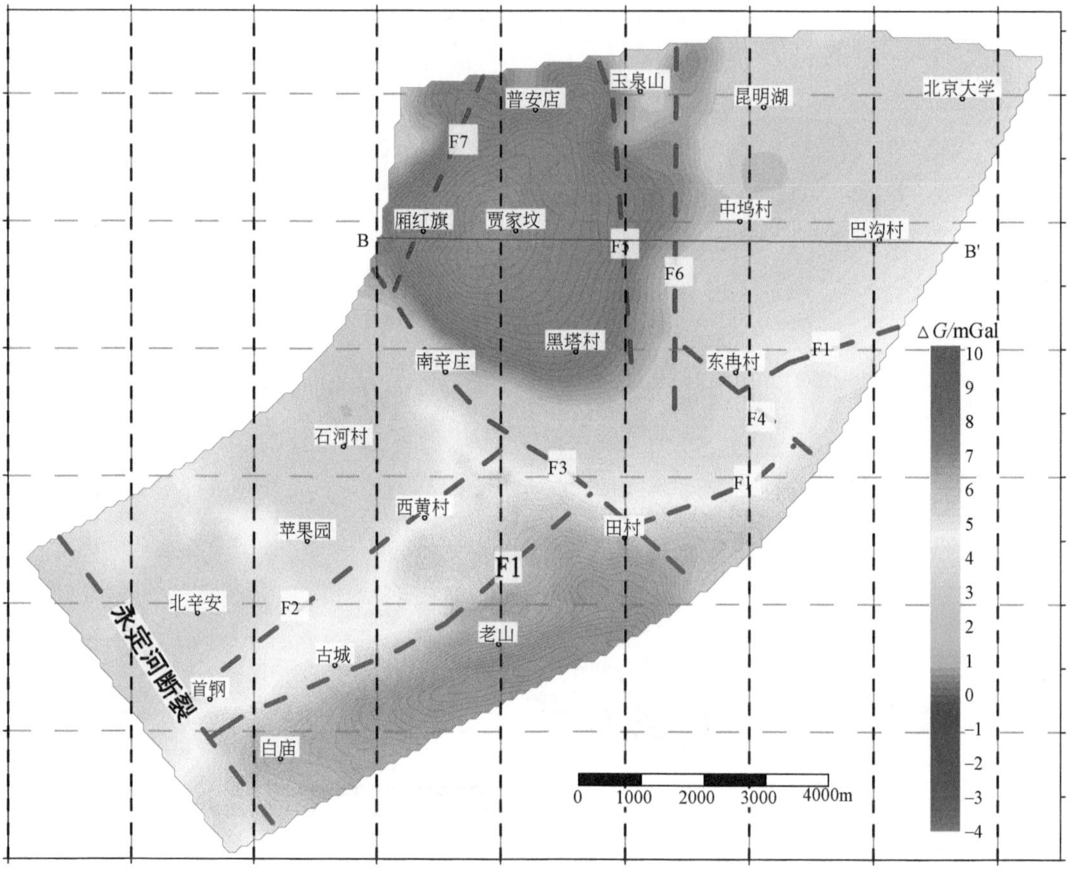

图 6-35　剩余重力异常图

F4 东侧部分水平梯度异常不太明显。

F2：发育在工作区西南部，为重力异常 B 区和 C 区的分界线。走向为北东向，倾向为北西向。经西黄村和首钢向西南延伸至永定河断裂，区内延展长度约 6.7km，向东北发育至 F3 断裂处。在剩余重力异常图上等值线密集，且断裂西北侧整体重力异常值相对较低，东南侧整体重力异常值相对较高。在水平总梯度模图上有局部不连续的条带状高值异常。

F3：发育在工作区中部，为西南部重力异常值相对高区（A 区、B 区和 C 区）和东北部重力异常值相对低区（D 区和 E 区）间的分界线。走向为北西向，倾向为北东向。经南辛庄和田村，两端分别延伸至区外，区内延展长度约 7.5km，在田村附近切割 F1 断裂。在剩余重力异常图上等值线密集，且断裂东北侧表现为整体重力异常值较低，西南侧整体重力异常值较高。在水平总梯度模图上亦有明显的北西向条带状高值异常，且以 F3 为界，整体梯度值东北部较低，西南部较高。

F4：发育在工作区中部，与 F5 一起构成为重力异常 D 区和 E 区的分界线。走向为北西向，倾向为南西向。经东冉村向东南延伸至区外，区内延展长度约 2.8km，在东冉村附近切割 F1 断裂。在剩余重力异常图上等值线发生扭曲，且断裂东北侧重力异常值较西南侧高。

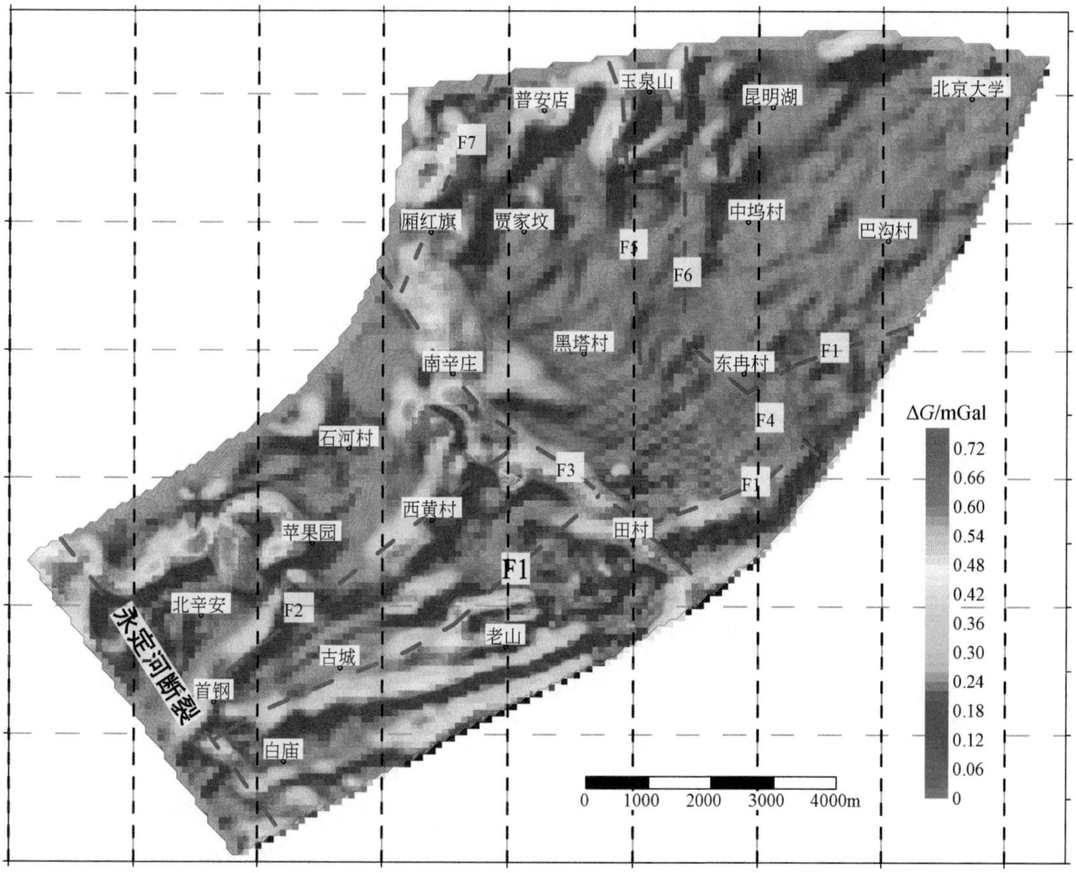

图 6-36　水平总梯度模图

F5：发育在工作区东北部，与 F4 一起构成为重力异常 D 区和 E 区的分界线。走向为近南北向，倾向西。向东经玉泉山附近延伸至区外，区内延展长度约 4. 8km。在剩余重力异常图上等值线密集，且断裂两侧有较明显的重力异常。在水平总梯度模图上显示为近南北向条带状异常，断裂北部为明显的高值异常，南部异常相对较弱。

F6：发育在工作区东北部，与 F5 近似平行发育。走向为近南北向，倾向东。向东经玉泉山附近延伸至区外，区内延展长度约 5. 7km。在剩余重力异常图上等值线密集，且呈现出条带状重力低异常。在水平总梯度模图上显示为近南北向条带状异常，断裂北部异常尤为明显。

F7：发育在工作区北部，走向为北东向，倾向为南东向。北东向延展至区外，向西南经厢红旗发育至 F3 断裂处，区内延展长度约 4km。在剩余重力异常图上等值线密集，在水平总梯度模图上表现为明显的北东向条带状高值异常。

所有断裂统计情况见表 6-2。

表 6-2 断裂推断统计表

编号	名称	区内延展长度/km	走向	倾向	性质	地球物理特征
F1	古城断裂（暂定）	13.2	NE	NW	正	剩余重力异常图上等值线密集，断裂西北侧整体重力异常值相对较低，东南侧整体重力异常值相对较高。水平总梯度模图上条带状高值异常
F2	西黄村断裂（暂定）	6.7	NE	NW	正	剩余重力异常图上等值线密集，断裂西北侧整体重力异常值相对较低，东南侧整体重力异常值相对较高。水平总梯度模图上有局部不连续的条带状高值异常
F3	南辛庄—田村断裂（暂定）	7.5	NW	NE	正	剩余重力异常图上等值线密集，断裂东北侧整体重力异常值较低，西南侧整体重力异常值较高。水平总梯度模图上有明显的北西向条带状高值异常
F4	东冉村断裂（暂定）	2.8	NW	SW	正	剩余重力异常图上等值线发生扭曲，且断裂东北侧重力异常值较西南侧高
F5	西北旺断裂	4.8	N	W	正	剩余重力异常图上等值线密集，且断裂两侧有较明显的重力高低异常。断裂北部有较明显的水平梯度模条带状高值异常
F6	西北旺断裂分支	5.7	W	E	正	剩余重力异常图上等值线密集，且呈现出条带状重力低异常。断裂北部有较明显的水平梯度模条带状高值异常
F7	普安店断裂（暂定）	4	NE	SE	正	剩余重力异常图上等值线密集。在水平总梯度模图上有明显的北东向条带状高值异常

（2）氡气测量数据推断解释。氡气测量方法是把野外实际测量数据绘制成氡气测量剖面，在剖面上划分异常区，同时参照野外记录对干扰点进行处理，如回填土、湿度较大部位均可能形成异常；有的氡气剖面背景值较高，但异常仍较为突出，因此，进行地质解释时要分辨出哪些是干扰异常，哪些是断裂构造引起的异常。具有地质信息的氡异常区域，即为断裂在地表的分布位置。

图 6-37 为 D1 线氡气测量浓度图，从图中可以看出，在 100 号点和 110 号点之间存在较大的氡气异常值，推断可能有断裂存在，结合平面位置图推断为 F7 断裂。

（3）微动测量数据推断解释。该方法采用空间自相关法（SPAC 法）从地震台阵微动信号的垂直分量中提取瑞雷波，并计算各台阵的瑞雷波频散曲线，用个体群探索分歧型遗传算法（fGA），由相速度频散曲线反演地下 S 波速度结构。

因地球内部岩石圈层在不同地质年代经历了不同强度的地质构造运动，演化至今的岩石圈结构复杂，在横向和纵向上均存在一定程度的波速差异，在单个一维探测空间内，在纵向上可视为成层分布，即地球岩石圈在一维纵向上总是呈二层或多层展布的介质。在这种介质内部，不同波长的面波以不同的速度进行传播，一般波长较长（低频）的波传播快，波长较短（高频）的波传播慢，这种面波传播速度随频率变化而变化的特性，即为面波的频散特性。

因此频散特性与介质的参数相关联，在给定某一介质参数后，频散曲线可以通过求解面波的频散方程后得到，该过程为频散曲线的正演模拟过程。将由此方法求得的频散曲线，与实际测量得到的频散曲线利用迭代优化算法进行拟合，当拟合差足够小时，迭代结

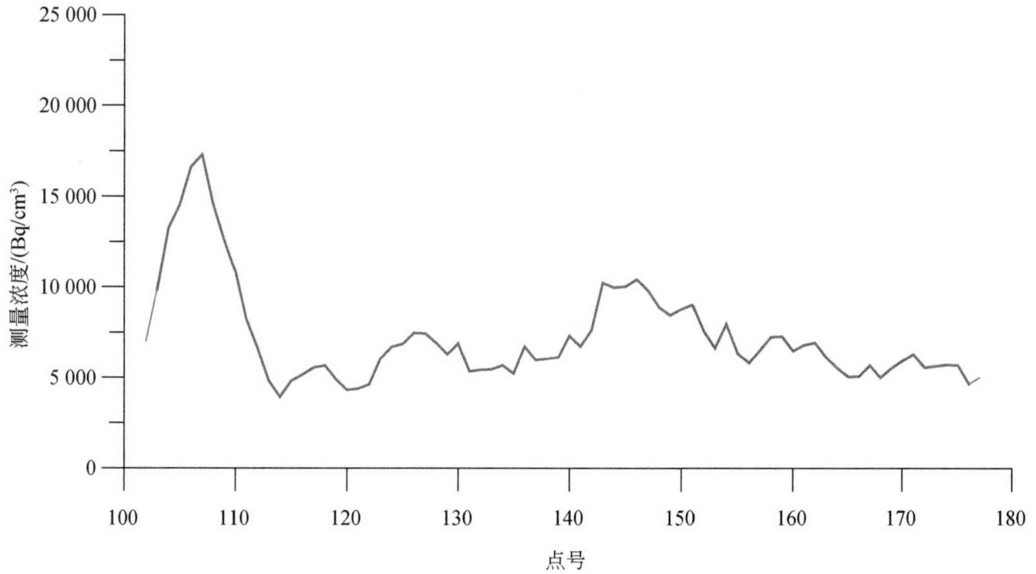

图 6-37　D1 线氡气测量浓度图

束，此时修改后的介质参数即为反演结果，可以用于分析地层构造特征。

图 6-38 是 W01 和 W02 号微动测量取频散点（红点）和反演拟合频散曲线（蓝线）图，从图中可以看出实测微动测量频散点与反演拟合频散曲线吻合较好，且呈现出较明显的对应速度变化界面的拐点。图 6-39 是由 W01 和 W02 号微动测量点反演得到的地层横波速度结构图。

从图中可以看出，W01 点对应的地层 1000m 以内大致有四个速度分界面：第一个分界面对应的速度变化范围为 300～900m/s，对应深度为 0～200m，推测为第四系覆盖层；第二个分界面对应的速度变化范围为 900～1700m/s，对应深度为 200～500m，推测为石炭系地层；第三个分界面对应的速度变化范围为 1700～1900m/s，对应深度为 650～900m，推测为奥陶系地层；第四个分界面对应的速度变化范围为 2100～2400m/s，对应深度为 960m 以深，推测为寒武系地层。

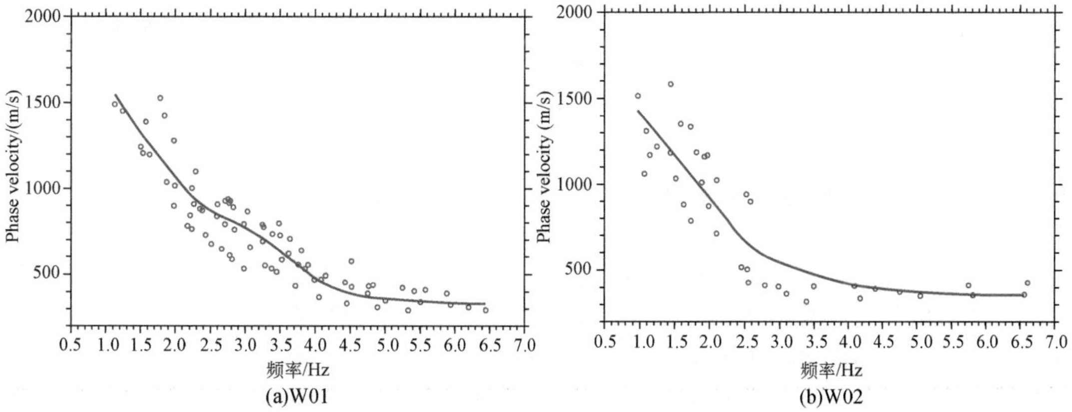

图 6-38　W01-W02 微动测量取频散点（红点）和反演拟合频散曲线（蓝线）图

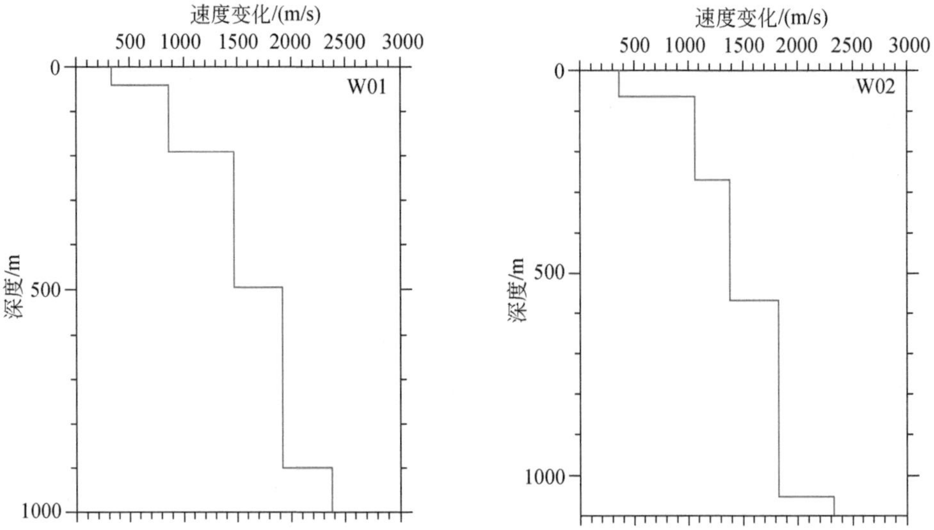

图 6-39　W01-W02 微动测深取反演地层横波速度结构图

W02 点对应的地层 1000m 以内大致有三个速度分界面：第一个分界面对应的速度变化范围为 400～1100m/s，对应深度为 0～260m，推测为第四系覆盖层；第二个分界面对应的速度变化范围为 1100～1400m/s，对应深度为 600m 左右，推测为奥陶系地层；第三个分界面对应的速度变化范围为 1400～1900m/s，对应深度约 1200m 以深，推测为寒武系地层。

从以上两个点的推断解释可以看出，W01 号点与 W02 号点之间地层存在不整合接触，石炭系地层在两点之间尖灭。

5）物探综合解释推断

为了进一步推断解释断裂空间发育形态，结合钻孔资料，垂直 F5、F6 和 F7 断裂，从西向东做地质剖面 BB′，具体平面位置见图 6-40。

本次通过多种物探方法，结合区域地质资料和钻孔资料，对工作区的断裂构造进行了推断解释，根据断裂发育特征，结合区域水文地质条件，推测出玉泉山地区可能有两条地下水径流路径：一条是经永定河断裂，沿 F1 和 F2 断裂向北东方向径流至 F3 断裂，然后沿 F3 断裂向东南方向径流，经 F1 断裂和八宝山断裂继续向北东向径流，再沿 F4、F5 和 F6 断裂向北部径流至玉泉山地区；另一条是经永定河断裂，沿八宝山断裂向北东方向径流，再沿 F4、F5 和 F6 断裂向北部到达玉泉山地区。

6.2.3　地下水径流路径分析

通过物探及同位素结果，可以推断地下水径流路径，由物探结果可以得出，沿永定河断裂和次级断裂构造发育有向南和近北东向的深部岩溶水强径流带，受永定河断裂带影响，三家店线状测区北部富导水性较好，具有深部断裂导水和岩溶径流导水特征，剖面北部断层发育区段低电阻率（<100Ω·m）地层埋深在−300～200m 深度范围，依据三家店至玉泉山潜水水位流场分布，三条断裂构造异常带具备两区域间构造与岩溶导水径流

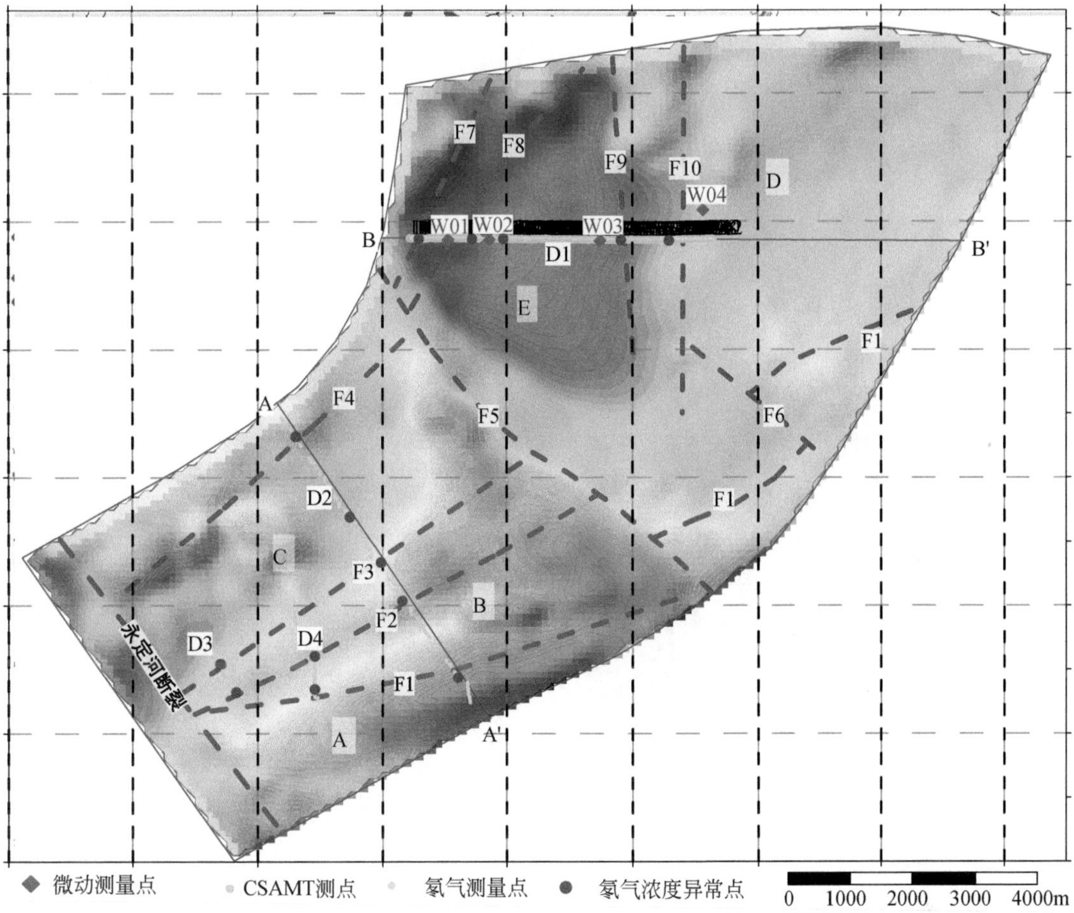

图 6-40 物探资料综合分析图

前提。

由不同补给源的水流通道分析可知，门头沟水厂、石景山水厂水源受永定河水渗漏补给影响；上方水厂、鹰山咀水厂和四季青水厂则受潭柘寺补给区影响；永丰屯一带则主要为军庄补给区补给，以及远源侧向补给。玉泉山一带岩溶水拥有永定河、军庄和潭柘寺多个补给源，同时北部也存在侧向补给，多方向补给通道水源的汇水是维持泉出流的重要机制。不同补给源对玉泉山进行动态补给，水动力条件不同，各补给源补给量会发生调整，以致玉泉山排泄区不同来源水占比相应发生变化。

三个补给区地下水径流速度由快至慢的排序为潭柘寺补给区径流速度>永定河渗漏水径流速度>军庄补给区径流速度。本区水循环规律总体表现为，军庄、潭柘寺、永定河入渗补给岩溶水，并向北东方向径流。在玉泉山一带，岩溶水顶托补给第四系水，是岩溶水系统的一个排泄区；过玉泉山后，岩溶水继续向东径流，侧向补给相邻岩溶水系统（图 6-41）。

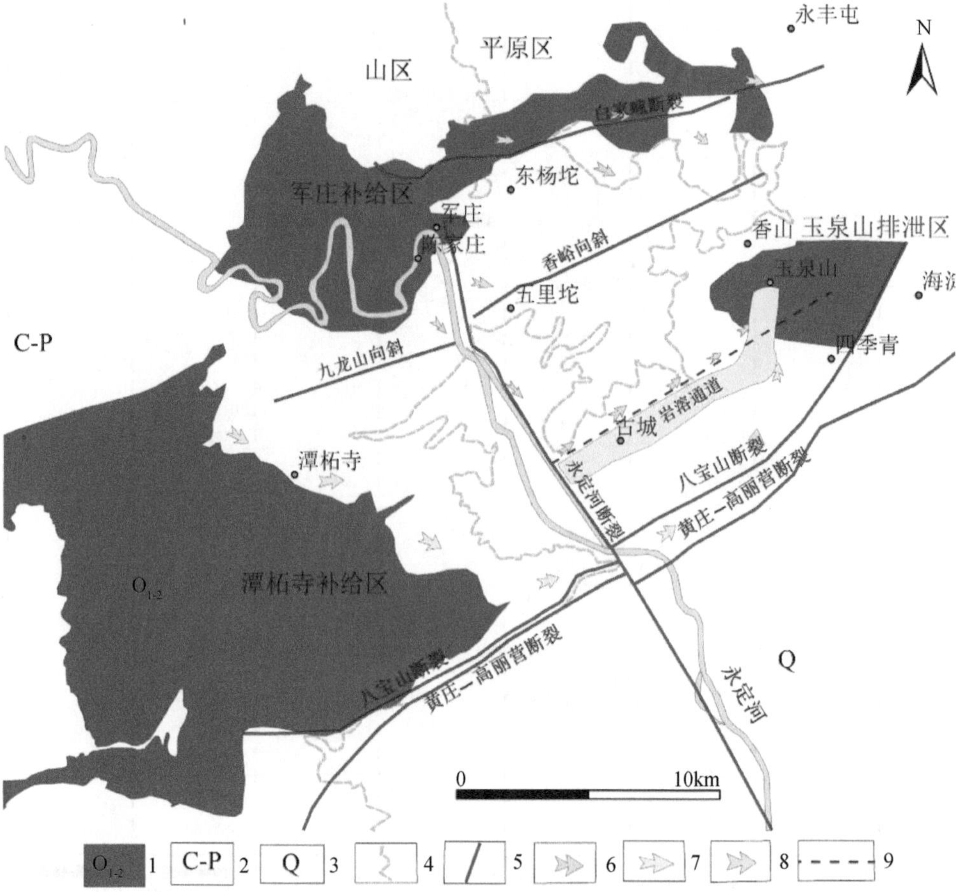

图 6-41　西郊地下水径流路线图

1：奥陶系；2：石炭系—二叠系；3：第四系；4：山区/平原界；5：断裂；6 ~ 8：流径及方向；9：推测断裂

6.3　玉泉山地区第四系地下水与岩溶水的水力联系

6.3.1　地层接触关系

玉泉山位于北京市海淀区西郊山前，香峪大梁东南侧，为南北向延伸的残山，长约 2km，宽约 1km，面积约 2km^2，中部最高处标高 120m，高出当地约 70m，玉泉山主要出露于山的东南山麓奥陶系灰岩中，泉水出露大小有 14 处，周边岩溶水含水层为奥陶系地层。本节将该区作为重点区，利用地层接触关系，基于地下水位动态和水质资料，分析第四系地下水与岩溶水的水力联系。地层之间的接触关系是含水层之间形成水力联系的基础，因此，本节首先从地层接触关系、岩性等方面判定第四系地下水与岩溶水的水力联系。

为研究第四系地下水与岩溶水的水力联系，开展了钻探工作，在玉泉山附近施工 4 眼井，为两眼对井。其中，400m 深基岩监测井 1 眼（J4），250m 深第四系监测井 1 眼（Q4），位于四季御园内；400m 深基岩监测井 1 眼（J5），150m 深第四系监测井 1 眼（Q5），位于颐和园西门东侧的玉泉绿化站内（图 6-42）。

图 6-42　玉泉山地区对井监测井位置图

J4（400）由于岩隙较发育，裂隙内填充物较多，抽水时水中含砂量较大，经过近半个月的洗井，水的颜色未有改观，仍为黄褐色，海淀区河道管理部门不允许排入周边河道，故未作抽水试验。

对 J5、Q4、Q5 分别进行了抽水试验，测得数据结果见表 6-3。

表 6-3　J4、J5、Q4、Q5 洗井抽水试验数据

井号 \ 数据	深度/m	静水位埋深/m	动水位埋深/m	降深/m	出水量/(m^3/h)	抽水时间/h	含水层厚度/m
J4（400）	400	42.48	—	—	—	—	148
J5（400）	400	38.58	—	1.05	1728	24	250
Q4（250）	250	38.20	88.40	50.20	55	24	22
Q5（150）	150	37.22	41.11	3.89	78	24	42

采用裘布依稳定承压井流公式测算渗透系数，计算公式如下：

$$Q = 2.73\frac{K \cdot M \cdot S_{\mathrm{w}}}{\lg\dfrac{R}{r_{\mathrm{w}}}} \tag{6-2}$$

$$R = 10S_{\mathrm{w}}\sqrt{K} \tag{6-3}$$

式中，Q 为抽水井涌水量（m^3/d）；K 为含水层渗透系数（m/d）；M 为承压含水层厚度（m）；R 为含水层影响半径（m）；r_{w} 为抽水井半径（m）；S_{w} 为抽水井中的水头降深（m）。

经测算，J5、Q4 和 Q5 井的渗透系数分别为 0.25m/d、0.63m/d 和 5.56m/d。

通过已有的钻孔及物探综合解译结果，绘制了玉泉山地区基岩顶板埋深图，见图 6-43。

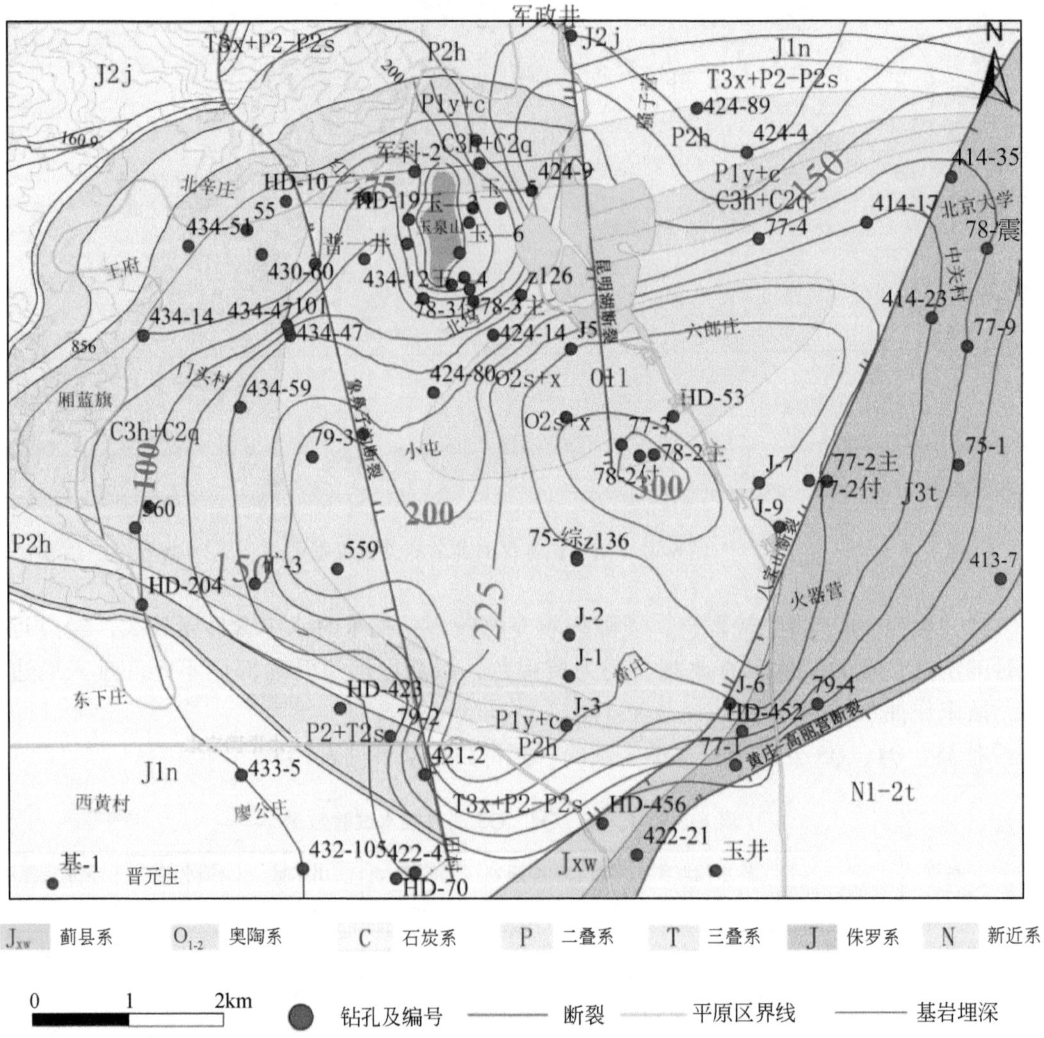

图 6-43　基岩顶板埋深图

由图 6-43 可知，由玉泉山向四周基岩埋深逐渐增大，玉泉山西侧埋深急剧加大，经象鼻子沟断裂后，基岩出露地表；东南两侧埋深变化相对较缓，其中位于天下第一泉处的玉-1 井基岩埋深为 200m，玉-4 井基岩埋深为 100m；向南埋深逐渐加大，北坞村为 225m，经 GIS 计算得研究区内玉泉山灰岩出露范围约 31. 72km^2。

由图 6-44 ~ 图 6-48 可以初步确定，玉泉山地区即埋藏型的岩溶水分布区，第四系地层大部分为砂卵石及黏土互层，与奥陶系含水层之间的水力联系属越流补给关系。其中，图 6-45 剖面 AA′及附近钻孔显示玉泉山附近由于奥陶系地层凸起，奥陶系地层与第四系地层的砂卵石含水层呈不整合接触，第四系地下水与奥陶系岩溶水之间存在直接的水力联系；剖面 B ~ B′、C ~ C′及水源三厂附近的钻孔显示，第四系地层底部广泛分布5 ~ 35m 薄层红色黏土弱透水层；从剖面 DD′中可以看出，第四系地层底部存在厚层三叠系、石炭系页岩隔水层，致使第四系地下水与岩溶水之间的水力联系较差。

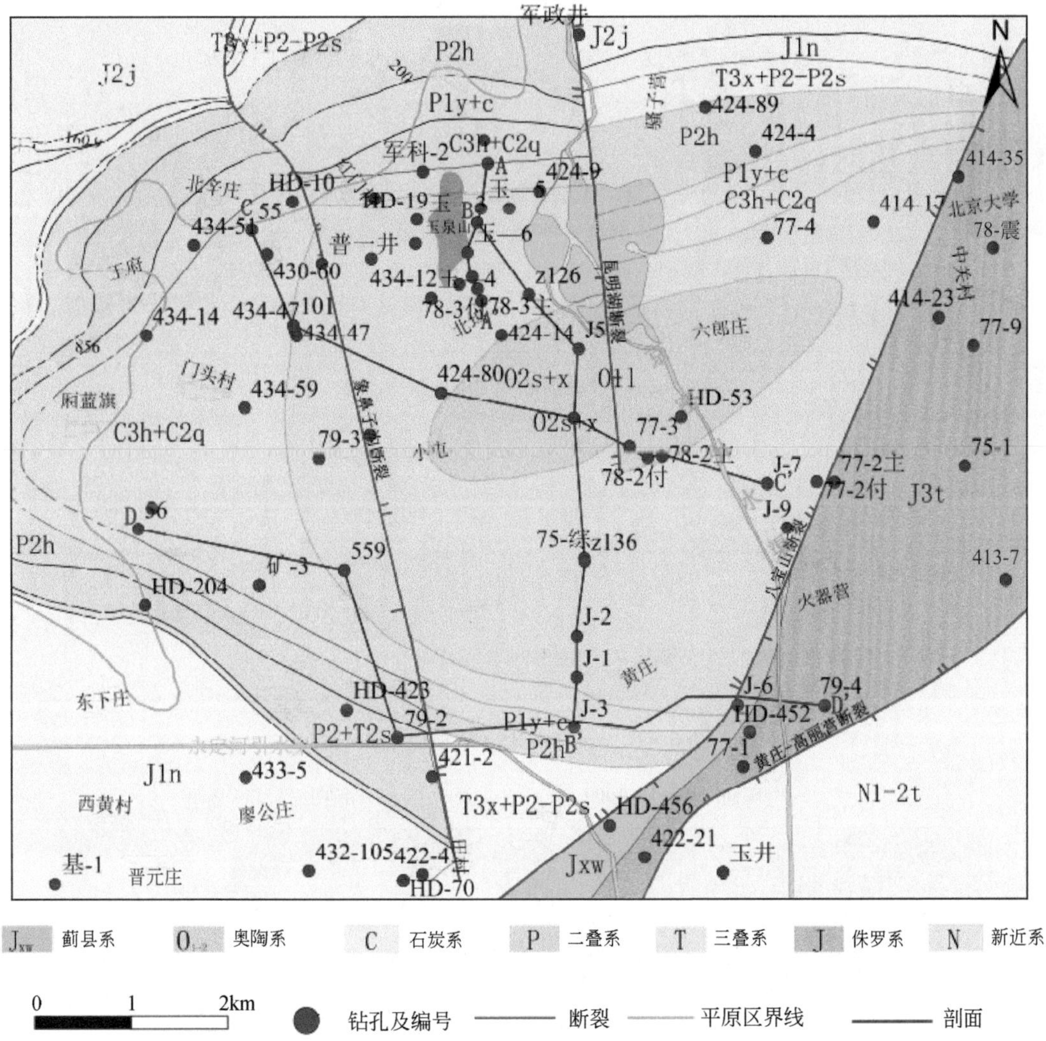

图 6-44　玉泉山地区剖面位置布设图

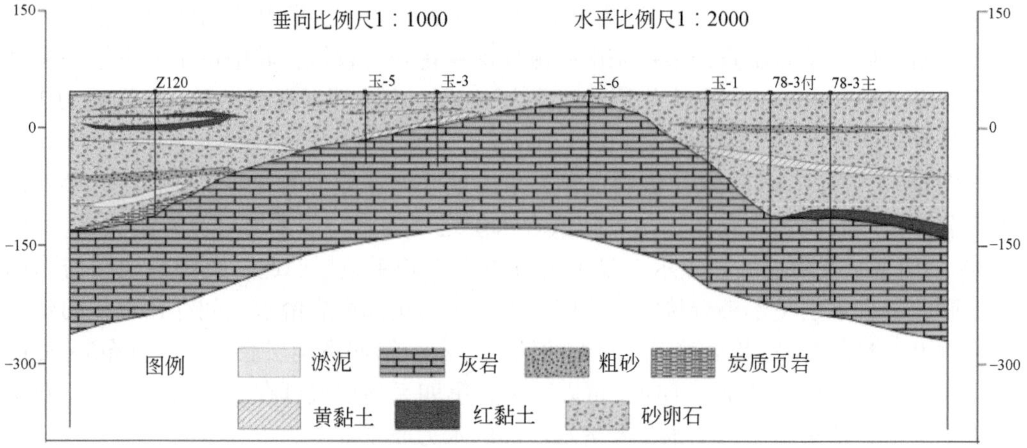

图 6-45　玉泉山地区 AA′地层剖面图

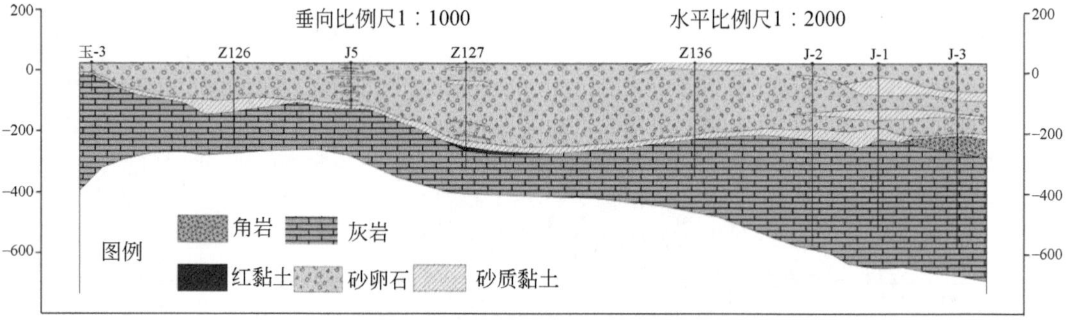

图 6-46　玉泉山地区 BB′地层剖面图

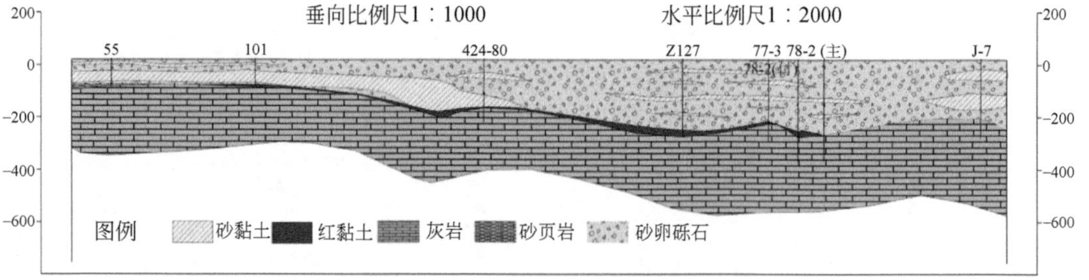

图 6-47　玉泉山地区 CC′地层剖面图

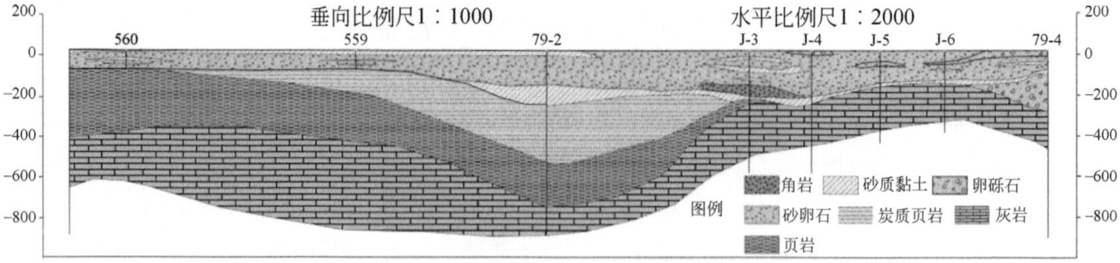

图 6-48　玉泉山地区 DD′地层剖面图

综上所述，从地层接触关系上说，玉泉山附近第四系地下水与岩溶水存在直接的水力联系，在三厂开采区附近水力联系差。

根据表 6-4 收集的钻孔地层资料，制作了第四系底层黏土厚度的等值线图（图 6-49），在三厂区域除玉泉山周边外，奥陶系地层与第四系地层接触界面上第四系底层广泛分布着一层红色黏土含砾石层，埋藏深度西北部山前为 100m 左右，厚度较小；东南部平原埋藏深度约为 200m，厚度在 5 ~ 45m，在海淀中坞—北坞村一线、火器营—东冉村一线厚度大于 25m，水源三厂 364 水源井揭露最大厚度为 42.5m。根据钻孔揭露的该层情况及以往的研究成果可知，该地层胶结紧密，厚度较大，分布稳定，透水性差。有学者认为该层一般认为是第四纪冰川作用形成，也有学者认为是灰岩风化作用形成，根据地勘部门利用测井曲线对该层的泥质含量测算结果，显示该层泥质含量高达 75% 以上，属于含杂质黏土岩层，阻挡了第四系地下水与奥陶系岩溶水之间的水力联系。

表 6-4　玉泉山地区钻孔第四系底层黏土含砾石层厚度　（单位：m）

编号	底层黏土厚度	备注	编号	底层黏土厚度	备注
玉-1	17.28	玉泉山孔	146	11.05	三厂孔
玉-2	11.47	玉泉山孔	508	3.60	三厂孔
玉-3	15.00	玉泉山孔	143	11.50	三厂孔
玉-4	9.00	玉泉山孔	509	13.20	三厂孔
玉-5	12.60	玉泉山孔	208	1.69	三厂孔
玉-6	0.00	玉泉山孔	127	26.76	玉泉山孔
40	0.00	玉泉山孔	126	38.25	玉泉山孔
49	0.00	玉泉山孔	136	14.4	玉泉山孔
62	0.00	玉泉山孔	559	0.00	三厂孔
57	0.00	玉泉山孔	379	24.50	三厂孔
55	0.00	玉泉山孔	507	14.10	三厂孔
13	0.00	玉泉山孔	377	32.00	三厂孔
120	20.40	三厂孔	396	21.50	三厂孔
79	13.60	三厂孔	J-7	12.00	玉泉山孔
18	54.00	三厂孔	J-4	15.00	玉泉山孔
12	41.61	三厂孔	J-2	20.50	玉泉山孔
101	15.00	区域孔	J-1	8.50	玉泉山孔
116	11.47	区域孔	362	36.00	区域孔
115	5.10	区域孔	364	42.50	区域孔
25	0.00	区域孔	366	3.50	区域孔
129	0.00	区域孔	370	18.00	区域孔
118	0.00	区域孔	372	23.50	区域孔
J4	68.38	玉泉山孔	J5	10.38	玉泉山孔

由图6-49可知，在玉泉山泉域即出露的岩溶水分布区，奥陶系地层直接出露地表，与第四系的砂卵石含水层呈不整合接触，第四系地层底界黏土厚度由玉泉山向四周逐渐增加，位于玉泉山西侧，厚度变化较大，最厚达35m；东侧黏土厚度相对较小，其中在昆明湖洼里地区第四系地层底界黏土厚度一般为5～10m，向南逐渐加大，水源三厂区域为15～25m。由此可以初步确定：在玉泉山附近由于第四系地下水与奥陶系岩溶水之间可能存在直接的水力联系，当岩溶水水位高于第四系水位时，岩溶水会补给第四系地下水，反之第四系地下水会补给岩溶水。

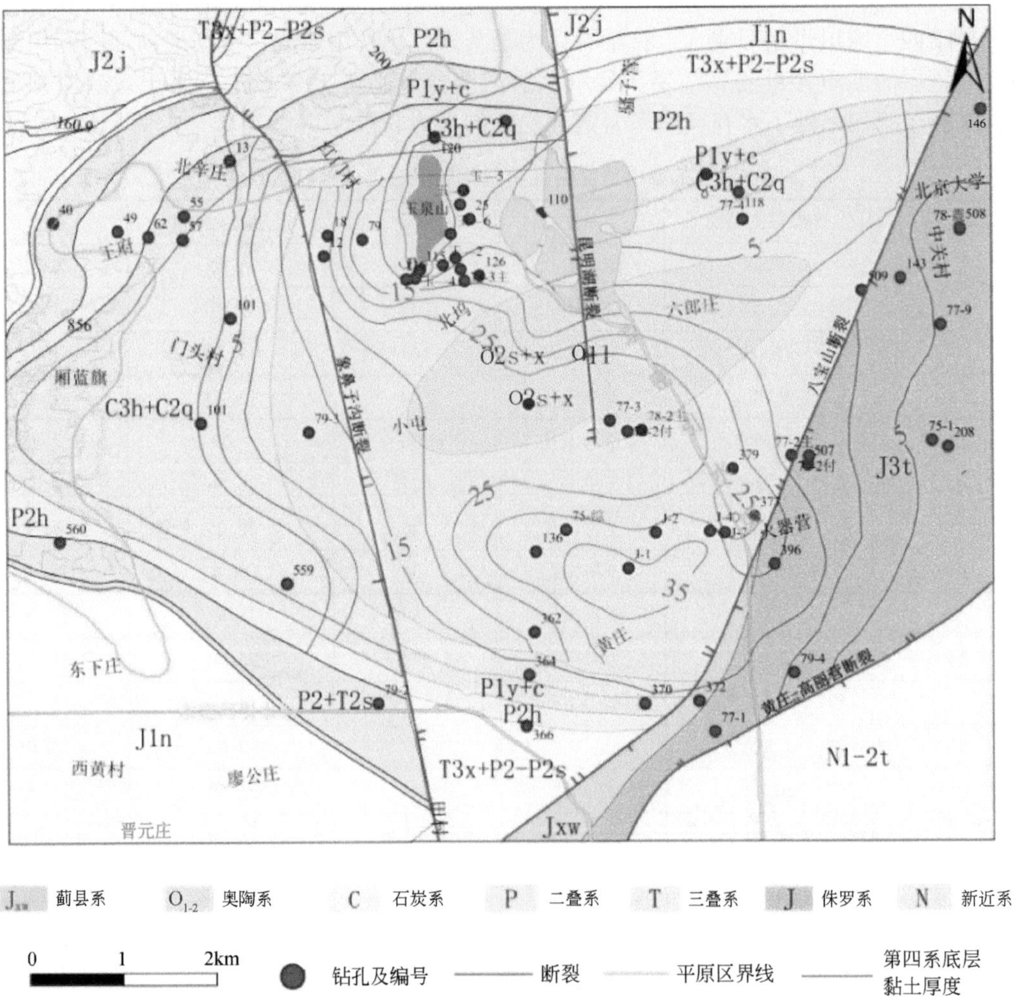

图6-49　玉泉山区域第四系底层黏土厚度等值线图

6.3.2　地下水位动态联系

根据水文地质的基本原理，不同含水层、不同含水岩体之间的地下水的水位、水质资料可反映地下水之间的水力联系。当第四系地下水与奥陶系岩溶水之间水位变化相同、相差不大、水质基本相同时，不同含水层、不同含水岩体之间可能水力联系密切，反之可能水力联系差。为此本研究收集了区域第四系地下水和奥陶系岩溶水的水位动态观测资料，进一步研究玉泉山地区岩溶水与第四系地下水的补给关系。

前述水文地质叙述及地质剖面图显示，玉泉山周边区域的平原区第四系含水层整体上属单一结构的砂卵石结构，该区第四系含水层之间没有统一连续的隔水层分布，第四系含水层之间水力联系密切。玉泉山泉域附近与水源三厂的补给来源不一致，因此，分别选取玉泉山与水源三厂附近的地下水监测井进行对比分析，监测井分布见图 6-50，所属类型见表 6-5。

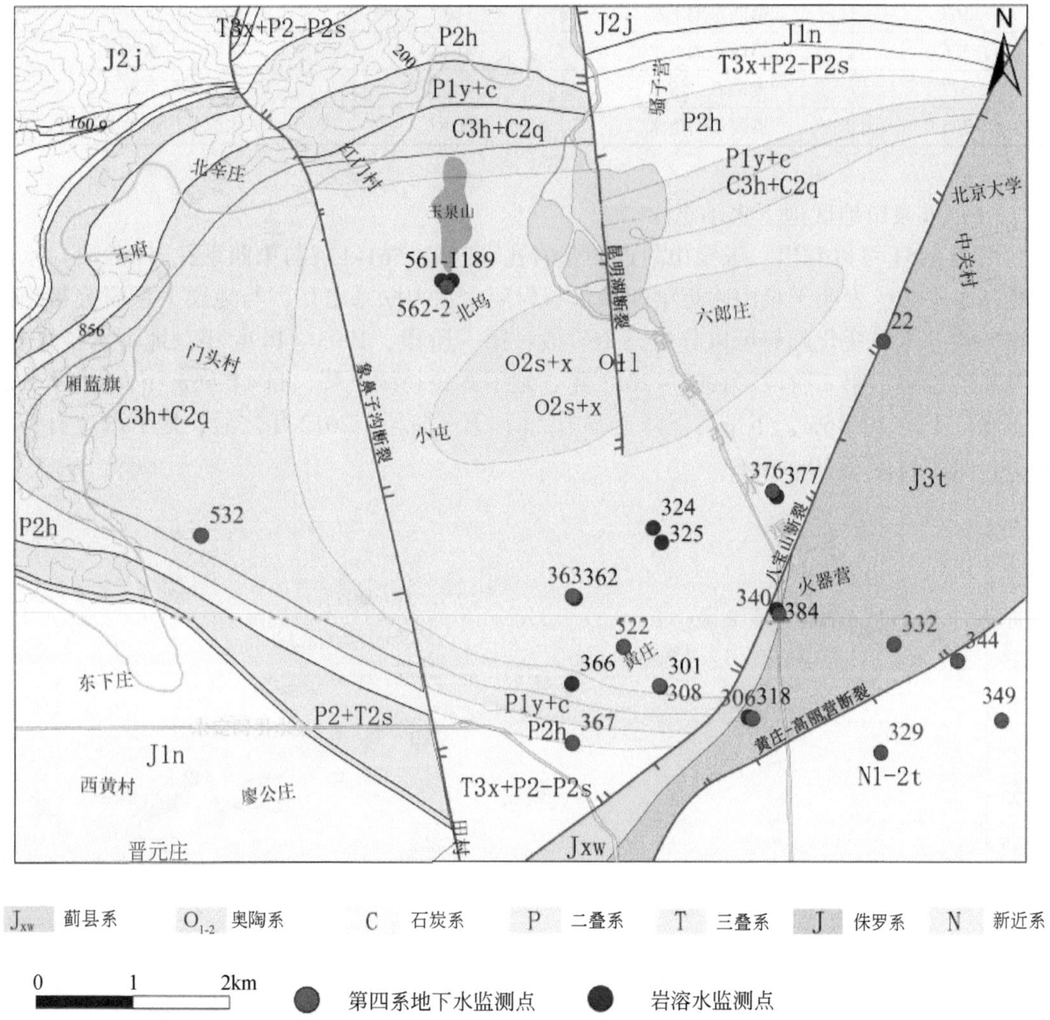

图 6-50　玉泉山区域地下水动态监测孔分布图

表 6-5　玉泉山地区地下水位长期观测孔基本情况

编号	地下水类型	井深/m	备注
189	奥陶系岩溶水	209	玉泉山周边
561-1	奥陶系岩溶水	200	玉泉山周边

续表

编号	地下水类型	井深/m	备注
561-2	第四系地下水	55	玉泉山周边
532	第四系地下水	60	玉泉山周边
22	第四系地下水	70	玉泉山周边
306	第四系地下水	55.6	水源三厂水源井
318	奥陶系岩溶水	301.54	水源三厂水源井
362	奥陶系岩溶水	601.14	水源三厂水源井
363	第四系地下水	110	水源三厂水源井
376	第四系地下水	110	水源三厂水源井
377	奥陶系岩溶水	402	水源三厂水源井
325	奥陶系岩溶水	605.87	水源三厂水源井

(1) 玉泉山地区地下水动态

由图6-51可以看出，玉泉山附近的基岩孔（189、561-1）与第四系孔（562-2）水位变化基本一致，表明玉泉山附近第四系水与岩溶水水力联系密切，与地层关系研究得出的结论一致。水位变化趋势可以分为三个阶段：第一阶段，1993～1996年，地下水位平稳，有升高的趋势；第二阶段，1997～2011年，地下水位持续下降，自44.66m下降到14.2m，地下水位下降30.46m，年平均下降速率为2m；第三阶段，2012年之后，地下水位有抬升趋势，基本稳定在20m左右。

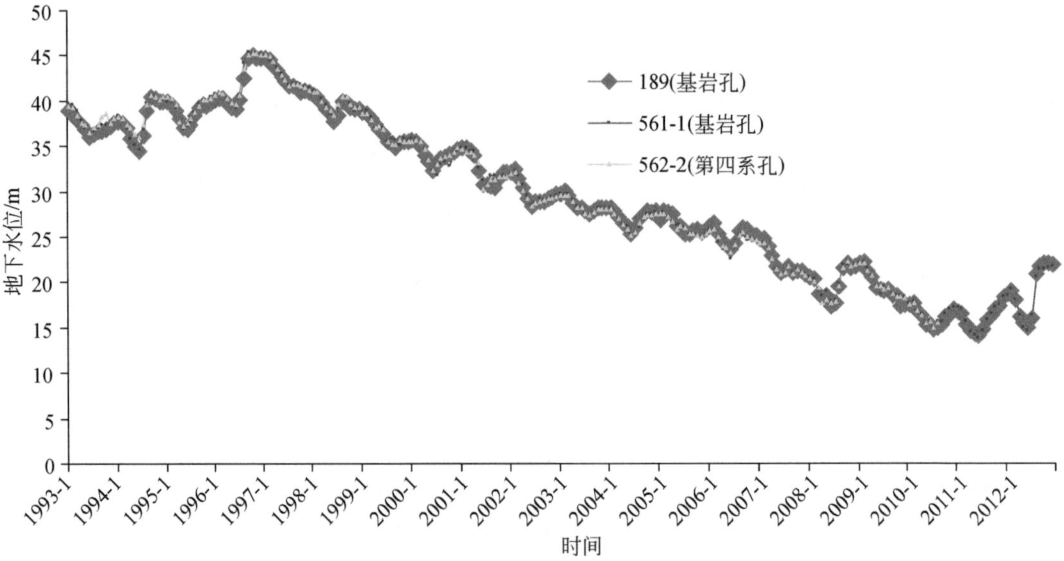

图6-51　玉泉山地区地下水动态图

为分析玉泉山岩溶水与周边第四系地下水的补给关系，绘制了189孔与532、22孔的1993～2012年的水位动态变化曲线。由图6-52可以看出，2001年5月之前，玉泉山岩溶水补给区域第四系地下水；2001年5月至2005年4月，岩溶水与第四系地下水基本呈动态平衡状态；2005 年 5 月至 2009 年 2 月为过渡期，该阶段岩溶水与第四系水逐渐由动态平衡转变为第四系地下水补给岩溶水；2009 年 3 月至 2012 年 9 月玉泉山周边第四系地下水补给岩溶水。

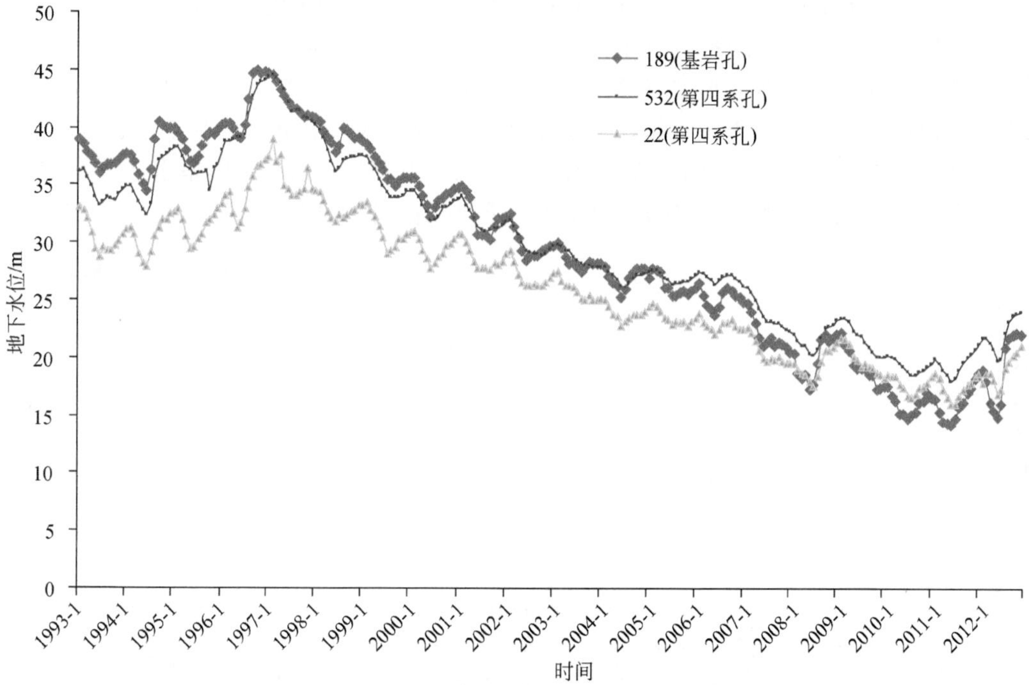

图 6-52　玉泉山附近的基岩孔与第四系孔水位变化图

将玉泉山附近的地下水位与水源三厂水位进行对比（图 6-53）可以看出，玉泉山地区地下水位高于水源三厂地下水位，根据地下水流向也能证明玉泉山地下水补给水源三厂地下水，但由于 1999 年以来的持续干旱及地下水的持续超采，玉泉山附近的地下水位与水源三厂基本一致。

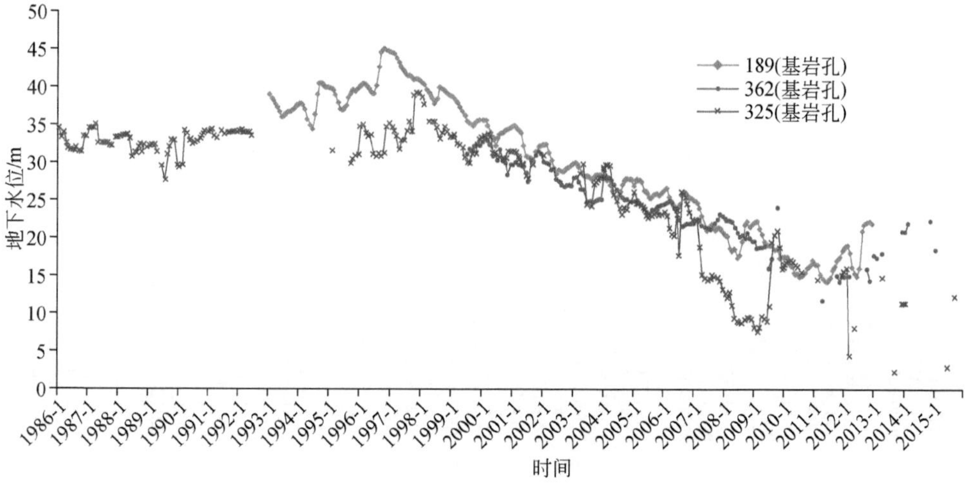

图 6-53　玉泉山附近的基岩孔水位变化图

（2）水源三厂地区地下水动态

选取水源三厂附近6眼第四系井与基岩井对井，对306井（第四系井）与318井（基岩井）、362（第四系井）与363（基岩井）、366（第四系井）与367（基岩井）的水位变化进行对比（图6-54～图6-56），可以看出，该区自1986～1999年，地下水位变动较平稳，基岩地下水位高于第四系地下水位，岩溶水补给第四系水；而自1999～2010年，地下水位持续下降，基岩地下水位与第四系地下水位基本保持一致；自2011年至今，第四系地下水位高于基岩地下水位，第四系地下水补给岩溶水，地下水位基本平稳在20m左右。虽然两者之间存在连续稳定的黏土层，水源三厂附近基岩水与第四系水地下水位变化趋势基本一致，说明两者有一定的水力联系，不排除在局部地点两者直接连通的可能。

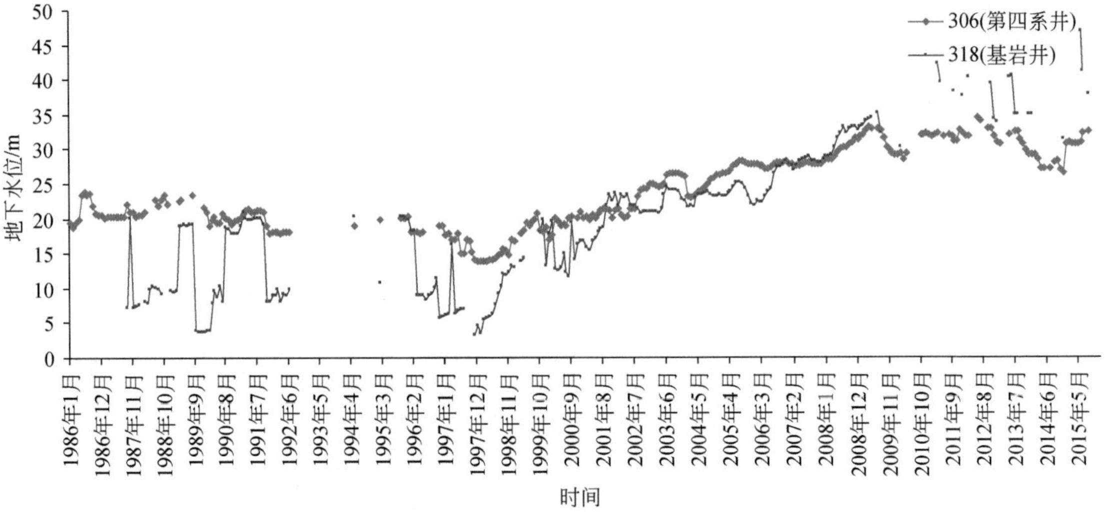

图6-54　水源三厂地区306、318水源井水位对比图

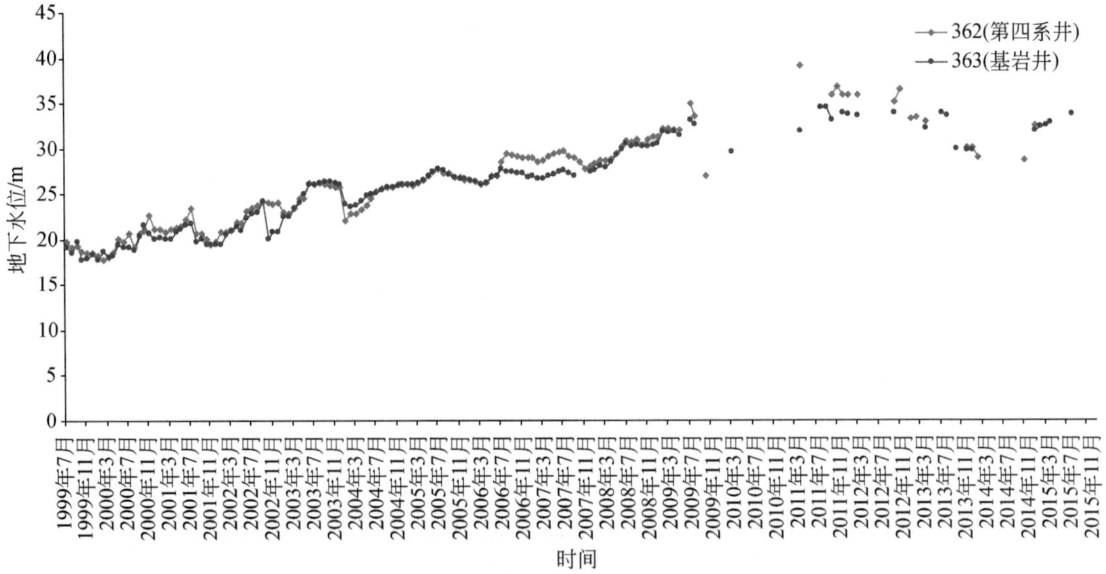

图6-55　水源三厂地区362、363水源井水位对比图

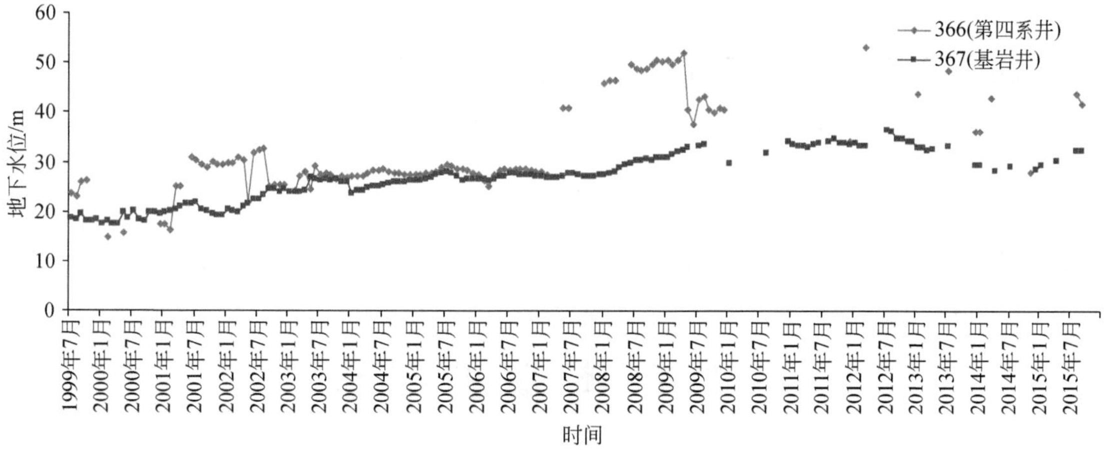

图 6-56　水源三厂地区 366、367 水源井水位对比图

根据地下水补径排规律的分析，玉泉山地区和水源三厂地区的地下水的补给来源分别为永定河军庄地区和鲁家滩地区，因此，对第四系水及岩溶水分别进行叙述。

根据前面的论述，玉泉山地区岩溶水与第四系地下水水力联系密切，而该区域第四系地下水含水层之间没有统一连续的隔水层，水力联系密切，因此可以利用图 6-51 ~ 图 6-53 的水位变化成果，说明玉泉山附近岩溶水与第四系地下水的补给关系，可以得出如下结论：

2001 年 1 月之前，玉泉山岩溶水补给区域第四系地下水；2001 年 2 月至 2005 年 1 月岩溶水与第四系地下水基本呈动态平衡状态；2005 年 2 月至 2012 年 9 月为过渡期，该阶段岩溶水与第四系水逐渐由动态平衡转变为第四系地下水补给岩溶水；2009 年 3 月至 2012 年 9 月玉泉山周边第四系地下水补给岩溶水。

水源三厂地区岩溶水与第四系水位变化趋势为：1986 ~ 1999 年，水源三厂岩溶水补给第四系地下水；1999 ~ 2010 年，岩溶水与第四系地下水位基本保持一致；自 2011 年至今，第四系地下水补给岩溶水。

6.3.3　地下水质动态联系

地下水水质情况是地下水含水层之间水力联系的又一证据，本次利用玉泉山地区水质监测资料，研究该区的奥陶系地下水与第四系地下水之间的水力联系，利用总硬度、溶解性总固体、氯化物、硫酸盐等水化学指标进行分析。

根据颐和园西门（Q5、J5）以及四季御园（Q4、J4）两眼对井水质对比分析可以看出（表 6-6），四季御园基岩水质明显好于第四系地下水，而颐和园西门基岩水质与第四系水质基本一致，而且总硬度超过地下水 III 类水质标准，原因可能在于四季御园第四系含水层与基岩之间存在 56m 厚的黏土层，阻隔两者的水力联系，而颐和园西门的黏土层厚度仅为 3.95m，存在水力联系。

表 6-6　颐和园西门（Q5、J5）以及四季御园（Q4、J4）井水质对比表

（单位：mg/L）

编号	属性	总硬度	溶解性总固体	氯化物	硫酸盐
Q4（250）	第四系	390	420	46.7	140
J4（400）	基岩	235	313	26.1	86.5
Q5（150）	第四系	493	780	56.8	90.7
J5（400）	基岩	453	711	58.9	120

6.4　本章小结

（1）开展了军庄、三家店、八大处和玉泉山共四个测区物探工作。初步查明了军庄中北部测区的断裂构造空间展布、地层结构和含水层富水情况。永定河主断裂带呈近南北向发育，同时发育有多条近东西向和平行主构造的次级断裂构造。三家店河道测区范围属第四系孔隙松散层与基岩裂隙富水结构，基岩埋深 30～150m。三家店北部水坝以南的区域范围存在两条近东西向的深部断裂导水构造系统，具有三家店区域地下水沿构造带自西向东径流的前提。八大处测区存在 3 条近东西向的低电阻率富水断层构造带，断层构造带呈现富水性好、影响深度大等特征，具有地下水深部径流循环的前提条件。另外，还初步探明了玉泉山西侧第四系多组含隔水层结构、基岩裂隙富水和深部岩溶富水情况。

（2）开展了放水前后观测井的同位素响应测试，揭示出了河水入渗特征，以及地下水文地质结构的差异。近岸岩溶水对河水入渗水响应快。近岸岩溶水响应速度比水在河道中的实际流速快。陇驾庄上游河道河水入渗程度低于下游陈家庄—军庄段。入渗河水并非完全沿河床入渗，但河床有优势通道。西郊岩溶区岩溶水年龄新，近岸岩溶水年龄 20 年左右；河水主径流通道 20～30 年；区域地下水年龄>30 年；第四系漏水处岩溶水年龄<10 年。

（3）通过物探及同位素综合解译，得到西郊地下水径流路径，门头沟水厂、石景山水厂水源受永定河水渗漏补给影响；而上方水厂、鹰山咀水厂和四季青水厂则受潭柘寺补给区影响；永丰屯一带则主要为军庄补给区补给，以及远源侧向补给；玉泉山一带岩溶水拥有永定河、军庄和潭柘寺多个补给源，同时北部也存在侧向补给。

（4）利用岩溶水与第四系地下水地层接触关系、地下水位动态及地下水水质，分析了玉泉山地区岩溶水与第四系地下水之间的水力联系与补给关系。玉泉山地区的岩溶水与第四系地下水之间黏土层缺失，存在直接的水力联系，2000 年以前岩溶水补给第四系地下水，2009 年以来第四系地下水补给岩溶水。水源三厂附近岩溶水与第四系地下水之间存在连续的黏土层，地下水位变化趋势较为一致，地下水水质差别较大，第四系地下水水质明显高于岩溶水，说明两者有一定的水力联系，不排除在局部地点两者直接连通的可能。

第 7 章 北京市西郊地下水回补关键技术研究与示范

7.1 永定河山区渗漏历史分析

开展河道入渗试验可以查明河道入渗能力，为地下水模型提供参数，根据地下水位变化规律来分析水量对地下水的影响以及入渗范围，可为外调水通过河道入渗方式补充地下水提供技术支撑。具体研究思路为：首先，分析历史资料，从水文站监测资料分析不同来水量及来水频率对地下水入渗量的影响规律；其次，利用河道放水时间，开展多次河道入渗试验，分析河道入渗能力及入渗范围。

7.1.1 雁翅—三家店渗漏历史分析

永定河通过雁翅—三家店水文站的奥陶系灰岩河道时，存在大量河水渗漏现象。该渗漏量可以利用雁翅水文站及三家店水文站径流量之差进行估算。雁翅—三家店之间存在约 307km^{2}的汇水面积，该汇水面积内降水量的 10% 将形成地表径流汇入永定河。汇水面积内除奥陶系灰岩裸露区外，其他地区也有一定的大气降水入渗量，本研究采用入渗系数法进行计算。三家店拦河坝坝下为第四系卵砾石地层，由于坝上、坝下存在着水位差，每年都有大量河水渗漏补给第四系地下水。据北京市水文地质大队提供的最新资料，目前三家店拦河坝坝下渗漏量多年平均值约为 577 万 m^3/a，其他部分还包括水面蒸发量，多年平均值为 462 万 m^3/a。永定河渗漏补给量计算公式如下：

$$Q_{渗}=Q_{雁}+Q_{径}+Q_{基渗}-Q_{三}-Q_{坝渗}-Q_{蒸发}-Q_{引水} \tag{7-1}$$

式中，$Q_{渗}$为永定河渗漏补给量（万 m^3/a）；$Q_{雁}$为雁翅站过流量（万 m^3/a）；$Q_{径}$为汇水区域内形成地表径流量（万 m^3/a）；$Q_{基渗}$为汇水区域内大气降水入渗量（万 m^3/a）；$Q_{三}$为三家店过流量（万 m^3/a）；$Q_{坝渗}$为三家店水库坝下渗漏量（万 m^3/a）；$Q_{蒸发}$为水面蒸发量（万 m^3/a）；$Q_{引水}$为雁翅—三家店站间引出水量（万 m^3/a）。

雁翅站过流量、三家店过流量均来自于收集的资料，将各月份水量进行年统计得出过流量。水面蒸发量取多年平均值。雁翅—三家店历年过流量变化见图 7-1，入渗补给量统计见表 7-1。

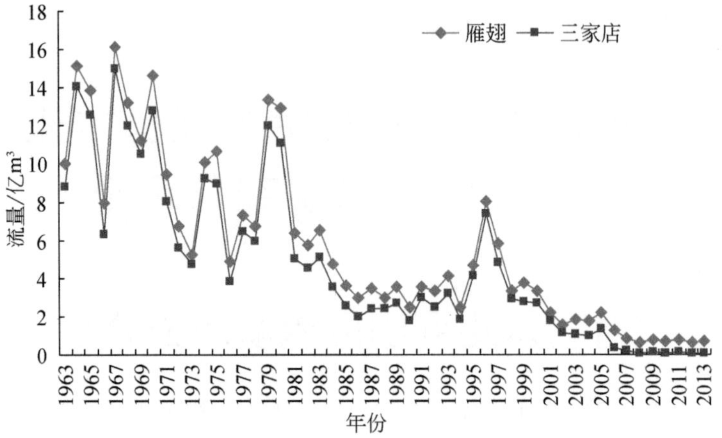

图 7-1　雁翅—三家店历年过流量变化折线图

从整理的数据分析得出，雁翅—三家店的最大渗漏量约为 18 488. 3 万 m^3/a，最小渗漏量约为 3846. 4 万 m^3/a。1960 ~ 2013 年，渗漏量呈现上下波动的变化，但总体上为减少的趋势，多年平均渗漏量约为 9506. 5 万 m^3。其中，1963 ~ 1980 年永定河河道渗漏补给量为 12 448. 4 万 m^3/a，1981 ~ 2000 年永定河河道渗漏补给量为 8958. 6 万 m^3/a，2001 ~ 2013 年永定河河道渗漏补给量为 6276 万 m^3/a，近年的渗漏量占多年平均的 66%。

7. 1. 2　下苇甸—陇驾庄—三家店渗漏现状分析

有关资料显示，下苇甸—陇驾庄—三家店河段的沿途输水损失严重，经过调查分析，下苇甸—陇驾庄—三家店河段存在着严重渗漏问题。历年过流量变化见图 7-2，见水率及损失率见表 7-1。通过统计分析，下苇甸—三家店河段 2007 ~ 2013 年平均损失率为 62%，其中

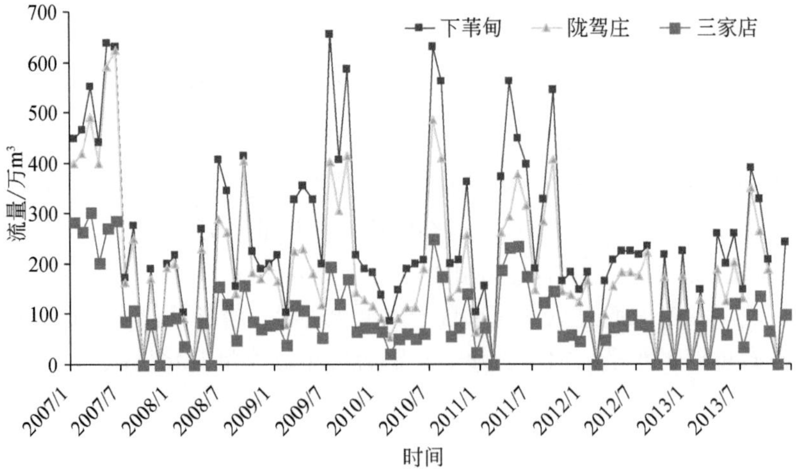

图 7-2　下苇甸—三家店历年过流量折线图

2009 年损失率最大，为 69%。下苇甸—陇驾庄河段 2007 ~ 2013 年平均损失率为 22%，陇驾庄—三家店河段年平均损失率为 51%，表明陇驾庄—三家店河段渗漏损失较大，是河道入渗的主要河段。

表 7-1　下苇甸—陇驾庄—三家店渗漏量统计表

时间	过水量/万 m^3			见水率/%			损失率/%		
	下苇甸	陇驾庄	三家店	下苇甸—陇驾庄	陇驾庄—三家店	下苇甸—三家店	下苇甸—陇驾庄	陇驾庄—三家店	下苇甸—三家店
2007 年	4017.6	3701.8	1971.9	92	53	49	8	47	51
2008 年	2522.9	2157.0	938.5	85	44	37	15	56	63
2009 年	3767.0	2504.0	1182.1	66	47	31	34	53	69
2010 年	3032.6	2151.2	1035.7	71	48	34	29	52	66
2011 年	3490.6	2584.4	1414.1	74	55	41	26	45	59
2012 年	1892.2	1527.0	743.8	81	49	39	19	51	61
2013 年	2177.3	1669.5	793.6	77	48	36	23	52	64
平均	2985.7	2327.8	1154.2	78	49	38	22	51	62

7.1.3　结果评价

雁翅—三家店过水断面自 1960 ~ 2013 年渗漏量总体上为减少的趋势，多年平均渗漏量约为 9506.5 万 m^3，2001 ~ 2013 年永定河河道渗漏补给量为 6276 万 m^3/a，近年的渗漏量占多年平均的 66%。分析下苇甸—陇驾庄—三家店过水断面流量变化趋势表明，陇驾庄—三家店河段渗漏损失较大，2007 ~ 2013 年平均损失率为 51%，是河道入渗的主要河段。

7.2　永定河山区河道入渗关键技术研究与示范

本次试验的目的是根据永定河（军庄附近）的水文地质条件及河道未防渗段，选择入渗条件较好区域，通过河道入渗试验，查明永定河河道入渗能力，为南水北调水源回补西郊地下水提供科学依据。断面选取及流量测定是河道入渗能力确定的关键环节，选取标准的断面可较精确地测量断面的流量，流速测量采用流量计和流速仪，测量标准按照《河流流量测验规范》（GB 50179—93）进行测定。

7.2.1　试验环境

本次试验中共选取三个标准断面及一个引水渠入水口测量流速、流量。由于试验在永定河主河道进行，永定河为天然河道，断面凹凸不平，会对试验数据的准确性造成影响。

在充分利用天然河道的前提条件下，排除天然河道对试验数据造成的不利影响，通过对断面的人工修葺，使断面符合标准断面，断面分布见图 7-3。

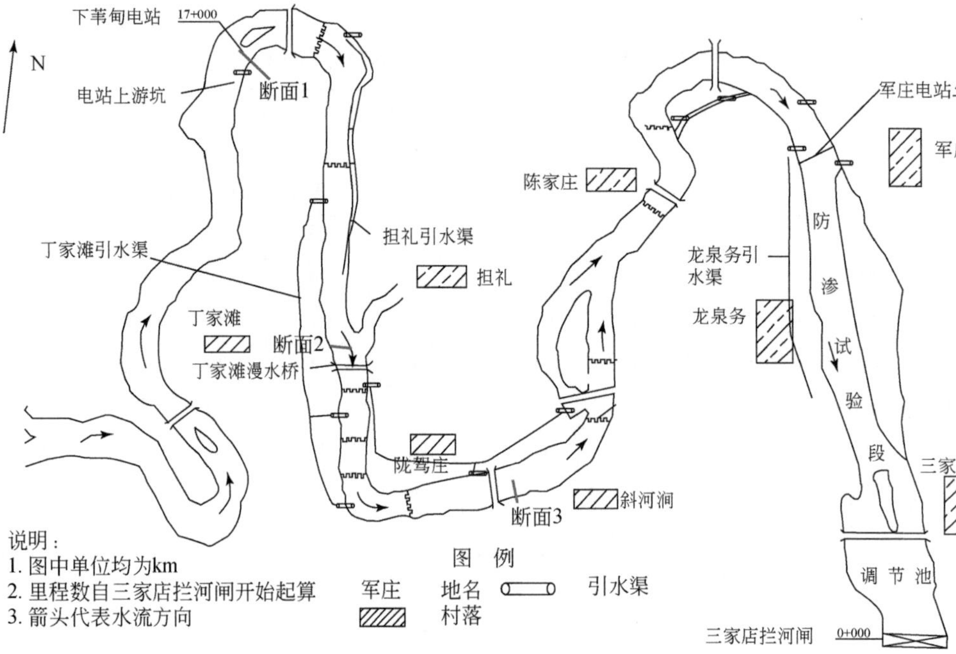

图 7-3　河道入渗试验断面分布图

断面 1 位于下苇甸电站下游 100m 处（图 7-4）、下苇甸大桥正下方，断面宽度为 17.6m，河面较平整。

图 7-4　断面 1-下苇甸电站下游现场图

断面 2 位于丁家滩附近（图 7-5），断面宽度为 60.1m，计划将断面置于石制挡水坝上游，由于放水过程中水量较大、河面较宽，两侧未修建防水工程，河水从两侧溢出。为了保证试验的准确性，对河岸填装沙袋，用沙袋对小河堤两侧进行填堵，使河水按要求从中间流过，形成标准断面。

图 7-5　断面 2 右侧河堤现场图

断面 3 位于水峪嘴村村口（图 7-6），断面宽度为 69.95m，断面比较平整、开阔，基本符合标准断面的要求，只需对堆积物进行清理。

图 7-6　断面 3 现场图

上游下苇甸电站放水后，永定河河道两侧引水渠将永定河河水引出进行利用，未被利用的河水又重新回到河道中，需要计算引水渠入水口的过水量和出水口的过水量。因此，入水口、出水口的选取比较重要，需要选取比较规则的断面，以方便流速的测量和流量的计算。引水渠入水口见图 7-7。

图 7-7　引水渠入水口图

7.2.2　试验过程

1. 河道测量工作

在开展河道入渗试验前，需要了解河道基本信息，如长度、宽度及地形特征，因此，开展了河道测绘工作。

河道测量按 1：500 地形测量比例尺布置（网度为 20m×20m），经 Surfer 软件网格化成等值线平面图，然后按一定距离截取一系列断面图，截取数值分别为右堤高程（B）、右河底高程（A）、左河底高程（A′）、左堤高程（B′），断面示意图参见图 7-8。

2. 河道入渗试验准备工作

在上游下苇甸电站放水之前，将仪器安装、固定，放水之后进行测量。其中，断面 1 安装自动检测流量计两台，分别检测水位、流速；断面 2 安装自动检测流量计两台，一台传感器检测水位、流速，另一台传感器检测流速；断面 3 安装自动检测计一台，用于检测水位、流速。在引水渠入水口及出水口（多余、未被引走的水又流回河道），用手持流速仪测量流速，用固定标杆测量水位的变化；在电站顺水流右侧方向大坑内，安装测量标

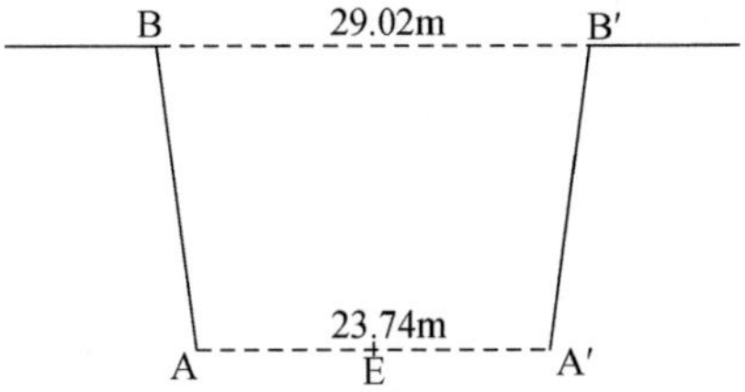

(a) 56号断面

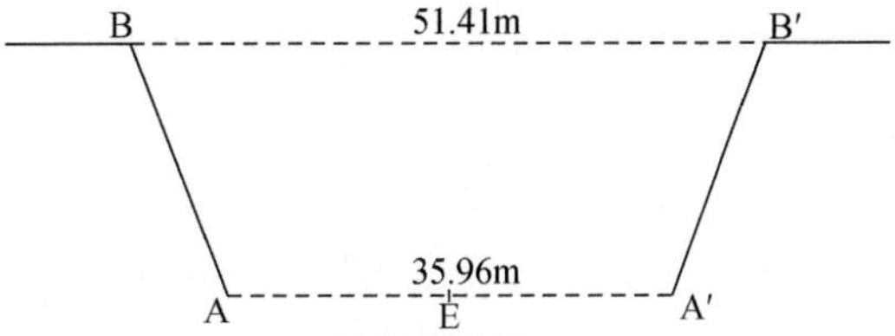

(b) 82号断面

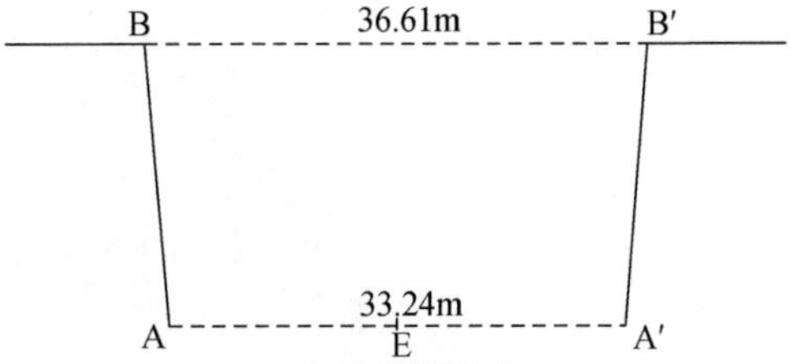

(c) 113号断面

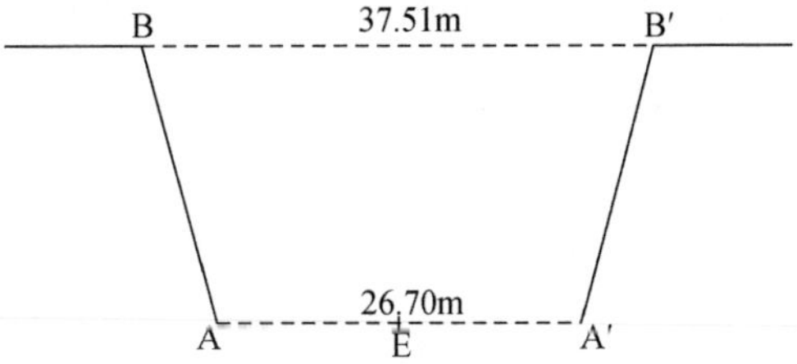

(d) 150号断面

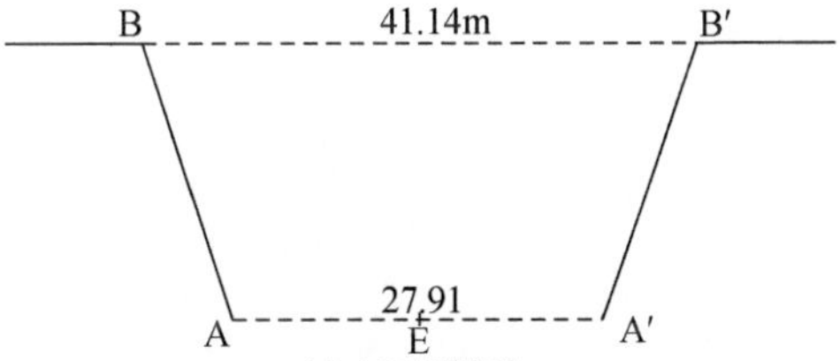

(e) 167号断面

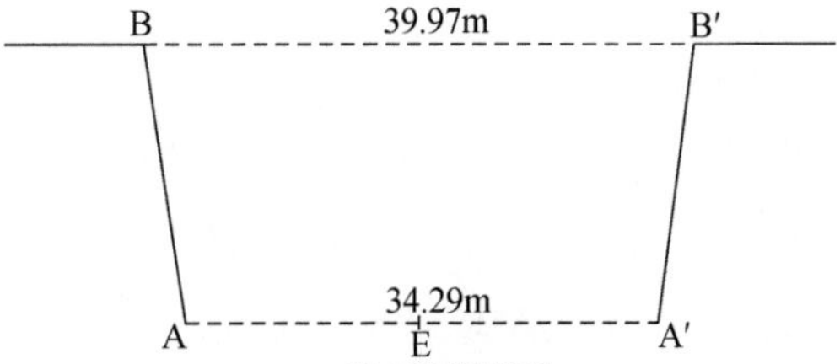

(f) 187号断面

图 7-8　永定河河道测量各断面河宽计算结果示意图

BB′：河高宽；AA′：河底宽；E：河底中心点

尺，用于检测水位的涨幅，计算流入上游回水区内的水量。仪器安装及各断面现场见图 7-9 ~ 图 7-17。

图 7-9　断面 1 试验仪器安装现场图

图 7-10　断面 1 试验过程中现场图

图 7-11　断面 2 试验仪器安装现场图

图 7-12　断面 2 试验过程中现场图

图 7-13　断面 3 试验仪器安装现场图

图 7-14　断面 3 试验过程中现场图

图 7-15　引水渠入水口现场图

图 7-16　引水渠出水口现场图

图 7-17　河道上游回水区现场图

7.2.3　数据分析

1. 各断面水动态变化数据分析

试验结束后，通过收集试验区资料及处理试验数据，得到断面 1 的进水量为 158.0 万 m^3，其中断面 1 水位随时间变化的关系见图 7-18。

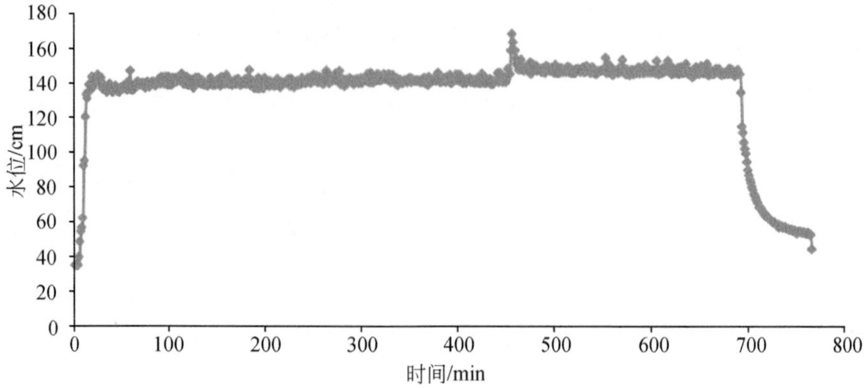

图 7-18　断面 1 水位-时间关系图

断面 2 选取了两个观测点进行观测，得到了断面 2 两个观测点的数据，对数据进行处理后，做出了水位、流速、流量随时间的变化图，见图 7-19 ~ 图 7-21。

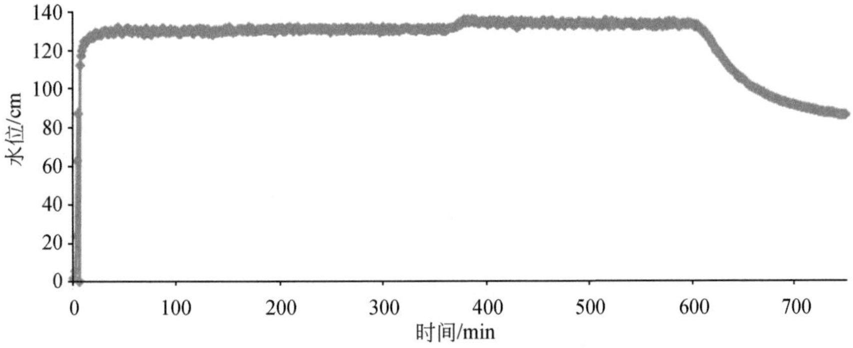

图 7-19　断面 2 水位-时间关系图

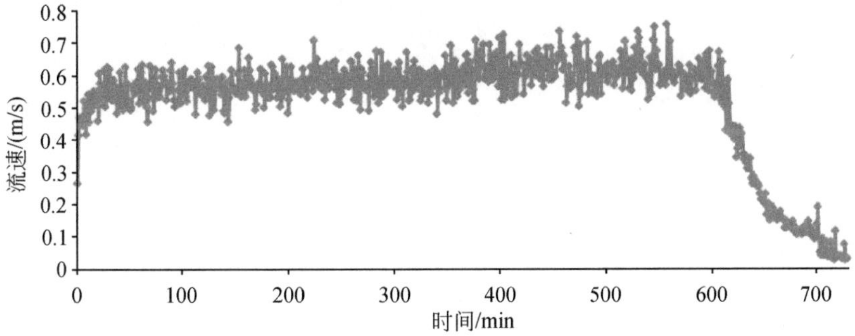

图 7-20　断面 2 流速-时间关系图

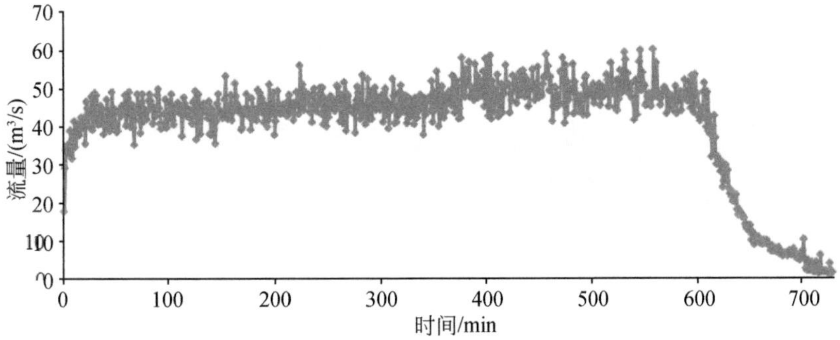

图 7-21　断面 2 流量-时间关系图

由断面 3 测量的数据可以得到断面 3 的水位-时间、流速-时间、流量-时间关系，见图 7-22 ~ 图 7-24。

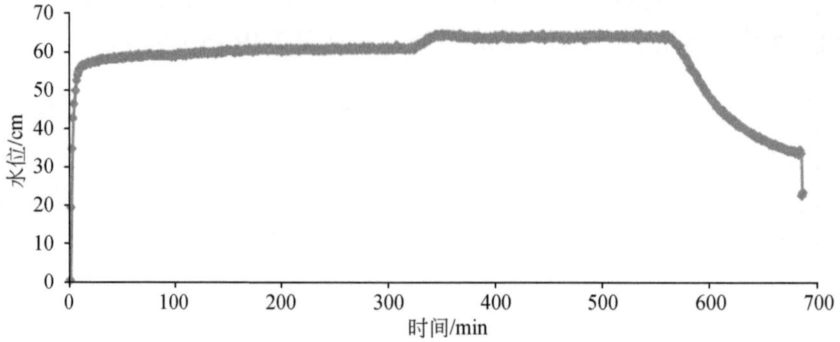

图 7-22　断面 3 水位-时间关系图

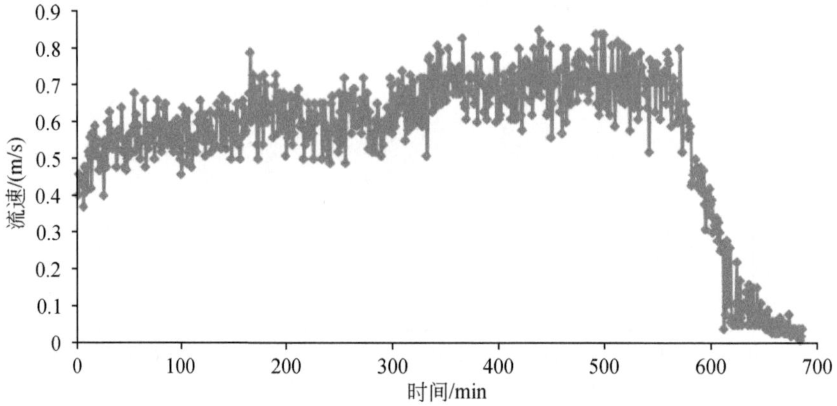

图 7-23　断面 3 流速-时间关系图

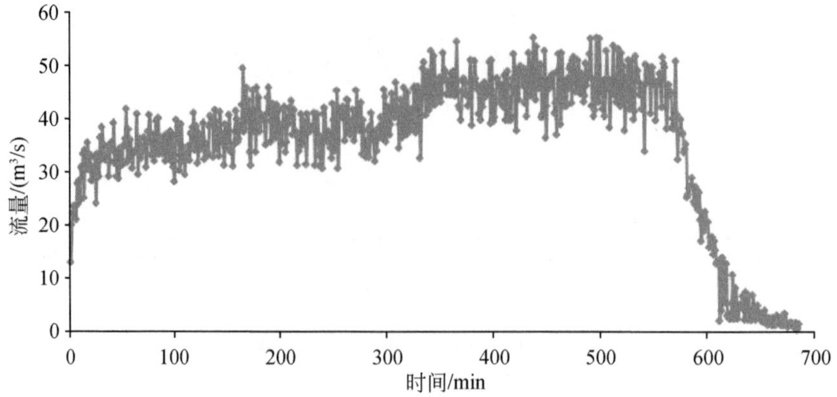

图 7-24　断面 3 流量-时间关系图

通过对断面 1、断面 3 进行测量，计算出了断面 1、断面 3 的面积，利用水位、流速、面积之间的关系，计算得出断面 1 的进水量为 158.0 万 m^3，断面 3 的出水量 146.7 万 m^3。

在下苇甸—陇驾庄试验地段，有一蓄水坑，其体积为 400m×40m×0.5m，放水之后，蓄水坑水位上涨 0.4m，水量损失为 6400m^3；另有丁家滩引水渠从试验段引水，引出的水供两侧灌溉使用，剩余的水量在断面 3 之前又回到永定河河道，通过在引水渠入水口、出水口测量流速、水位，即可计算引水渠入水口、出水口的过水量。经计算，进水口水量为 9.33 万 m^3，出水口水量为 3.84 万 m^3，由两者差值即可得到引水渠损失量为 5.49 万 m^3，蓄水坑损失量为 6400m^3，即损失量为 6.12 万 m^3。断面 1 进水量为 158.00 万 m^3，断面 3 出水量为 146.66 万 m^3，河段水量变化为 11.34 万 m^3，扣除引水渠损失量、蓄水坑损失量，剩余 5.2 万 m^3渗漏地下，损失率为 3.3%。上次试验中，断面 1 进水量为 146.88 万 m^3，断面 3 出水量为 142 万 m^3，河段水量变化为 4.88 万 m^3，扣除引水渠损失量、蓄水坑损失量，剩余 3.86 万 m^3渗漏地下，下苇甸—陇驾庄输水过程渗漏损失率为 2.63%。

入渗能力即为河道单位面积的入渗量：

$$V = P_{渗}/(T \times A) \tag{7-2}$$

式中，V 为河道入渗能力（m/d）；$P_{渗}$为计算河段入渗水量（m^3/d）；A 为计算河段水面面积（m^2）；T 为入渗时间（d）。

本次试验中，经测量河道面积（未做防渗）A=11.2 万 m^2，入渗时间 T=1.0d，由公式计算可得永定河下苇甸—陇驾庄水文站段入渗能力：$V_{渗}$=0.55m/d。

2. 水源回补后水动态变化

1）水位监测方案

（1）放水沿线河水水位监测方案。根据上游电站放水补给下游永定河河道的情况，结合周边的水利设施和水环境状况，共布设监测断面 3 处（图 7-3），分别为下苇甸电站下游 50m、丁家滩漫水桥下游 100m、陇驾庄大桥。

根据放水的实际情况开展河道沿程水位监测，在放水时期，利用自动水位计进行实时监测，监测频次为每分钟一次。

（2）地下水位监测方案。永定河河道周边已有的和新建的地下水监测井共有 42 眼，分布于下游永定河河道两岸及永定河引水渠至玉泉山周边。地下水位监测频率 1 分钟一次。停止放水后，适当降低监测频率。

2）水源放水量及地下水补给量估算

（1）水源放水量。自 2017 年 2 月 24 日，永定河下苇甸电站向下游试验河段进行连续补水，截至 5 月 26 日，补水 93 天，累计补水 6215.94 万 m^3。

补水期间，永定河下苇甸电站至陈家庄有水河段长度最长达 8.34km，沿线至陈家庄形成水面面积 27.3 万 m^2，蓄水约 35.5 万 m^3。

（2）河道入渗强度根据永定河河道中布设的三个标准断面放水期间监测的过水流量数据，计算河段的入渗能力。

根据图 7-25 中逐日水量观测数据，截至 2017 年 5 月 26 日 24:00 累积放水量为

6215.94 万 m^3，试验河段累积入渗水量达 514.24 万 m^3，入渗比例约为 8%。本次入渗试验过程中降水和蒸发对计算入渗水量的影响极小。

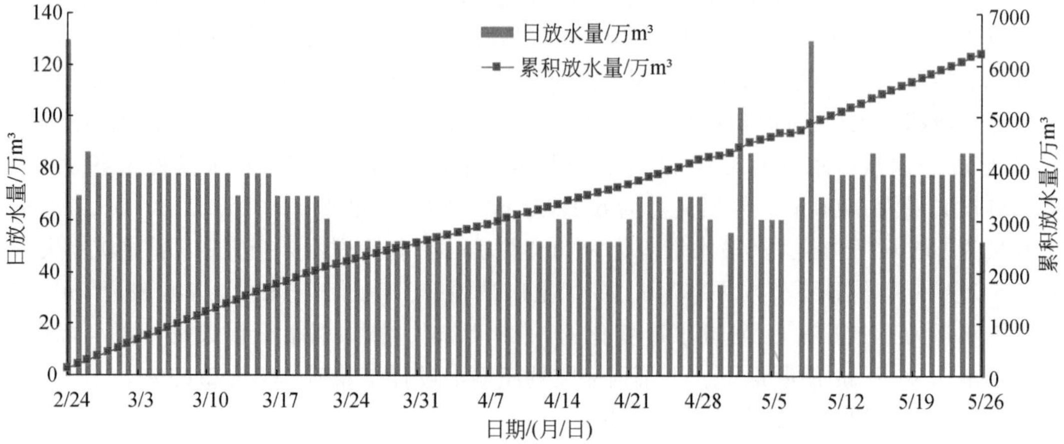

图 7-25　放水期间日放水量及累计放水量

根据试验计算结果，下苇甸电站下游永定河河道由于多处建有防渗层，渗透能力较小。根据公式（7-2）计算，河道的稳定入渗强度为 0.61m/d。表明永定河干涸河道是水源输水的优良通道。

从图 7-26 可以看出，一旦日补水量下降（累计补水量增幅变小），水位就快速降低。在停止补水后，河道在几日内即渗漏完毕，再次处于干涸状态。

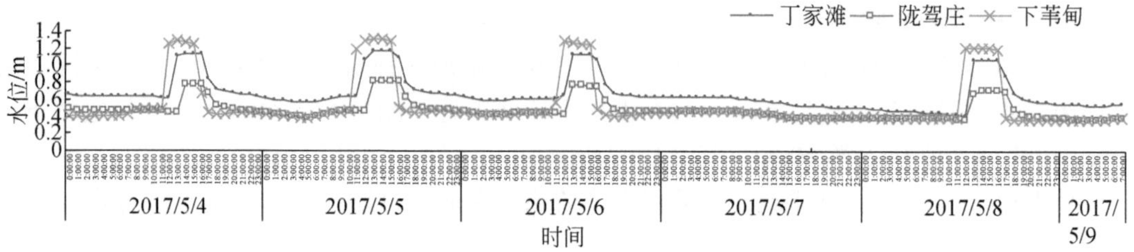

图 7-26　日补水量与水位的关系（部分数据）

3）补水河道地下水位变化

根据前述的监测方案，受水河道周边地下水位以 1 分钟一次开始实时监测，水位监测井共计 42 眼。在 2017 年 2 月 24 日受水之前，曾监测了场地的地下水位背景值。在受水后，持续监测受水河道的地下水位变化情况。

（1）监测井历时变化情况。根据 42 眼地下水位监测井的水位数据，可以绘制出受水河道周边的地下水位历时曲线。其中，距离河道较近的 4 个监测点为丁家滩 J1、丁家滩 J2、陈家庄第四系井 Q3、陈家庄基岩井 J3，各监测井的地下水位历时变化见图 7-27。

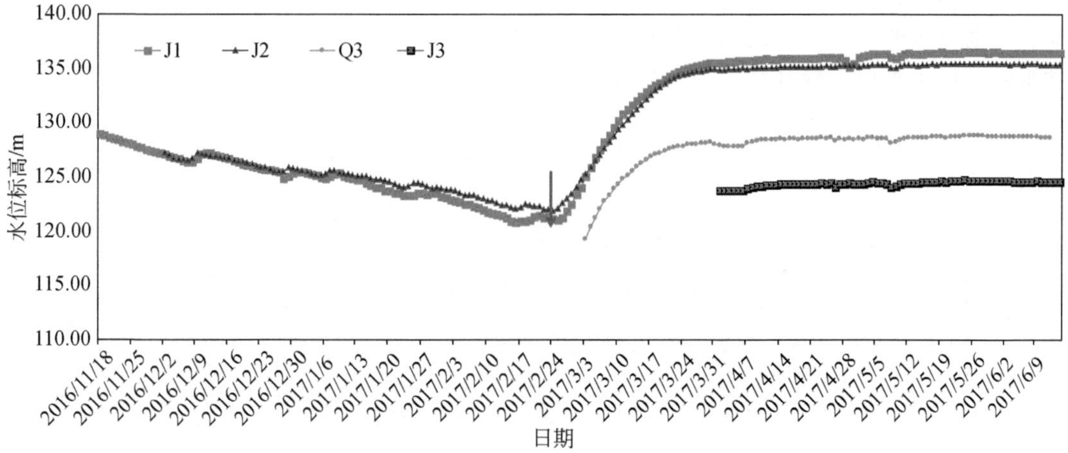

图 7-27　近河道监测井水位历时变化曲线

从图 7-27 可以看出，2017 年 2 月 24 日河道受水后，近河道监测井的地下水位直接受补水的影响，补水过程中水位不断抬升。其中丁家滩 J1 监测井的水位抬升速度最快，补水过程中升幅最大，自河道受水后至 5 月 26 日，近河道地下水监测井水位抬升了 12.78m，水位抬升速率为 13.97cm/d。

在近河道监测井中，丁家滩 J1 监测井的水位上升速度最快，最早达到最大升幅；丁家滩 J2、陈家庄第四系井 Q3 稍晚达到最大升幅，与丁家滩 J1 相比，升幅较小。

从图 7-28 可以看出，玉泉山监测井 Q4、Q5、J4、J5 水位仍处于降低趋势，表明此次河道受水未影响到玉泉山地区。

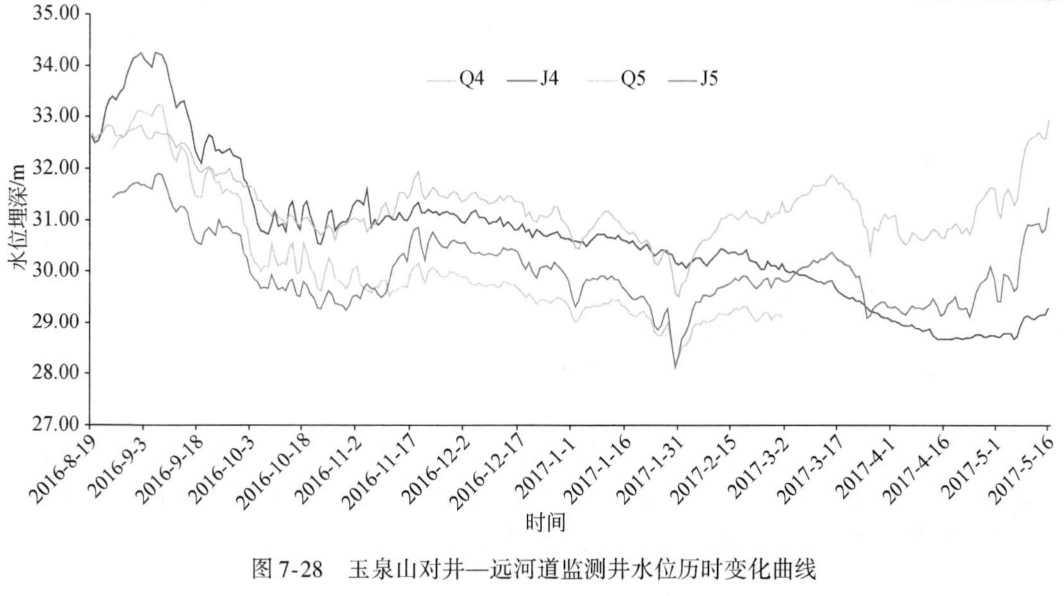

图 7-28　玉泉山对井—远河道监测井水位历时变化曲线

另外，根据沿永定河河道的地层岩性结构剖面及水位监测数据，可绘制出自下苇甸电站下游的 J1 监测井至 J3 监测井的水文地质剖面图（图 7-29）。从图上可以看出，在补水前，因地下水的超采，河道周边监测井地下水位较低，至 5 月 26 日，在补水河道以下的含水层，地下水位大幅升高。

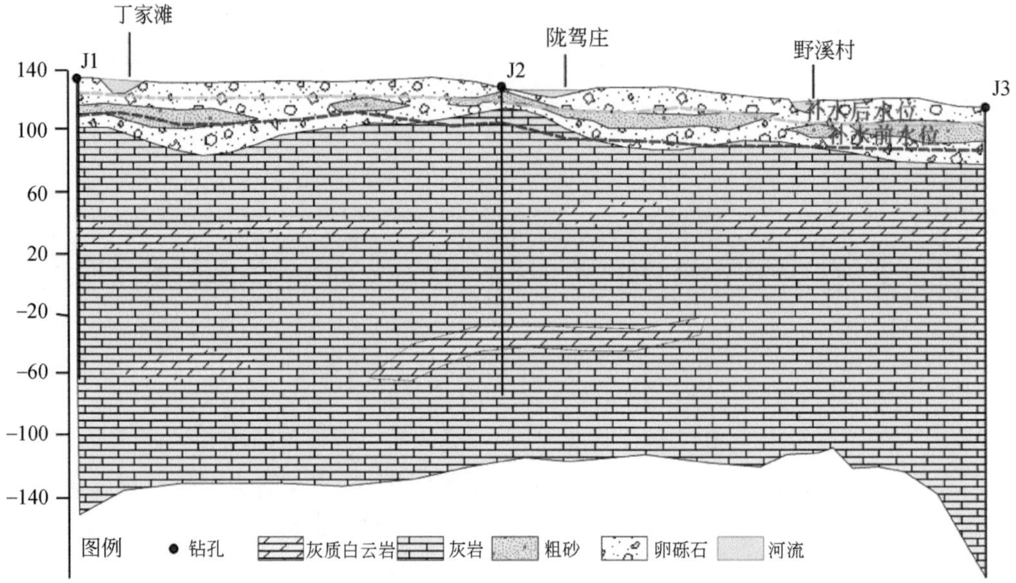

图 7-29 沿永定河河道水文地质剖面及补水前后地下水位线

（2）补水河道入渗对地下水动力场的影响范围。河道补水后，在河床底部将形成地下水水丘，产生一定的水动力场影响范围。根据各监测井的位置及水位变化，以及近河道 4 眼监测井的平均水位升幅，可估算出河道入渗过程中水动力场的影响范围。

截至 5 月 26 日补水后，根据河道周边及下游永定河引水渠的监测井的水位升幅变化，可以得出此次河道补水对地下水动力场的最大影响范围为 21.61km^2。

7.2.4 试验结果小结

（1）开展了三次河道入渗试验，试验段为下苇甸到陇驾庄，扣除引水渠损失量、蓄水坑损失量，经计算，一次放水过程中有 4 万～6 万 m^3 入渗地下水，渗漏损失率为 3%～8%，河道入渗强度平均值为 0.61m/d。

（2）河道补水过程中，近河道监测井地下水位抬升显著，水位抬升速率为 13.97cm/d，影响范围为 21.61km^2。

（3）此次试验过程中，位于玉泉山周边的监测井水位仍处于下降趋势的主要原因是：①水库间歇性放水，且放水时间较短；②试验阶段降雨量较少，区域仍存在大量开采行为；③泉域距离河道相对较远，泉域未受到影响。

7.3 大口井回灌关键技术研究与示范

7.3.1 试验设计与实施

1. 试验设计

根据试验任务，回灌时需要进行回灌水量、地下水位的监测工作，回灌试验体系由水源井、回灌井、管网系统、监测井及水表、水位计、阀门、管道、开关等设备材料组成。试验的回灌、监测设备按图 7-30 和图 7-31 示例进行安装连接。水源井提供的水源通过供水管网灌入回灌井中，通过流量计计量单位时间的回灌量或者累计回灌量，通过监测井及回灌井中的自动水位计记录地下水位和回灌井中水位的变化。

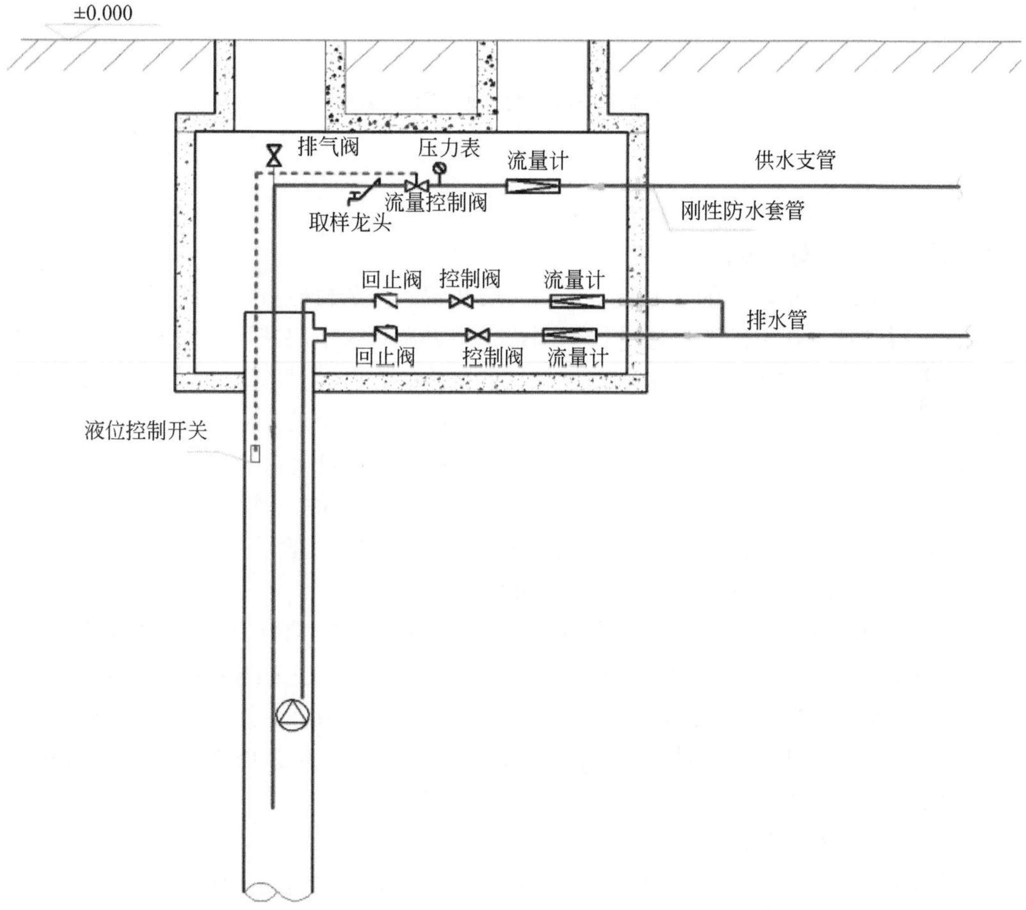

图 7-30 回灌系统示例图

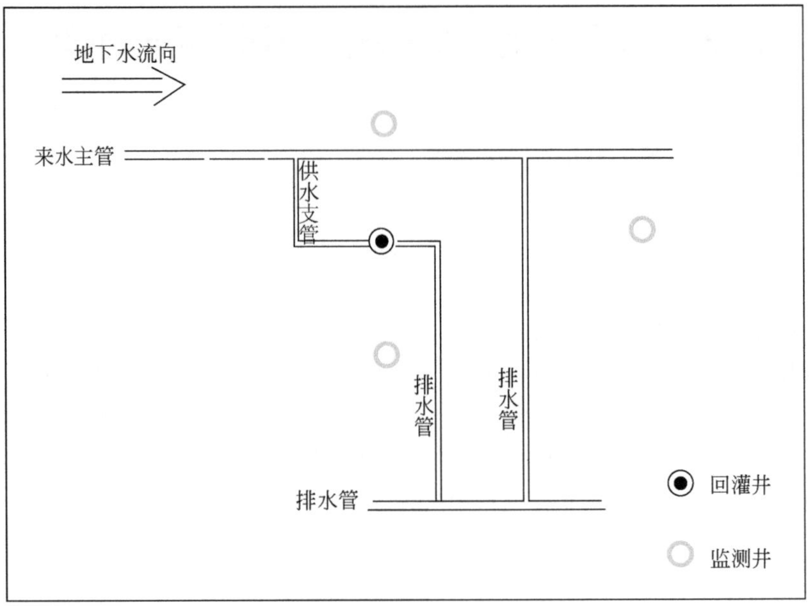

图 7-31　试验系统平面布置示例图

2. 试验场概况

1）试验场分布与设施概况

工作前期对北京市西郊的永定路三厂铁家坟井院、西黄村砂石坑回灌试验站及首钢篮球馆、首钢科学技术研究院等场地进行了调查，调查显示永定路三厂铁家坟井院、西黄村砂石坑回灌试验站、首钢科学技术研究院不具备完善的大口井试验条件：①没有大口井分布或者不能提供水源、大口井淤积堵塞严重等；②首钢篮球馆及其东部的首钢工学院科教大厦建设有水源热泵系统，且科教大厦 2015 年新施工了 4 眼大口径，场地可以提供试验所需水源及新旧大口井，但需要进行简单管网改造并安装设备。因此，地下水回灌试验场地选择在北京西郊的首钢篮球馆和首钢工学院科教大厦区域，试验场平面布置见图 7-32，抽水井井深 90m 左右，大口井直径 3000mm、井深 20m。

试验场地具有 5 眼抽水井和 5 眼大口井，其中大口井 5#、抽水井 4#、抽水井 5#为首钢篮球馆热泵系统用井，已经使用 8 年；1 ~ 4#大口井（水井竣工图见大口井 3#示例，图 7-33）、1 ~ 3#抽水井（水井结构图见图 7-34）为 2015 年新成井，属于首钢科教大厦热泵系统用井，2016 年 7 月投入使用。各井之间通过一套管网连接，可以实现联合供水、回灌，试验条件齐全，可以使用该热泵系统供水开展回灌试验。

2）试验场水文地质条件

首钢篮球馆与首钢工学院科教大厦位于石景山杨庄地区，地处永定河冲洪积扇的顶部地带，区域第四系地层为单一厚层的砂砾石岩性（图 7-34），局部砂砾石层夹薄层黏性土透镜体，地层厚度在 100m 左右，总体上地层结构简单、含水层呈单一结构；区域地下水基本呈西东流向，受东南部的老山影响，地下水略向东北流动，2015 年 6 月水位标高在

26m 左右，埋深 45m 左右（图 7-35），试验场试验条件完善，且具有较好的水文地质典型性和代表性。

3. 试验方案设计及试验准备

为了查明长期使用的大口井和新开挖大口井回灌能力的差异，同时为日后大口井回灌淤积堵塞防治提供依据，回灌试验分为两个阶段：第一阶段试验采用长期使用的大口井进行回灌，根据试验场的水井布置情况及场地区域地下水由西向东径流特征，将大口井 5#作为回灌井，抽水井 4#作为抽水井，抽水井 5#作为监测井，其中大口井直径 3m，井深 20m，由于三眼井均为使用中的首钢篮球馆热泵系统用井，故可以直接用于进行试验。第二阶段试验采用新施工大口井进行回灌，根据试验场的水井布置情况及场地区域地下水由西向东径流特征，将大口井 3#作为回灌井，抽水井 3#、5#作为抽水井，抽水井 1#、2#作为监测井，通过不断调整抽水井数量以及抽水井功率的方式实现回灌量由小到大的变化，进行不同水位升幅的回灌试验，由此追溯大口井 3#的回灌能力变化，求解最大回灌能力。

由于抽水井 1#、2#、3#为新施工水井，为保证试验精度，于 2015 年 9 月对该三眼井进行了洗井以及抽水试验工作，见图 7-36、图 7-37。洗井后抽水试验结果见表 7-2。

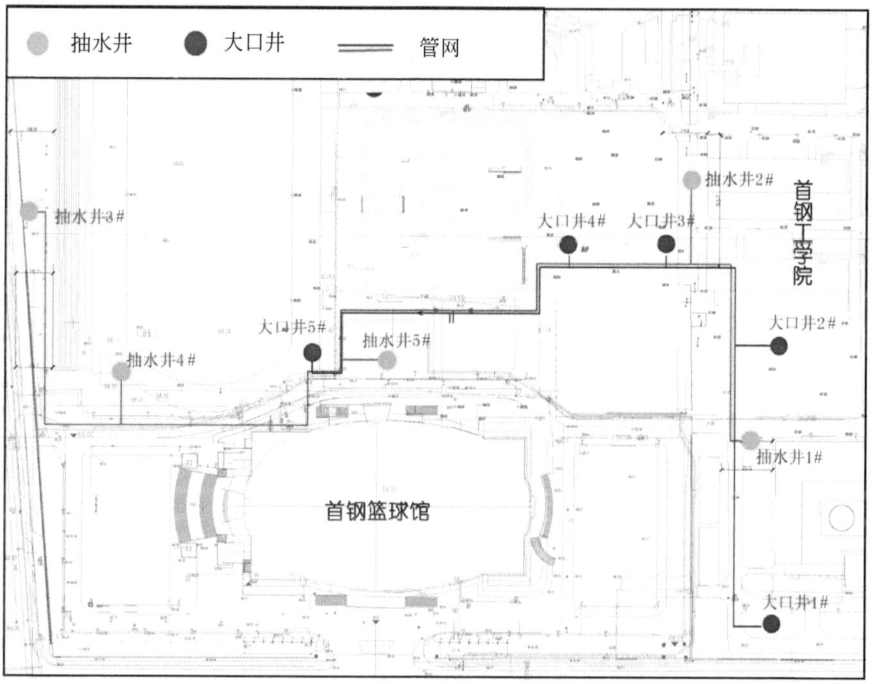

图 7-32　回灌试验场地设施分布图

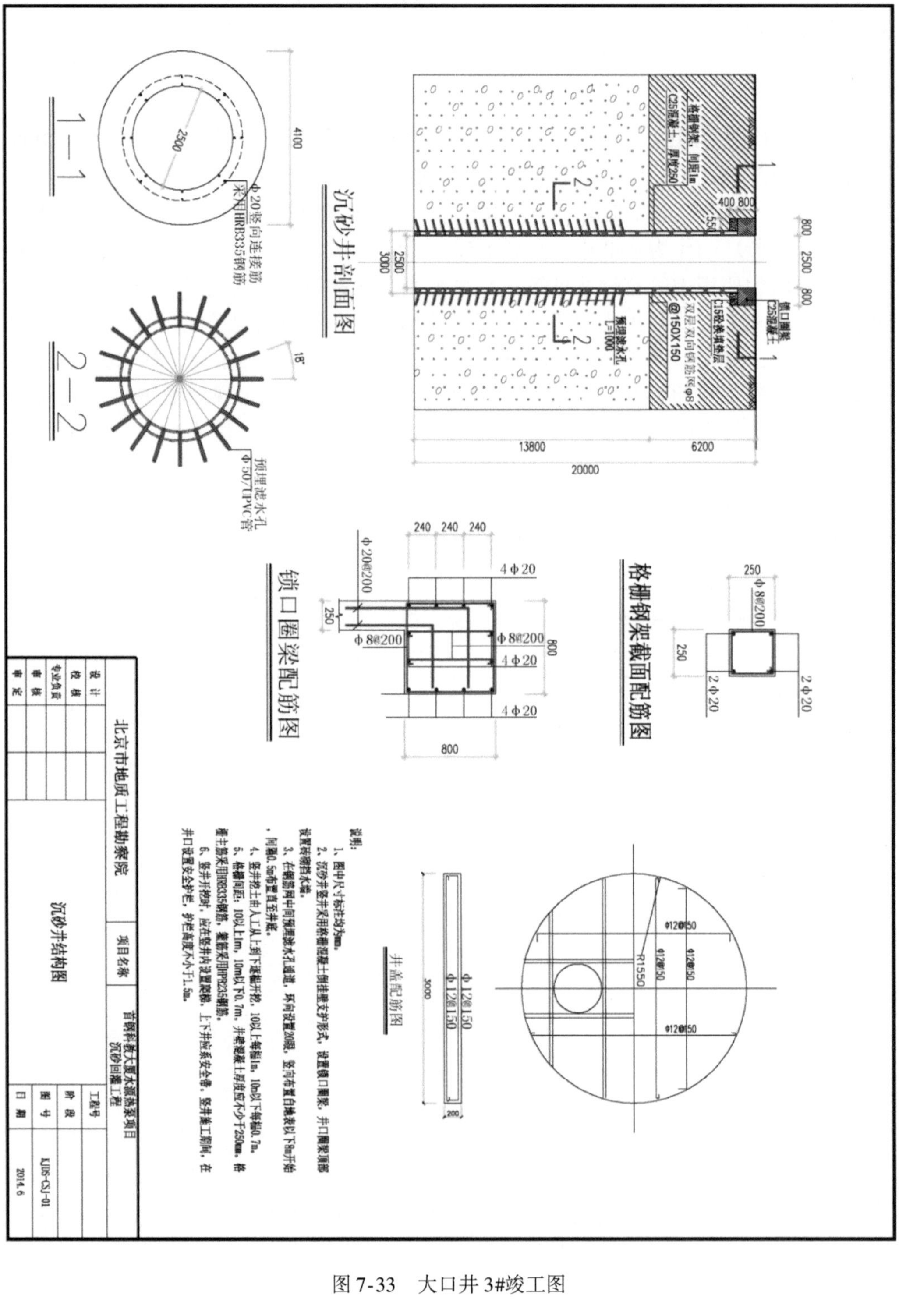

图 7-33　大口井 3#竣工图

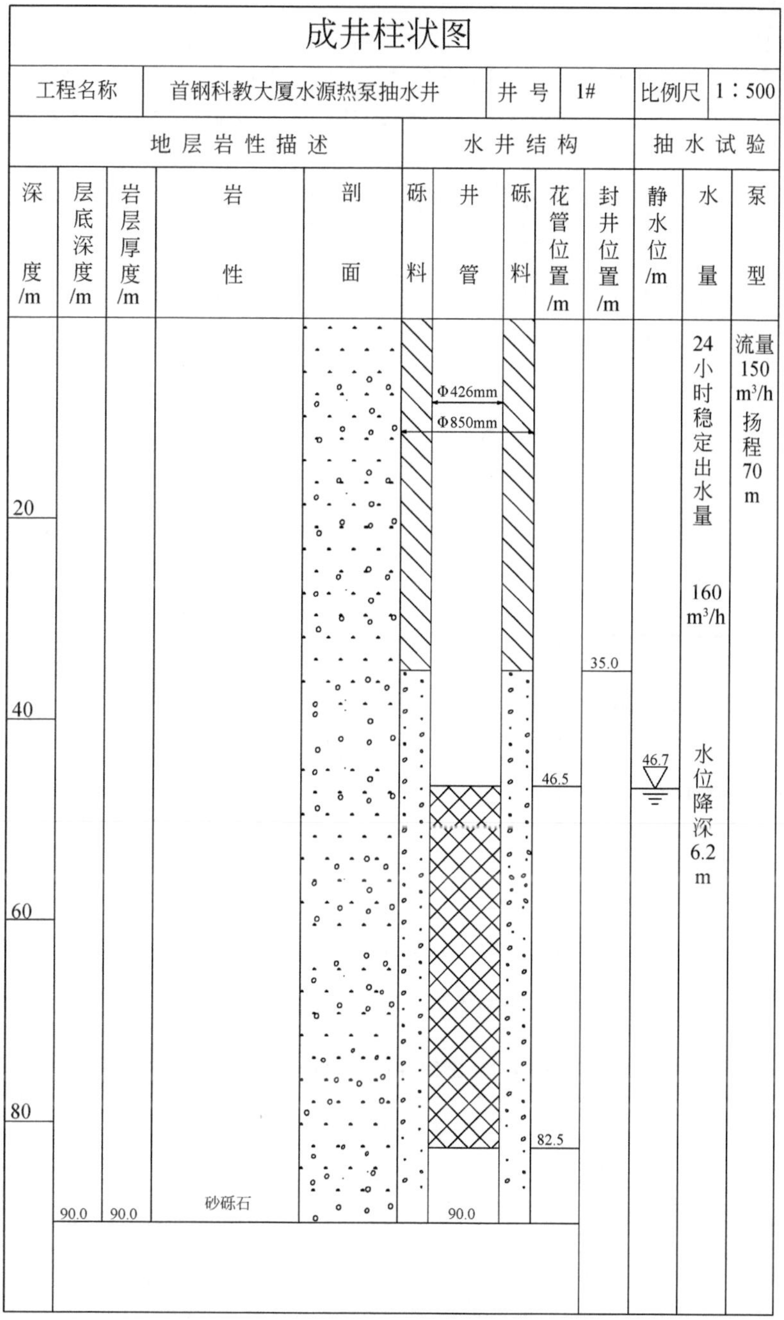
成井柱状图
工程名称
首钢科教大厦水源热泵抽水井
井 号
1#
比例尺
1：500
地 层 岩 性 描 述
水 井 结 构
抽 水 试 验
深度/m
层底深度/m
岩层厚度/m
岩性
剖面
砾料
井管
砾料
花管位置/m
封井位置/m
静水位/m
水量
泵型
Φ426mm
Φ850mm
24小时稳定出水量
160 m³/h
流量150 m³/h
扬程70 m
20
40
60
80
35.0
46.5
46.7
82.5
水位降深6.2 m
90.0
90.0
砂砾石
90.0

图 7-34　抽水井 1#水井结构及地层柱状图

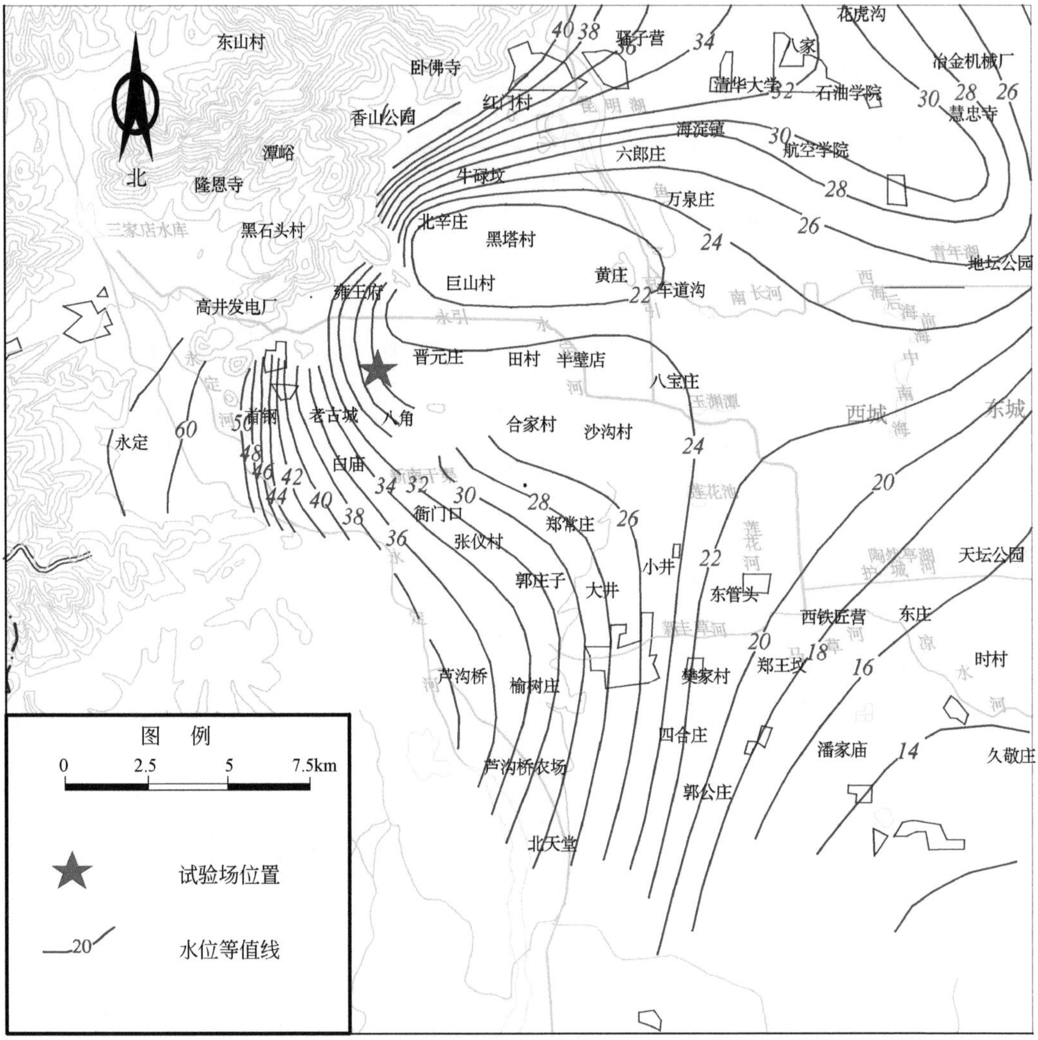

图 7-35　试验场周边 2015 年 6 月等水位线图

表 7-2　三眼井抽水试验一览表

数据 井号	净水位埋深 /m	动水位埋深 /m	降深 /m	出水量 /(m^3/h)	抽水时间 /h
抽水井 1#	46.7	60.5	13.8	160	24
抽水井 2#	47.5	51.2	3.5	170	24
抽水井 3#	46.7	47.2	0.5	170	24

图 7-36　抽水井 3#洗井图

图 7-37　抽水井 3#抽水试验图

7.3.2 试验过程与试验结果

1. 第一阶段试验

依据试验方案，第一阶段试验是采用长期使用的大口井进行回灌，将抽水井4#抽的水回灌入大口井5#中，利用抽水井5#进行监测。回灌试验分为回灌和恢复两个过程，通过整理实验数据，分阶段编制了回灌井、抽水井及监测井的水位变化曲线，来分析每个过程的试验情况。

1）试验概况

回灌试验分为回灌和恢复两个过程，回灌过程为将抽水井4#抽的水回灌入大口井5#中，进行试验监测，试验时该区水井已经抽水，试验时间为3月18日12:00至4月10日9:10，约为23天；恢复过程停止抽水井4#抽水，观测大口井及抽水井、监测井水位变化，时间为4月10日9:15至4月15日15:00，约为5天。第一阶段回灌试验情况见表7-3。为研究水位变化，在回灌开始前和回灌结束后的一段时间也进行了水位监测。

表7-3 第一阶段回灌试验方式及数据明细表

试验过程	监测项目	监测方式	开始时间	结束时间	数据数/条	频率
回灌过程	抽水井水位	自动	3月18日 12:00	4月10日 9：10	6591	1次/5分钟
	回灌井水位				6591	
	监测井水位				6591	
	水量	人工			48	1次/12小时
恢复过程	抽水井水位	自动	4月10日 9:15	4月15日 15:00	1610	1次/5分钟
	回灌井水位				1610	
	监测井水位				1610	

2）水位变化

将采集到的水位数据整理成半小时一个数，绘制了回灌井、抽水井与监测井的水位变化曲线，进行分析。

（1）回灌井水位。试验时，回灌井水位标高51m，回灌中水位监测探头下入标高为61m。根据试验数据，绘制了第一阶段试验（3月18日至4月15日）回灌期间及停灌后回灌井水位变化曲线，见图7-38。结合回灌数据和图7-38，可以看出回灌试验开始后回灌井（井底高程为51m）水位上升约15m，其后水位出现整体缓慢上升趋势，水位高程从65.9m缓慢上升到停灌时66.3m，过程中回灌井水位出现有短时的波动，包括3月20日11:00水位出现升高（0.2m，原因为抽水量增加），4月4日16:00～17:00水位出现升高（0.4m）。

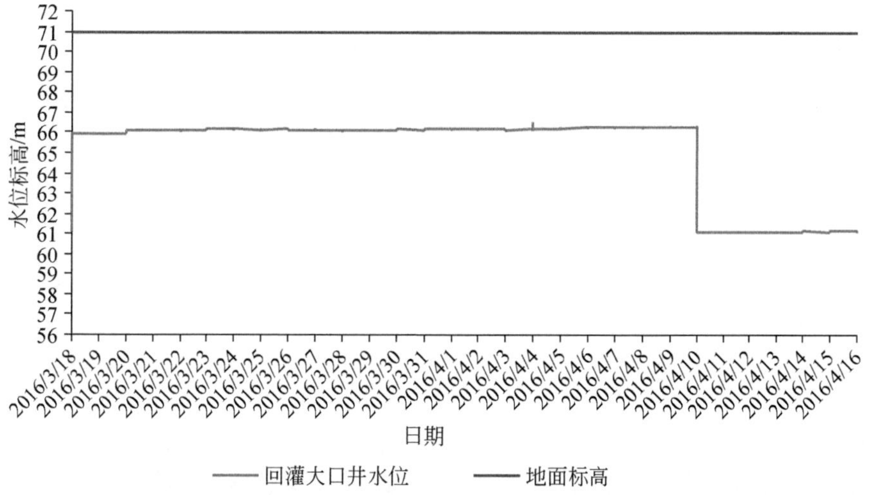

图 7-38　第一阶段试验回灌井（大口井 5#）水位变化图

4 月 10 日 9:10 停灌后水位立即出现下降，且下降速率由快至慢，于 10:00 停灌后 50min 下降到探头以下（水位监测探头下入标高为 61m），脱离监测范围（图 7-39）。

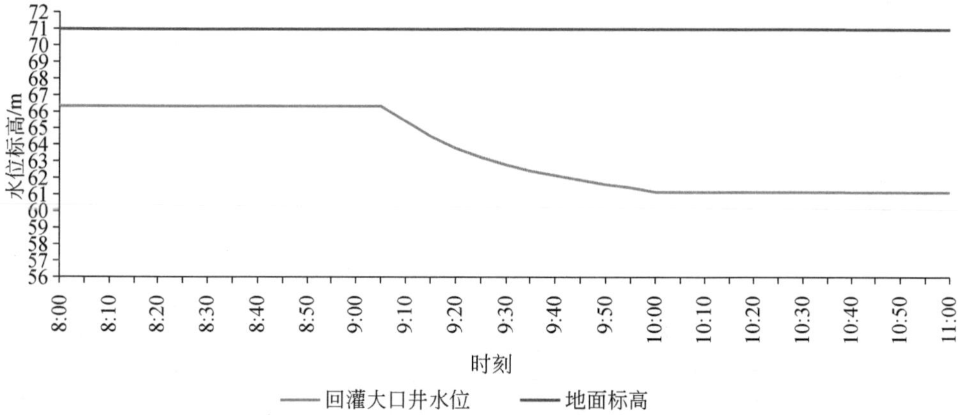

图 7-39　第一阶段试验停灌期间回灌井（大口井 5#）水位变化图

（2）抽水井水位。绘制了第一阶段试验（3 月 18 日至 4 月 15 日）抽水期间及停止抽水后抽水井水位埋深变化曲线，见图 7-40。

结合数据及图 7-40 可知，3 月 20 日 11:00 抽水量有一定程度的增加，抽水井动水位埋深由 51m 左右增加至 52m 左右，水位下降约 1m，之后动水位埋深稳定在 52m 左右一段时间后略有回升，4 月 10 日 9：10 停止抽水后水位立即上升约 5.6m，最后静水位埋深稳定在 45.8m 左右。

（3）监测井水位。根据监测井水位绘制了第一阶段试验（3 月 18 日至 4 月 15 日）回灌期间及停灌后监测井水位埋深变化曲线，见图 7-41。结合监测数据和图 7-41 可见，回灌期间监测井水位埋深在 47m 左右，水位略有下降，下降值为 19.5cm，4 月 10 日停灌后没有明显变化。

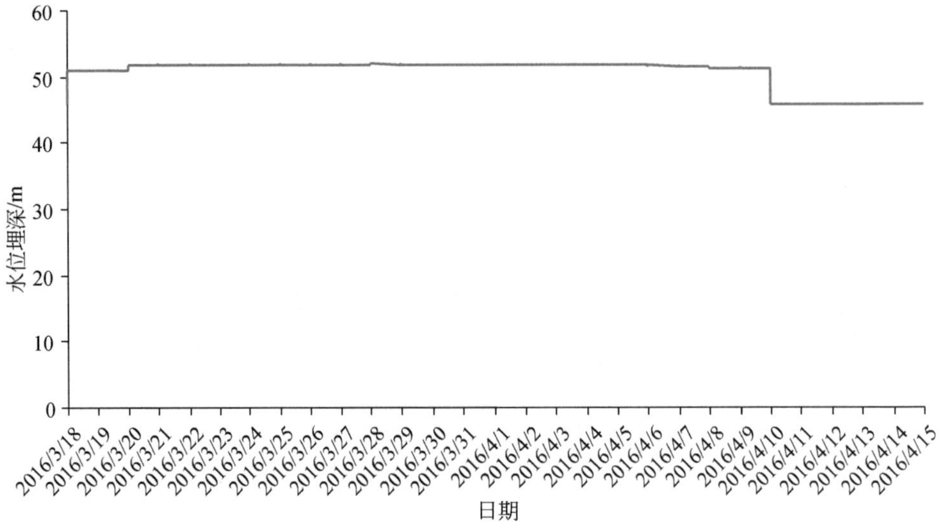

图 7-40　第一阶段试验抽水井（抽水井 4）水位埋深变化图

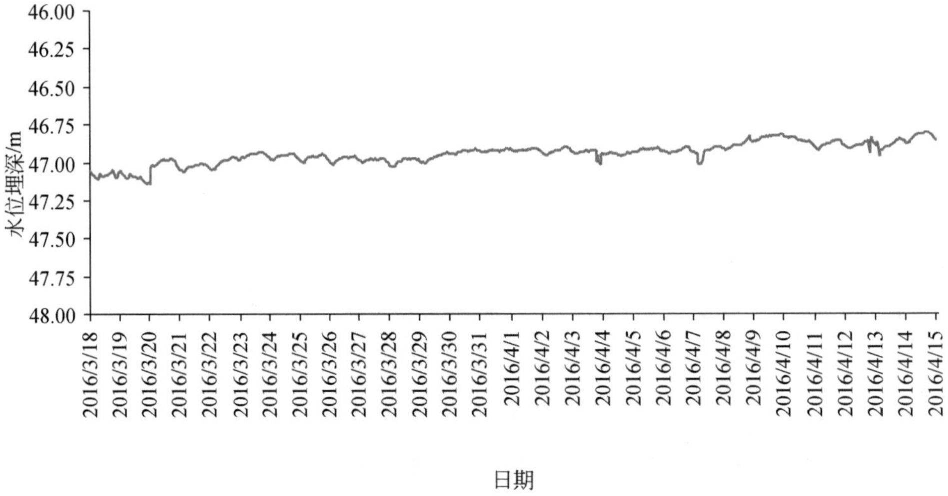

图 7-41　第一阶段试验监测井（抽水井 5）水位变化图

（4）回灌水量变化。第一阶段试验回灌水量每天人工监测两次，频率为 1 次/12 小时，数据见表 7-4。

表 7-4 数据显示，回灌水量基本平稳，数值在 190 ~ 210m^3/h 变动。

表 7-4　第一阶段试验回灌水量数据及平均数值表

日期	时间	水量数据 /m³	平均回灌量 /(m³/h)	日期	时间	水量数据 /m³	平均回灌量 /(m³/h)
2016-3-18	12:00	136		2016-3-29	20:00	54 717	200.92
2016-3-18	13:00	326	190.00	2016-3-30	8:00	57 119	200.17
2016-3-18	20:00	1 684	194.00	2016-3-30	20:00	59 523	200.33
2016-3-19	8:00	4 068	198.67	2016-3-31	8:00	61 929	200.50
2016-3-19	20:00	6 471	200.25	2016-3-31	20:00	64 338	200.75
2016-3-20	8:00	8 996	210.42	2016-4-1	8:00	66 734	199.67
2016-3-20	20:00	11 454	204.83	2016-4-1	20:00	69 136	200.17
2016-3-21	8:00	13 823	197.42	2016-4-2	8:00	71 541	200.42
2016-3-21	20:00	16 232	200.75	2016-4-2	20:00	73 945	200.33
2016-3-22	8:00	18 647	201.25	2016-4-3	8:00	76 353	200.67
2016-3-22	20:00	21 055	200.67	2016-4-3	20:00	78 752	199.92
2016-3-23	8:00	23 461	200.50	2016-4-4	8:00	81 148	199.67
2016-3-23	20:00	25 873	201.00	2016-4-4	20:00	83 545	199.75
2016-3-24	8:00	28 272	199.92	2016-4-5	8:00	85 941	199.67
2016-3-24	20:00	30 673	200.08	2016-4-5	20:00	88 344	200.25
2016-3-25	8:00	33 076	200.25	2016-4-6	8:00	90 753	200.75
2016-3-25	20:00	35 486	200.83	2016-4-6	20:00	93 163	200.83
2016-3-26	8:00	37 892	200.50	2016-4-7	8:00	95 578	201.25
2016-3-26	20:00	40 301	200.75	2016-4-7	20:00	97 979	200.08
2016-3-27	8:00	42 699	199.83	2016-4-8	8:00	100 381	200.17
2016-3-27	20:00	45 098	199.92	2016-4-8	20:00	102 787	200.50
2016-3-28	8:00	47 495	199.75	2016-4-9	8:00	105 190	200.25
2016-3-28	20:00	49 896	200.08	2016-4-9	20:00	107 600	200.83
2016-3-29	8:00	52 306	200.83	2016-4-10	8:00	110 015	201.25

2. 第二阶段试验

1）试验概况

第二阶段试验参照多落程抽水试验的方法，通过回灌井和监测井的回灌量、水位变化，研究回灌井的最大回灌能力，不需要对提供水量的抽水井进行监测。

依据试验方案，第二阶段试验采用大小不同的回灌量落程进行试验，试验水量通过开启不同抽水井实现，大口井 3#作为回灌井，3#、5#抽水井作为抽水井，1#、2#抽水井为监测井，当水量需求大时继续增加抽水井量。

第二阶段开始于 2016 年 5 月 11 日 11:12，结束于 5 月 19 日 8:45，试验时间持续 189 小时 27 分，按回灌量大小分为 200m³/h、300m³/h、400m³/h、500m³/h、100m³/h 五个落程，试验回灌量、时间见图 7-42。

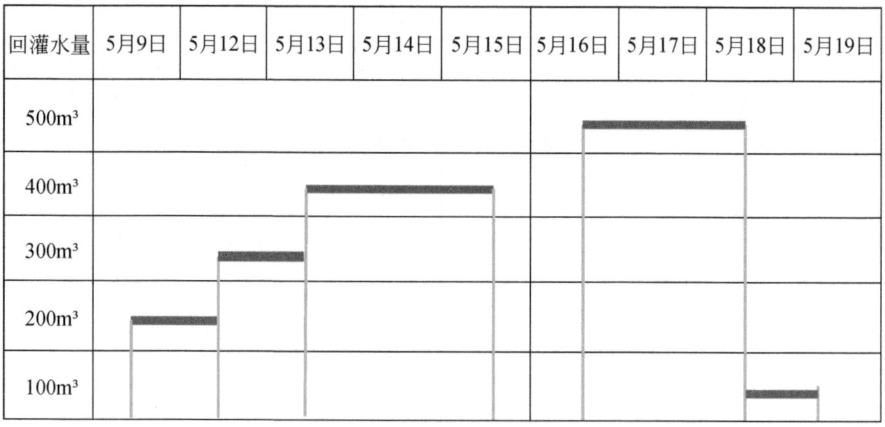

图 7-42　第二阶段试验进程图

为研究水位变化情况，在试验开始前的一段时间和回灌结束后的一段时间均对回灌井以及两眼监测井进行了水位监测，监测时间在 5 月 9 日 6:00 至 5 月 21 日 11:25，水位监测持续时间 293 小时 25 分，监测频率为 1 次/1 分钟，见表 7-5。

表 7-5　第二阶段回灌试验数据明细表

监测项目	监测方式	开始时间	结束时间	数据数/条	频率
回灌井水位	自动	5 月 9 日 6:00	5 月 21 日 11:25	17 607	1 次/1 分钟
监测井 1#水位				17 607	
监测井 2#水位				17 607	

2）水位变化

将采集到的水位数据整理成半小时一个数，绘制了回灌井与两眼监测井的水位变化曲线，进行分析。

（1）回灌井水位。制作了第二阶段试验（5 月 11 日至 5 月 19 日）回灌期间及停灌后回灌井水位变化曲线，见图 7-43。

结合回灌数据和图 7-43 可见，回灌试验开始后，回灌水量控制在 200m³/h，水位上升约 3.5m 后达到稳定，回灌井水位在 57.3m 左右，水位距离井口地面 14.7m；增加回灌量至 300m³/h，回灌井水位上升至 58.2m 左右，水位距离井口地面 13.8m；增加回灌量至 400m³/h，回灌井水位上升至 61m 左右，水位距离井口地面 11m；增加回灌量至 500m³/h，回灌井水位上升至 63.7m 左右，水位距离井口地面 8.3m；最后减小回灌量至 100m³/h，回灌井水位下降至 57.1m 左右，水位距离井口地面 14.9m。5 月 19 日 8:45 停灌后水位立即出现下降，且下降速率由快至慢，于 9:28 停灌后 43min 下降到井底探头以下，脱离监测范围，见图 7-44。

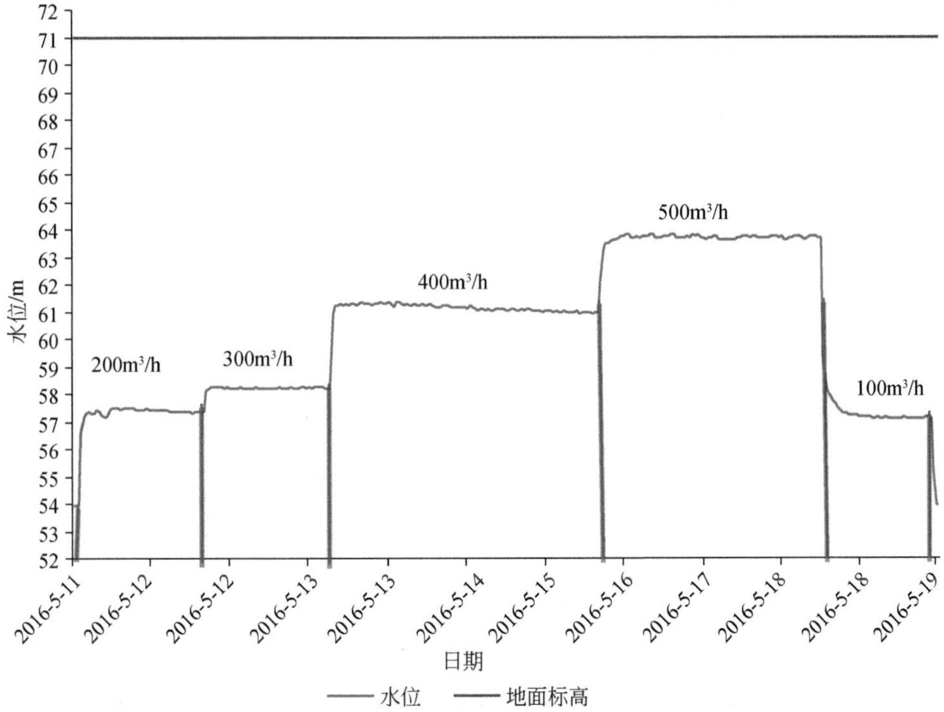

图 7-43　第二阶段试验回灌期间回灌井（大口井 3#）水位变化情况

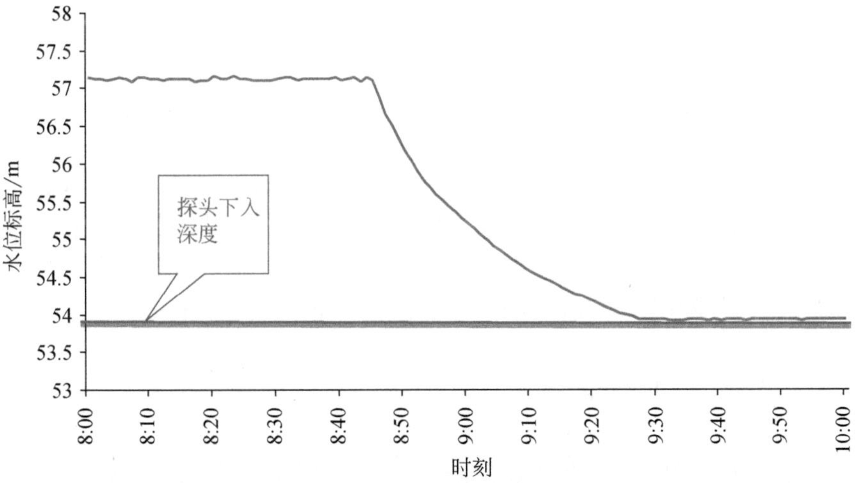

图 7-44　第二阶段试验停灌前后回灌井（大口井 3#）水位变化情况

（2）监测井水位。制作了第二阶段试验（5 月 9 日 ~5 月 21 日）回灌前、回灌期间及停灌后1#监测井（抽水井1#）、2#监测井（抽水井2#）水位变化曲线，见图7-45。结合监测数据和图7-45可见，回灌期间两眼监测井水位均保持稳定，回灌开始后、停灌后水位也没有明显变化，水位埋深一直稳定在46～47m。其中监测井1#于5月16日13:35至5月18日11:11作为抽水井使用，故水位埋深增加。

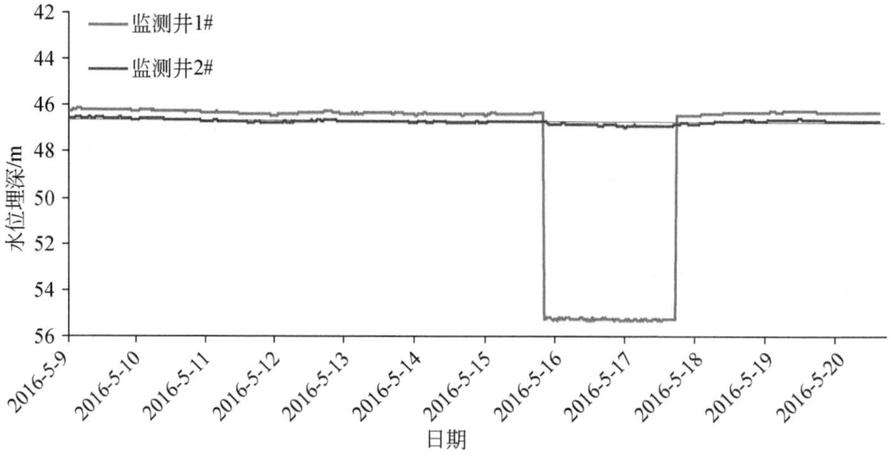

图7-45　第二阶段试验监测井水位变化图

7.3.3　试验综合分析应用与技术总结

依据试验获得的数据，本节对两个试验过程的数据进行分析，求得大口井的最大回灌量，对新施工大口井和老大口井回灌能力进行了对比，通过对比之前进行的地下水回灌实验数据，创新地分析了工作区大口井的单位回灌能力，为大口井回灌的应用提供依据。

1. 历史井灌试验

地下水回灌是北京市地下水可持续开发利用的重要措施，历史上曾开展过大量的研究工作，其利用方式有砂石坑回灌、河道渠道回灌及井灌，其中井灌包括一般直径管井、大口径井及辐射井，历史上北京开展的井灌试验有首钢直径8m大口井回灌、车道沟管井回灌、京棉三厂“冬灌夏用”深井试验研究、首钢技术研究院管井回灌等，主要试验概况如下。

1）首钢直径8m大口井回灌

1980年利用首钢大口井开展回灌试验，大口井深25m，直径8m，试验初期最大回灌量达0.5m^3/s，随着回灌时间的延长，产生淤塞，回灌入渗量逐渐减少，具体情况见表7-6。

表 7-6　首钢大口井回灌试验数值综合表

试验日期	灌水速率 /(m^3/s)	灌量 /(10^4m^3)	大井水深 /m	观测孔号	水位上升值 /m	停灌时间 /h	水位退落值 /m
6 月 17 ~ 27 日	0.5	256.2	18.02	1	3.47	97	2.75
				2	2.90	97	2.20
6 月 28 日 ~ 7 月 2 日	0.3	53.8	12.72	1	1.89	44.25	1.65
				2	1.27	44.25	1.01
7 月 4 ~ 6 日	0.1	16.8	7.12	1	0.80	21	0.65
				2	0.64	21	0.39

2）车道沟管井回灌

20 世纪 80 年代初在水源三厂附近车道沟进行了深井回灌。该井位于永定河洪积扇中部，上覆 10m 左右的黏砂，下部为砂卵砾石，埋深 27m 左右有 1m 的黏土。含水层导水系数 8080m^2/d，回灌水源为京引水，浊度为 0.5‰，灌水 131 小时，灌水量 5100m^3，平均入渗能力 38.93m^3/h。

3）首钢技术研究院管井回灌

2012 年北京市下凹桥雨洪水入渗技术研究利用首钢技术研究院管井进行回灌试验，回灌井井径 φ529mm，井深 88m，滤水管总长度为 32m，含水层厚 39.7m，回灌 17 天，回灌能力为 147 ~ 152m^3/h，平均能力为 150m^3/h（表 7-7）。

表 7-7　回灌试验情况及回灌井参数表

井号	含水层深度 /m	开始时水位埋深/m	结束时水位埋深/m	结束与开始水位差/m	滤水管下入位置/m
回灌井	45.7 ~ 55.3	44.46	37.69	6.77	48.0 ~ 56.0
	58.0 ~ 88.0				60.0 ~ 84.0

2. 大口井的回灌量能力研究

大口井回灌能力与回灌井中的水位具有密切关系，当水位升高时产生的水压力越大，回灌量越大，在统计出水位上升与回灌量之间的关系后，可以利用两者曲线关系求出最大回灌量，分别利用试验结果对新老大口井回灌能力进行计算。

1）老旧大口井回灌能力

在第一阶段试验中，控制回灌量在 200m^3/h 左右，回灌井水位上升约 15m 后保持稳定，回灌过程中回灌井水位埋深最小为 4.66m，表示当有效回灌深度约为 15m 时，回灌能力平均值为 200m^3/h；当提高回灌井水位时，回灌能力也会相应增加，假设提高水位 4m（埋深低于井口约 1.5m），以 15m 时的平均回灌能力估算，则回灌井的回灌能力平均值约为 268m^3/h，也就是说该回灌井的入渗能力在 268m^3/h 左右。

2）新施工大口井回灌能力

在第二阶段试验中，由于控制不同回灌量，共做出五个落程试验，得出每个落程下回灌井的稳定动水位数据，利用 SPSS 软件对 5 对数据进行统计，制作了回灌井水位变化与回灌量关系图，分别统计了线性、二次及指数情况，见图 7-46（图中水位上升以井底垫层为零点，回灌量单位为 m^3/h），统计模型中各参数情况见表 7-8。

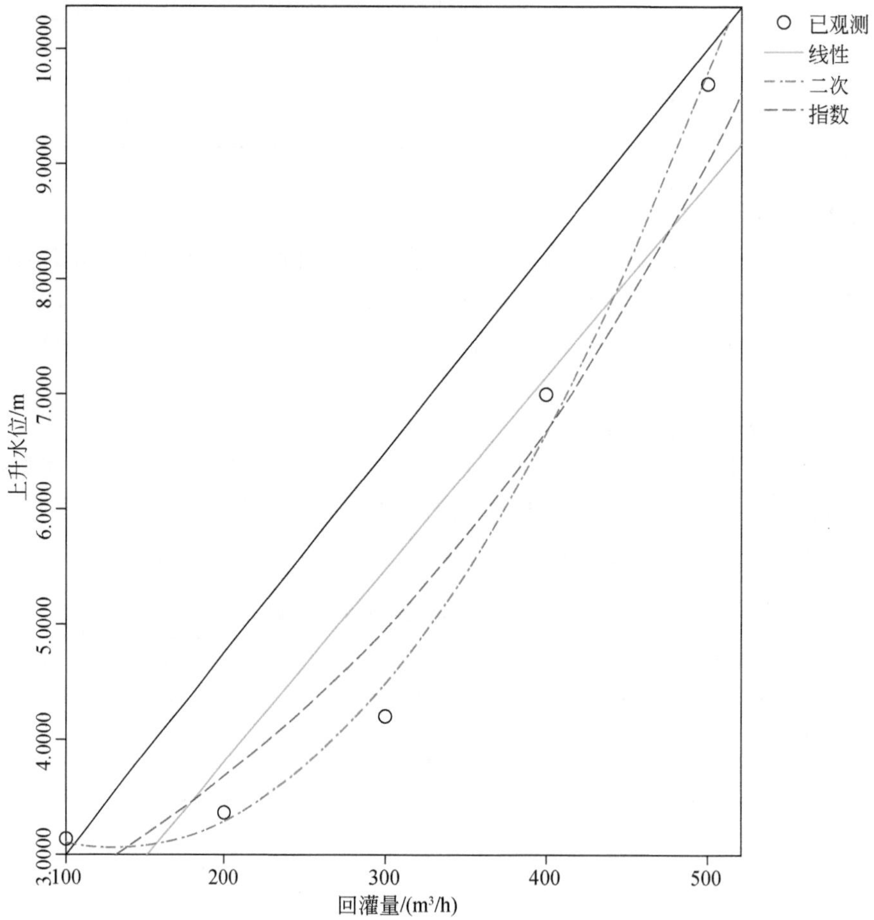

图 7-46　第二阶段试验大口井回灌能力与水位关系统计图

表 7-8　SPSS 软件统计结果参数

方程	模型汇总					参数估计值		
	R^2	F	df1	df2	Sig.	常数	b_1	b_2
线性	0.886	23.406	1	3	0.017	0.442	0.017	
二次	0.993	146.093	2	2	0.007	3.889	-0.013	4.925×10^{-5}
指数	0.936	43.598	1	3	0.007	2.017	0.003	

可见二次回归分析中，R^2 数值最高，回归效果最为显著，可以代表回灌量与水位上升

值之间的关系，将大口井中最大的水位上升值代入二次回归方程即可求得新建大口井的最大回灌量。本回灌井扣除垫层后水位最大升高值为 18m，代入方程，求得新建大口井的最大回灌量约为 680m³/h。

将第一阶段试验的老旧大口井与第二阶段试验的新建大口井的回灌量与回灌水位进行对比，可以看出，在几乎相同的成井条件下，新井的回灌能力远强于旧井。其主要原因是第一阶段试验采用使用 8 年的大口井回灌，该井长期使用，存在有一定的淤积堵塞。

3. 不同类型回灌井能力对比

管井回灌能力与井径具有关系，井径越大，回灌能力越大，可利用首钢技术研究院管井回灌及本次工作新开挖大口井回灌井数据进行不同井径管井回灌能力的对比。

本次试验第二阶段利用的新开挖井为井径 3m 的辐射大口井，井深 18m，井管 8m 以上为死管、8～20m 井壁有辐射孔及 20 根 1m 长的辐射管，由于辐射管较短，可将该井简化为大口井。

水井回灌能力大小与水头及滤水管、含水层岩性等密切相关，由于首钢科教大厦和首钢技术研究院同处于永定河冲洪积扇的中上部地区，区域含水层岩性为砂砾石，可认为 2 处含水层岩性相同；水井回灌通过滤水管段入渗进入含水层，可以通过相同水头高度下单位面积回灌量来对比大口井与一般管井的能力。本次试验求取了首钢技术研究院大口井不同回灌量下的水位变化曲线（图 7-46），可以计算出水位上升 6.67m 时，回灌辐射井 3#的回灌能力，根据图 7-46 分析结果，求解出回灌辐射井 3#水位上升 6.67m 时，回灌量为 420m³/h，相对于首钢技术研究院管井水位上升 6.77m 时，回灌量为 150m³/h，可以看出在几乎相同的条件下，辐射井的回灌能力要远大于一般直径管井。

4. 大口井单位回灌能力计算与分析

1）本次试验回灌井单位面积回灌量

水井回灌与过水断面大小密切相关，可以利用下式求取回灌井单位面积的入渗能力：

$$q = \frac{Q}{S} = \frac{Q}{\pi D l} \tag{7-3}$$

式中，q 为井单位面积的入渗能力；Q 为回灌井水位上升相同高度下的回灌能力；S 为滤水管所在高度下的含水层面积；D 为回灌井直径；l 为水位上升相同高度下的含水层厚度。

分别将本次试验场地的首钢科教大厦大口径辐射井回灌时的不同回灌量的试验数据和参数代入式（7-3），求得回灌井单位面积回灌能力，见表 7-9。

表 7-9 本次试验新施工大口井单位面积的入渗能力

回灌量/(m³/h)	100	200	300	400	500
水位上升值/m	3.1273	3.361	4.2003	6.9999	9.7007
不同水位上升值下滤水管面积/m²	29.46	31.66	39.57	65.94	91.38
单位滤水管面积入渗能力/(m/h)	3.39	6.32	7.58	6.07	5.47

表7-10 显示本次试验场地首钢科教大厦处大口井单位面积入渗能力在 3.39 ~ 7.58m/h。

2）首钢大口井单位面积回灌量

利用首钢大口井历史参数（井径8m、井深25m）及表7-10的回灌数据，代入式（7-3）同样可以求得首钢大口井单位面积的入渗能力，结果见表7-10。

表7-10 首钢大口井单位面积的入渗能力

回灌量/(m^3/s)	0.5	0.3	0.2
水位上升值/m	18.02	12.72	7.12
不同水位上升值下滤水管面积/m^2	452.66	319.53	178.85
单位滤水管面积入渗能力/(m/h)	3.98	3.38	4.03

表7-10 显示历史试验场地首钢大口井单位面积入渗能力在3.38 ~4.03m/h。

3）大口井回灌能力影响分析与应用

本次试验研究的主要目的是分析西郊区域第四系地下水大口井回灌能力，为综合课题研究的地下水数值模拟和地下水回灌提供基础数据，从表7-9和表7-10来看，大口井的单位入渗面积回灌能力具有一定的差异性，主要原因如下：

（1）大口井单位入渗面积回灌能力与地质、水文地质条件相关，包括成井区域的含水层岩性、颗粒大小、回灌试验时的地下水位埋深等。含水层颗粒大，入渗能力强；地下水位埋深大回灌能力强。由此推测，回灌差异由水文地质条件不同造成。

（2）大口井单位入渗面积回灌能力与回灌井结构相关。北京地区大口井的结构大多为井壁管上设置滤水管透水形成，回灌能力与滤水管的管径、单位面积上设置滤水管的个数、滤水管的长度都是入渗能力的重要制约因素，首钢大口井与科教大厦大口井在上述数据上具有明显的差异。由此推测入渗能力差异由回灌井结构造成。

（3）大口井单位入渗面积回灌能力与回灌水源、使用年限等相关。水资源回灌地下过程常常由于水中的悬浮物、气体等物理作用，溶解与沉淀等化学作用，以及藻类、细菌等微生物作用发生堵塞，多种堵塞同时发生并相互作用使回灌能力减小，并且随着时间延长，回灌能力急剧减小，甚至出现回灌设施损坏的情况。

总体上而言，本研究利用历史回灌试验数据和新的试验数据，求取了大口井的单位面积入渗能力，数值在3.38 ~7.58m/h，由于工作区大多为类似首钢、首钢科教大厦处的单一的砂卵砾石区，推荐采用平均值5.03m/h作为西郊地区回灌能力，可以使用该值作为北京西郊地区实施不同井径、井深的大口井的回灌能力。

5. 大口井回灌场地适宜性调查

工作中对西郊玉泉山地区的大口井回灌适宜场地进行了调查，调查了17处大口井场地，y1 ~y9处通过永定河引水渠引水回灌，n1 ~n8可通过南旱河引水回灌，见图7-47。第四系地下水战略储备的数值模型可以在图7-47的位置设计一定数量的大口井，应用于地下水恢复的研究。

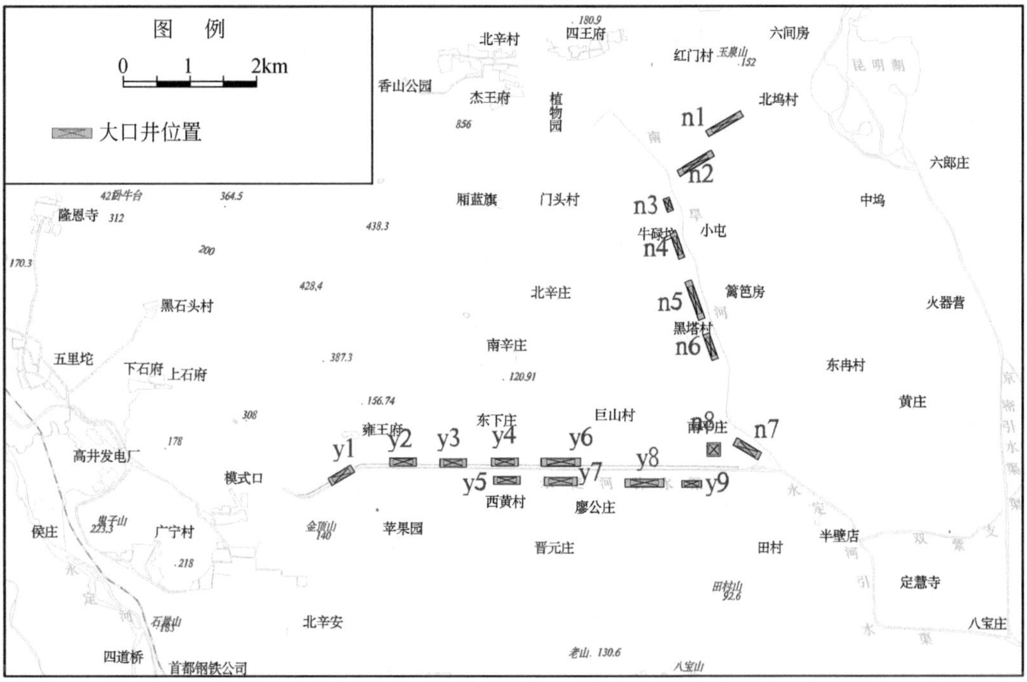

图 7-47　西郊区域大口井建设位置调查图

6. 大口井回灌控制技术

通过本次试验结合以往试验情况，对大口井回灌的应用做出如下技术总结。

（1）回灌井的设计：目前在北京地区的大口井回灌中多使用直径 1.5～3m 的大口井，施工技术和设备相对应用成熟，建议根据回灌场地的大小使用不同口径的大口井进行回灌，考虑到北京地区的土地资源状况，建议采用直径 2～3m 的大口井；为保证回灌能力和便于后期管理，大口井深度控制地下水位以上即可，当地下水位在 5m 以上时宜采用渗池法回灌，不宜采用大口井回灌；回灌进水管过水能力应大于回灌井的回灌能力，保证充足的回灌水源。

（2）应用区域：由于大口井的入渗能力与含水层岩性关系密切，回灌的适用条件是地层颗粒为砂卵砾石的透水性良好的地区，因此，大口井应当应用于北京市各冲洪积扇的顶部、中部的单一层至 2～3 层砂卵砾石区域。

（3）回灌水源控制：首钢大口井试验及本次回灌试验证实，预计堵塞是影响和控制回灌能力、影响回灌工程发挥效应的重要因素，采用大口井回灌需要设置必要的水源处理控制系统，如泥沙悬浮物较多时设置沉淀池，有机物含量多时设置絮凝沉淀装置，井中设置砂、砾石及其他填料等，从源头控制以保证工程效益发挥。

（4）回灌过程控制：回灌井回灌能力与回灌水位密切相关，当提高回灌井水位时有可能出现给水量大、水位冒出井口的情况，为避免发生事故，可在井中设置自动控制阀，当水位过高时自动关闭进水阀门，确保安全；为监测回灌量，设置相应的水表进行计数；为研究回灌效果，施工时紧贴回灌井的井壁外侧埋设 PVC 管、钢管等形成井外监测井，在距离回灌井一定距离设置监测井，通过 2 眼以上的监测井形成从回灌井到监测井的完整监测体系，起到控制和效果检验作用。

（5）回灌井的后期管理：大口井使用较长时间后，过滤器中会由于物理、化学、生物堵塞而出现回灌能力下降，因此，使用一定时间后需进行洗井工作，保证回灌效果。

7.4 本章小结

本章以永定河及永定河引水渠为研究对象，通过对研究区进行地下水回补利用试验的研究、试验数据的监测和分析，为南水北调工程调水进行西郊地下水回补提供基础数据，并通过试验研究为后续北京市开展地下水库建设提供理论依据。通过河道入渗试验及大口井回灌试验研究，得出以下结论：

（1）结合野外调查情况及以往的数据分析得出永定河雁翅—三家店历史的渗漏情况，河水渗漏补给岩溶水占比较大，2001 ~ 2013 年永定河河道渗漏补给量为 6276 万 m^3/a，近年的渗漏量占多年平均的 66%，是河道入渗的主要河段，其渗漏补给量随时间逐年减小。通过本次永定河三次河道入渗试验设计与实施，查明了现状条件下河道的平均入渗能力为 0.61m/d，河道渗漏量为放水量的 3% ~ 8%，在河道集中放水 93 天，放水量共计 6215.94 万 m^3 的条件下，河水入渗对河道两岸及永定河引水渠周边的监测井水位均有不同程度的影响。

（2）在分析北京西郊地区地质、水文地质条件的基础上，建设了 1 处大口井回灌试验系统，试验场开展了两个阶段的回灌试验。基于回灌试验系统的水位、流量，得出大口井的回灌能力为 $680m^3/h$，并且对新施工大口井和老旧大口井能力进行了对比分析，得出长期使用的大口井和新开挖大口井回灌能力分别为 $270m^3/h$、$680m^3/h$，大口井单位面积的回灌入渗能力为 3.38 ~ 7.58m/h，同时通过分析得出影响大口井回灌能力的关键因素为地质、水文地质条件、回灌井结构、回灌水源、使用年限。这为大口井回灌的应用提供了依据，同时为日后大口井回灌淤积堵塞防治提供了依据。

第 8 章 北京市西郊地下水资源高效利用研究

为了分析西郊地区地下水的变化特征以及开展地下水资源规划，通过客观刻画西郊地区复杂的水文地质条件和地下水流场，结合南水北调用水规划，通过地下水模型分析未来西郊地下水变化情况，利用地下水数值模拟软件（GMS）构建西郊岩溶地下水与第四系地下水渗流模型。分析不同调蓄方案下西郊岩溶水和第四系地下水位变化规律，提出实现玉泉山复涌的方案，遴选出西郊地区科学合理的水资源高效利用方案及玉泉山泉水恢复方案。

8.1 水文地质概念模型

8.1.1 模拟范围

本次数值模型范围包括海淀、石景山、门头沟、丰台西部、房山东北部以及昌平中南部地区。主要模拟含水岩组（层）包括奥陶系含水岩组和第四系含水层。

奥陶系含水岩组东北边界为南口—孙河断裂，东南边界为黄庄—高丽营断裂，南部以三福村—东庄子一线为界，西部边界为大安山—红煤厂断裂，北部以百花山—髫髻山—妙峰山一线为界。第四系含水层模拟范围以山前平原分界线为界，东部、东南和西南以第四系单一卵砾石层与多层砂卵砾石层过渡边界为界并适当外扩。其中，奥陶系含水岩组模拟面积约为 1226km^2，第四系含水层模拟面积约为 1642km^2，总面积 2324km^2（图 8-1）。

8.1.2 边界条件

研究区地质条件复杂，综合区内地形、地层、岩性、地质构造条件、水位、水同位素等资料并结合已有研究报告确定模型边界条件。

1. 第四系侧向边界条件

平原区第四系西部边界为平原山区分界线，第四系含水层一般为单一潜水含水层，其主要岩性为砂卵砾石，富水性好，易于接受山区降水的侧向补给，其补给量与降水密切相关，为流量边界；工作区第四系东北部及东南部边界在模型中被设定为流量边界，其流量根据每年的地下水流场图进行计算。

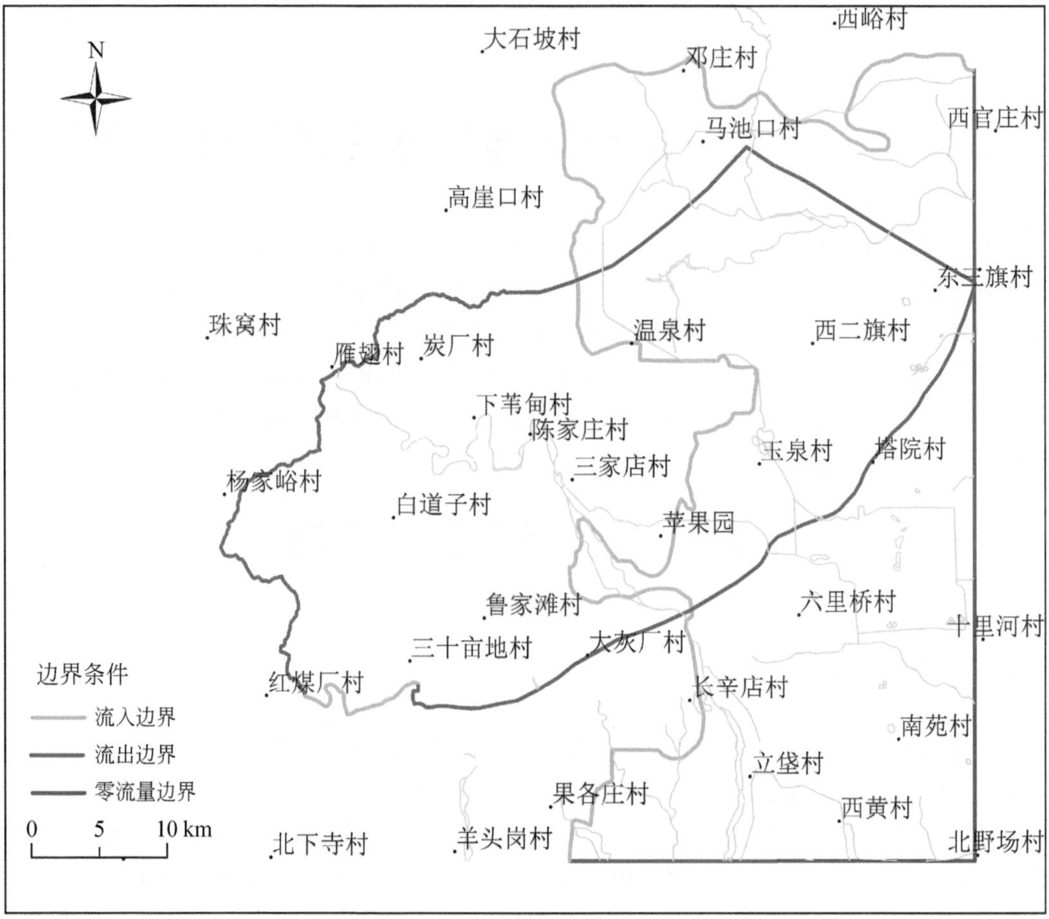

图 8-1　模型边界条件处理示意图

2. 奥陶系侧向边界条件

1）东北边界

东北界为 NW55°走向的南口—孙河断裂，断裂两侧大部分地层不衔接，已有研究表明，断裂阻断了基岩地下水的流动，设定为相对阻水边界，在部分地段寒武系地层在断裂两侧连续分布，概化为通用水头边界。

2）东南边界

黄庄—高丽营断裂的发育与北京凹陷演化过程密切相关，断裂不同段对奥陶系岩溶水具有不同的控制作用，边界性质具有分段特性。大钟寺—羊坊段被设定为流量边界，该段断裂两侧奥陶系灰岩存在断层接触，断裂下盘奥热-1 孔在 2500m 左右揭示奥陶系地层，其主要岩性为白云质灰岩。断裂上盘 J-94 孔的勘探结果表明，奥陶系灰岩厚度约 500m，断裂两侧奥陶系灰岩顶板的垂直距离约为 400m。

从香山附近穿过玉泉山到羊坊店，断裂西北侧为八宝山断裂上盘，其主要岩层为蓟县系雾迷山组白云岩、矽质条带白云质灰岩，其次为侏罗系安山岩、安山质角砾岩、集块岩、砂岩等，断裂东南侧即为北京凹陷，主要岩层为第三系棕红色半胶结砾岩及紫红色砂质页岩或黏土质页岩，该段断裂作为相对阻水边界。

本研究推断羊坊店以西到永定河断裂交汇处具有相对阻水性质，但在东河岩村—衙门口段，存在永定河断裂强导水带，推测存在奥陶系岩溶地下水的侧向流出，模型中将其设定为流量边界；东河沿村以西到三福村附近根据已有报告，设定为相对阻水边界。

3）南部边界

南部以东庄子—三福村一线边界，该边界为大石河河水侧向补给奥陶系岩溶地下水的流量边界。1982 年大石河东庄子、三福村两河流断面实测地表径流量分别为 1549.7 万 m^3 和 328 万 m^3，其中一部分补给磁家务地区，另一部分则沿八宝山断裂补给工作区奥陶系岩溶水。另外，针对八宝山断裂带不同地点的同位素 ^3H 分析认为，其 ^3H 单位 “TU” 从西南向东北逐渐变小，说明西南部地下水生成年龄较新，而东北部地下水生成年龄较老，从而证明大石河河水沿八宝山断裂补给研究区。大石河侧向补给量可以通过达西定律进行计算，2000～2012 年的平均侧向补给量约为 190 万 m^3/a。

4）西部边界

大安山—红煤厂断裂位于大安山到教军场一线，该断裂构成了模型的西部阻水边界。断裂北段西盘主要为石炭系—二叠系地层，主要岩性为砂岩、页岩，东盘主要为奥陶系地层，其主要岩性为白云岩；断裂南段西盘为奥陶系地层；而东段则为青白口系下马岭组地层，其主要岩性为黑色页岩、板岩以及石英砂岩。岩性分析表明，断裂两侧奥陶系地层不连续，且存在较为明显的阻水岩层，因而可以将大安山—红煤厂断裂作为模型的西部阻水边界。

5）北部边界

北界百花山—髫髻山—妙峰山一线构成了研究区的地表分水岭，该地表分水岭包括百花山向斜以及髫髻山向斜，从剖面特征以及基岩地质图上看，主要地层为侏罗系地层，岩性为砂岩、粉砂岩以及底砾岩等，均为相对隔水岩层；从地下水的补径排条件分析可知，军庄、鲁家滩地区奥陶系地下水在接受补给后，其主要的径流方向为东南向，据此可以认为该地表分水岭可以作为地下水分水岭，构成本次数值模型的北部边界。

3. 垂向边界条件

依据上下层之间是否具有水力联系来确定垂向边界条件。模型的顶部边界为潜水面，通过该边界，地下水系统可以获取降雨入渗、河道渗漏以及农业回灌等补给。本次研究收集的钻孔资料表明，奥陶系地层的平均厚度在 400～700m，奥陶系底板与上寒武统的崮山—长山—凤山组接触，其岩性为紫色竹叶状灰岩、灰黄色泥质条带灰岩及泥灰岩，透水性较弱，目前暂无钻孔完全揭露寒武系地层，且本次研究主要模拟奥陶系岩溶地下水，因此将奥陶系底板作为本数值模型的底部边界。

8.1.3 模型内部结构

数值模拟主要目标层为奥陶系岩溶水含水岩组，该含水岩组厚度较大，埋藏深度不一，且区内断裂、褶皱交错，部分地区存在与第四系地下水直接接触的“天窗”区，建模难度较大。根据收集的钻孔资料，综合地层、构造特征以及岩性等信息进行模型内部结构概化。

1. 第四系含水层

第四系含水层主要赋存于河流冲洪积作用形成的砂及砂卵砾石中，从山前冲洪积扇顶部到下部平原区，含水层结构逐渐由单一潜水层逐渐过渡到多层，含水层颗粒也逐渐由粗变细。根据岩性及上下含水层的水力联系将第四系含水层概化为三层。

第一层：第四系潜水含水层。主要岩性为砂砾，砂卵砾石以及砾石等，具有自由表面，可以充分与大气进行交换，在整个平原区都有分布，其底板标高在-5.8～19.9m，部分地区如玉泉山、温泉—沙河地区第四系潜水含水层与奥陶系含水层呈“天窗”接触，含水层之间具有较强的水力联系。

第二层：第四系弱透水层。主要岩性为砂黏及黏土，其中以黏土为主，透水性弱，对潜水含水层向下越流补给有相对阻碍作用，模型中将其概化为相对弱透水层。

第三层：第四系承压水含水层。主要岩性为砂砾、黏砂，其含水量低于潜水含水层，该含水层底板与白垩系、侏罗系及石炭系—二叠系等基岩地层相接触，基岩岩性主要为砂岩、页岩及玄武岩等，透水性差，构成第四系承压水含水层的阻水底板。

2. 基岩含水岩组

基岩含水岩组在模型中概化为第四层和第五层，其中第四层为基岩隔水层，第五层为本次数值模拟的主要目标层——奥陶系含水岩组。

基岩隔水层包括白垩系、侏罗系及石炭系—二叠系等基岩地层，岩性主要为砂岩、页岩及玄武岩等，透水性差，阻断了奥陶系岩溶地下水与其他含水岩组的水力联系。部分地区存在奥陶系“天窗”，奥陶系岩溶地下水与其他含水岩组的水力联系较为密切。本次数值模拟基岩隔水层的底板标高在-1305.3～9.7m。

模型第五层为奥陶系含水岩组。奥陶系白云质灰岩裂隙普遍发育较好，透水能力强，但其底板与上寒武统的炒米店组接触，岩性为紫色竹叶状灰岩、灰黄色泥质条带灰岩及泥灰岩，透水性较弱，且无钻孔完全揭露寒武系，本次模拟根据钻孔资料以及已有报告将奥陶系底板作为相对隔水边界，并作为数值模型的底部边界，其标高在-2301.6～604.2m。

综上所述，本次数值模拟垂向上概化为五层，其中第一层顶板标高为地面高程，第一层为潜水含水层，底板标高在-5.8～19.9m；第二层为第四系弱透水层，底板标高在-38.9～15.2m；第三层为承压水含水层，底板标高在-364.8～-14.7m；第四层为基岩隔水层，底板标高在-1305.3～9.7m；第五层为奥陶系含水岩组，底板标高在-2301.6～604.2m。其中第一层及基岩出露区可以接受大气降水及地表水的渗漏补给，部分奥陶系“天窗”区如玉泉山地区，奥陶系地层与第四系地层直接接触，第四系地下水和奥陶系岩溶水存在着较强的水力联系。

8.1.4 水文地质参数

1. 第四系水文地质参数

第四系含水层渗透系数、给水度及储水率分区是结合《北京市水文地质图集》并根据含水层岩性、观测水位等资料进行划分，参数初始取值与北京市平原区地下水资源管理模型一致，具体水文地质参数分区及取值按本次数值模型识别验证结果进行调整。

第四系潜水层水文地质参数划分为 13 个区，其中水平渗透系数取值为 10 ~ 250m/d，在山前和冲洪积扇中上部地区取值较大，冲洪积扇中下部地区取值较小，垂直渗透系数取值为 1 ~ 25m/d，给水度取值为 0. 03 ~ 0. 085（图 8-2，图 8-3）。

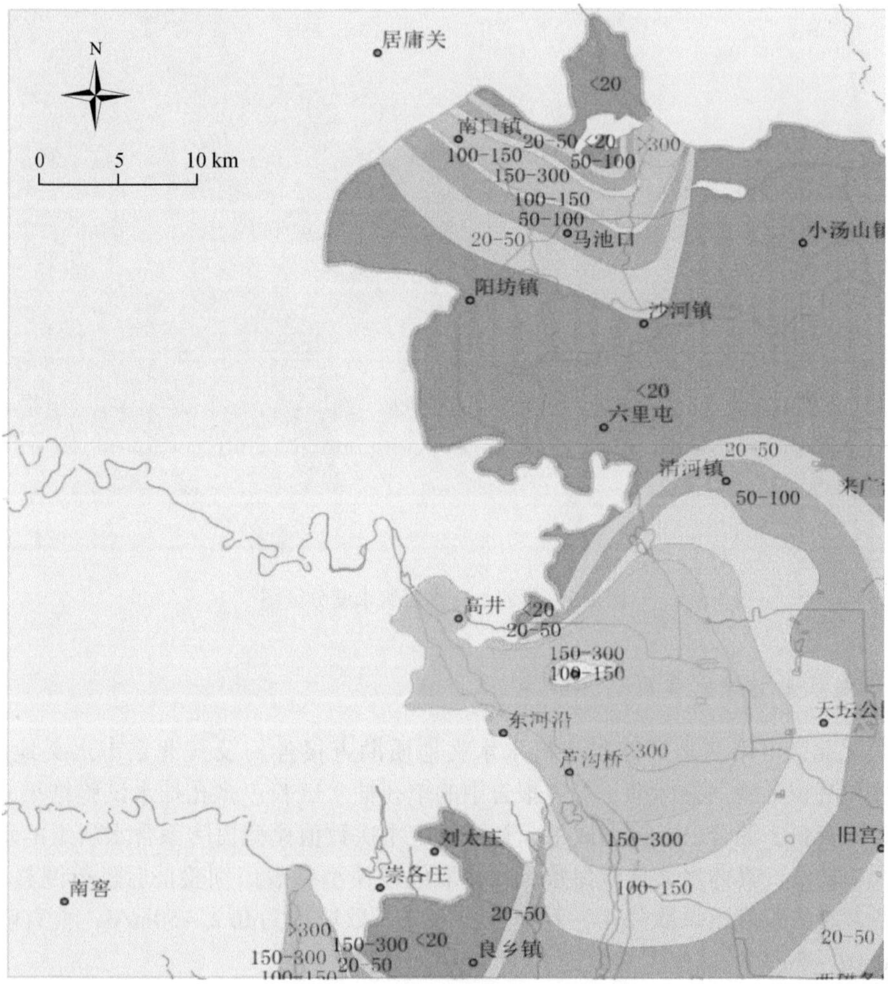

图 8-2　第四系含水层渗透系数分区图

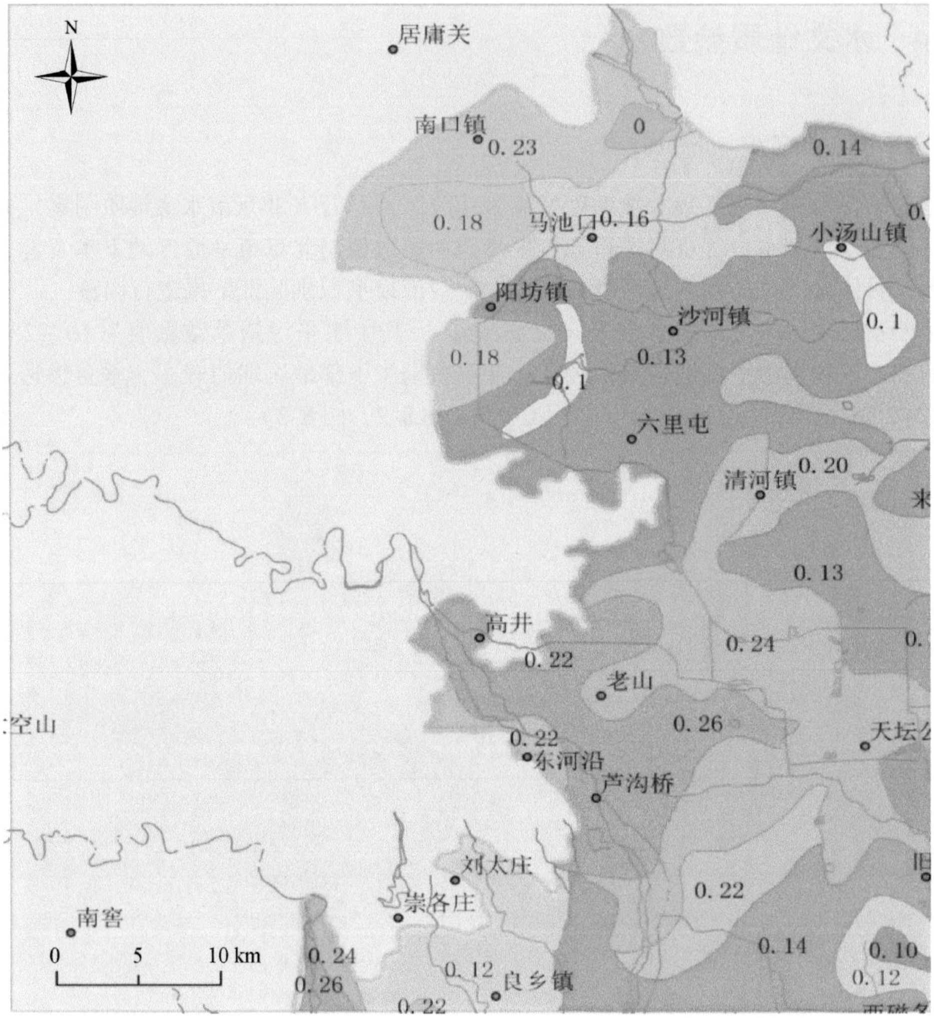

图 8-3　第四系含水层给水度分区图

2. 奥陶系水文地质参数

根据《北京市第三水厂改扩建供水水文地质勘查报告》及《北京市水文地质图集》中的岩性和沉积类型划分标准，参考报告中的单孔抽水试验、多孔抽水试验结果，结合部分水位观测资料，综合已有模型成果，初步确定本次数值模型奥陶系含水岩组的水文地质参数分区和初值，具体水文地质参数分区和取值经模型参数识别验证后进行调整。图 8-4 是奥陶系含水岩组渗透系数分区，其中水平渗透系数取值为 0.2 ~ 50m/d，垂直渗透系数取值为 0.02 ~ 5m/d，储水率取值为 1×10^{-7} ~ $7\times10^{-5}m^{-1}$。

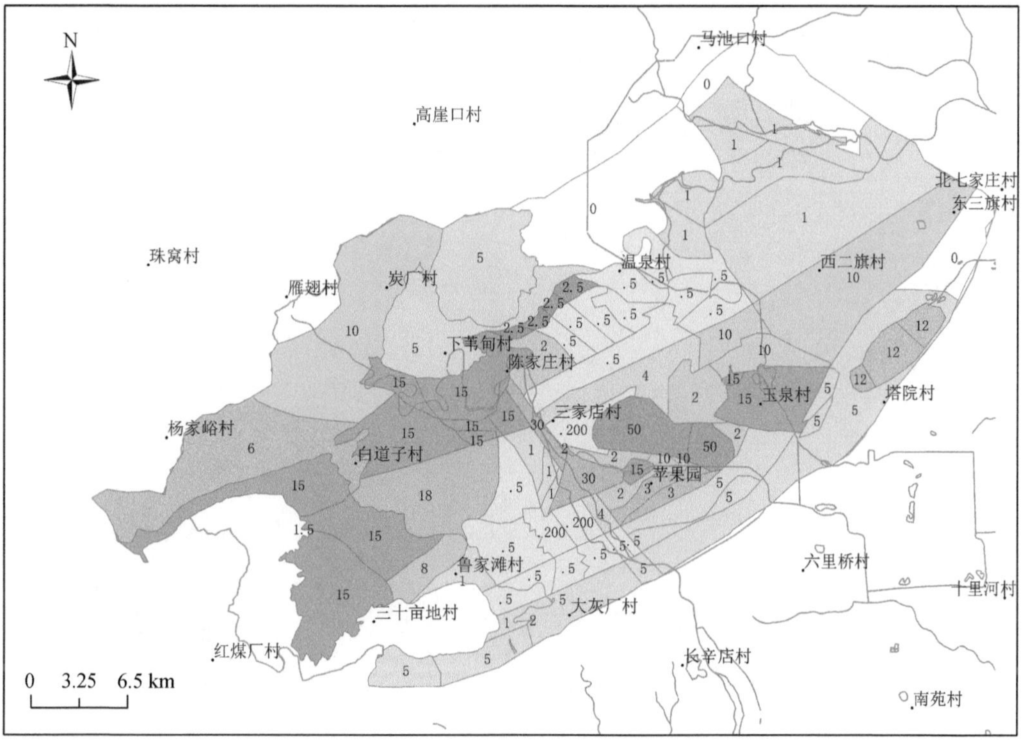

图 8-4　奥陶系含水岩组渗透系数分区图

8.1.5　地下水源汇项

1. 第四系地下水源汇项

研究区第四系地下水补给项包括大气降水入渗、边界侧向流入、山区洪水对平原区的补给、地表水入渗、农业灌溉回归补给，排泄项包括人工开采和边界侧向流出。另外，在玉泉山、温泉—沙河地区，奥陶系地层与第四系地层直接接触，两者有一定水量交换。

1）补给项计算

（1）大气降水入渗补给量。降水入渗补给量采用入渗系数法计算，首先利用气象站点生成泰森多边形并赋予月降水量，再根据已有研究报告获取降水入渗系数分区（图 8-5），统计各分区降水入渗补给量，获取整个第四系地下水的大气降水入渗补给量。大气降水入渗补给量计算公式为

$$Q(i,k) = \alpha_i \cdot P_k \cdot S_i \tag{8-1}$$

式中，α_i 为大气降水入渗系数；P_k 为第 k 月的大气降水补给量；S_i 为第四系地层出露面积；$Q(i,k)$ 为第 k 月第四系地层出露区所接受的大气降水补给量。

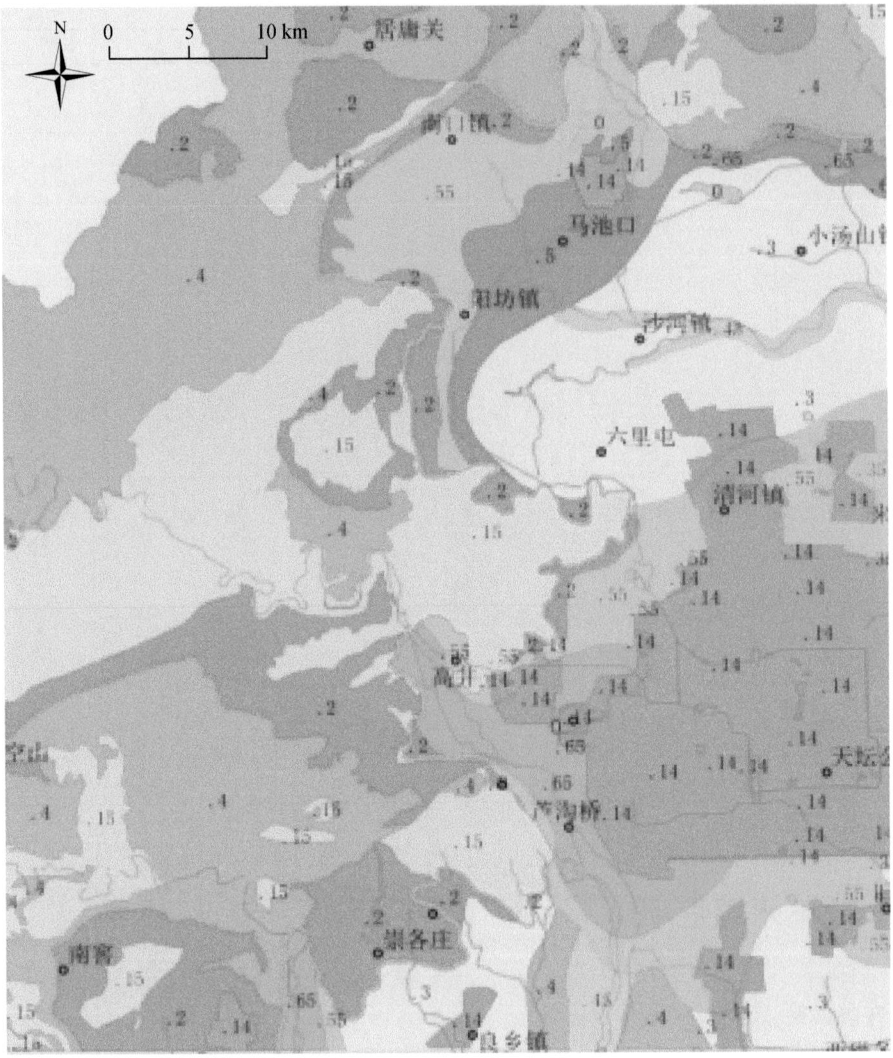

图 8-5　工作区降水入渗系数分区图

如图 8-6 所示，研究区多年平均降雨量为 550. 59mm（1977 ~ 2014 年）。模拟期为 2012 年 9 月到 2015 年 9 月共计三个水文年，第一个水文年降雨量平均为 610. 75mm，第二个水文年降雨量平均为 394. 64mm，第三个水文年降雨量平均为 491. 77mm。根据降雨频率计算，得到各水文年降雨年型（表 8-1）。

表 8-1　降雨量统计表

时段	降雨量/mm	降雨频率/%	降雨年型
第一个水文年	610. 75	38	偏丰水年
第二个水文年	394. 64	84	极枯水年
第三个水文年	491. 77	59	平偏枯
多年平均	499. 05	60. 33	平偏丰

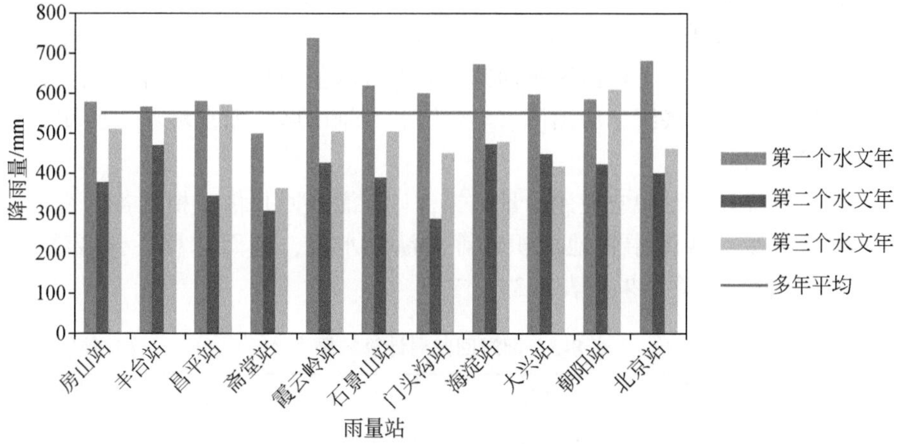

图 8-6 工作区降雨量柱状图

根据 11 个雨量站数据，采用泰森多边形法进行分区赋值，并与降雨入渗系数分区相叠加，计算分区降雨入渗量。降雨入渗量在模型中分别赋值在模型第一层、第四层和第五层。

（2）边界流入量。山区地下水侧向径流对平原区地下水的补给，主要是山区基岩裂隙水、岩溶水的侧向径流补给，其补给量计算可根据山区河流基流切割法，求出山区不同岩性结构大气降水入渗系数，采用大气降水入渗法计算山区地下水侧向径流补给量。

对平原区地下水有直接补给作用的仅是未修水库的中、小型流域地区，其补给量可按下式进行计算。

$$Q_{侧补} = F \cdot \alpha \cdot N \tag{8-2}$$

式中，$Q_{侧补}$为山区侧向径流补给量（亿 m^3/a）；F 为山区基岩水对平原区地下水补给范围（km^2）；α 为不同岩性结构的大气降水入渗率；N 为补给区年降水量（m）。

经过计算，各地区边界流入量见表 8-2。

表 8-2 边界流入量计算结果表 （单位：万 m^3/a）

时段	第一个水文年	第二个水文年	第三个水文年
边界流入量	10 600. 99	6 665. 88	10 394. 08

（3）河渠渗漏补给量。根据《北京市石景山区杨庄水厂改建工程供水水文地质勘查报告》和《北京市第三水厂改扩建工程供水水文地质勘查报告》资料，工作区第四系河渠渗漏补给量包括永定河、京密引水渠、永定河引水渠的渗漏量。但目前永定河引水渠和京密引水渠已经全线衬砌，因此本次模拟不考虑水渠渗漏量。

永定河渗漏补给量根据《北京市地下水资源计算报告》计算方法，三家店闸到卢沟桥闸之间输水损失量的 90% 入渗补给地下水，按本区河道占两站间河道比例计算入渗量。

（4）农业灌溉回归补给量。根据第四系农业开采量及工作区灌溉回归系数，计算第四系灌溉回归补给量。参考《北京市第三水厂改扩建工程供水水文地质勘查报告》和《门头沟区水资源普查及水利化区划报告》中计算农业灌溉回归补给量时选取的灌溉回归系数，并结合土地利用现状，工作区灌溉回归系数综合取值为0.15。工作区内，耕地主要分布在昌平区、海淀区、大兴区、房山区、丰台区和石景山区，而东城区、西城区和朝阳区基本可以忽略灌溉回归。

根据各区历年统计年鉴中农业用水量数据，计算灌溉回归量。根据各区耕地亩均用水量，并利用各区县统计年鉴中耕地面积计算其灌溉水量，进而计算各分区灌溉回归量。2015年取2014年值，计算结果见表8-3。

表8-3　灌溉回归量计算结果表　（单位：万 m^3/a）

灌溉回归量	2012年	2013年	2014年
昌平区	676.85	584.78	501.62
房山区	321.26	266.19	252.86
大兴区	429.05	354.68	337.52
丰台区	85.05	71.26	40.45
海淀区	149.80	139.20	129.00
门头沟区	78.29	76.11	75.10
石景山区	21.64	18.13	10.29
合计	1761.94	1510.35	1346.84

（5）越流交换量。在玉泉山、温泉、沙河三个地区，奥陶系与第四系有一定水量交换，通过模型自动计算获得。

2）排泄项计算

工作区排泄项包括人工开采和侧向流出。人工开采包括农业开采、工业开采及水厂集中开采。

A. 开采量

（1）集中水源地开采量。第三水厂地下水开采包括基岩和第四系混合开采。根据收集的资料获得的第三水厂地下水总开采量见表8-4，第三水厂各年基岩水开采量根据“北京岩溶水资源勘查评价工程”数据取3345.57万 m^3/a。集中水厂第四系地下水开采量见表8-5。

表8-4　第三水厂地下水开采量统计结果表　（单位：万 m^3/a）

年份	第三水厂总开采量	基岩水开采量	第四系开采量
2012	7348.421	3345.57	4002.85
2013	6676.399	3345.57	3330.83
2014	6850.272	3345.57	3504.70

表 8-5 集中水厂第四系地下水开采量统计表 （单位：万 m^3/a）

年份	第三水厂	第四水厂	其他水厂	合计
2012	4002.85	409.53	4950.95	9363.33
2013	3330.83	291.83	4950.95	8573.61
2014	3504.70	318.25	4950.95	8773.90

（2）区域第四系地下水分散开采量。区域第四系地下水分散开采量值见表 8-6，总开采量为 25 730.60 万 m^3/a。

表 8-6 区域第四系地下水分散开采量统计表

序号	分区	分区面积/km^2	第四系地下水开采量/(万 m^3/a)
1	门头沟区	25.21	34.84
2	石景山区	52.7	1 904.42
3	海淀区	341.16	6 888.36
4	丰台区	207.17	1 472.15
5	昌平区	539.11	11 147.25
6	房山区	107.06	609.50
7	大兴区	143.01	2 568.79
8	朝阳区	77.58	844.65
9	中心城区	92.5	260.63
合计		1 585.50	25 730.59

B. 边界侧向流出量

第四系边界具有分段特征，本次工作利用获取的地下水位等值线计算水力梯度，并根据达西定律进行计算，公式如下：

$$Q_c = K \cdot I \cdot B \cdot M \cdot \delta T \tag{8-3}$$

式中，Q_c 为地下水侧向流出量（万 m^3/a），流入为正，流出为负；K 为含水层水平渗透系数（m/d）；I 为垂直于流向的水力梯度；B 和 M 分别为边界宽度和厚度；δT 为计算时间。

2. 奥陶系地下水源汇项

根据研究区补给、径流、排泄条件，奥陶系岩溶水补给来源包括大气降水入渗、永定河渗漏补给、大石河侧向补给以及边界侧向流入，排泄途径包括人工开采和边界侧向流出。另外，在玉泉山、温泉—沙河地区以及洼里地区，奥陶系岩溶水与第四系地下水存在着较为密切的水力联系，存在着一定的水量交换。

1）奥陶系岩溶水补给项

（1）大气降水入渗补给量。大气降水入渗补给量采用入渗系数法计算，首先利用气象站点生成泰森多边形并赋予月降水量，再根据奥陶系灰岩出露情况和分布面积，分别统计其降水入渗量，最终汇总为年降水入渗量。入渗系数根据以往研究成果赋值。

（2）永定河渗漏补给量。雁翅—三家店两水文站流量资料表明，永定河通过两水文站间的奥陶系灰岩河道时，有相当大的漏失量，根据《北京市第三水厂改扩建工程供水水文地质勘查报告》，该渗漏量可以利用雁翅水文站及三家店水文站径流量之差进行估算。

$$Q_{渗} = Q_{雁} + Q_{径} + Q_{基渗} - Q_{三} - Q_{坝渗} - Q_{蒸发} \tag{8-4}$$

式中，$Q_{渗}$为永定河渗漏补给量（万 m^3/a）；$Q_{雁}$为雁翅站过流量（万 m^3/a）；$Q_{径}$为汇水区域内形成地表径流量（万 m^3/a）；$Q_{基渗}$为汇水区域内大气降水入渗量（万 m^3/a）；$Q_{三}$为三家店过流量（万 m^3/a）；$Q_{坝渗}$为三家店水库坝下渗漏量（万 m^3/a）；$Q_{蒸发}$为水面蒸发量（万 m^3/a）。

（3）大石河侧向补给量。根据《北京市云岗地区航天部三院供水水文地质勘查报告》，1987 年大石河对奥陶系灰岩侧向补给量约为 362 万 m^3。工作区内大石河河道主要接受黑龙关泉的补给，根据搜集的黑龙关泉 2000 ~ 2004 年流量数据，结合报告中提供的历史数据，计算模拟时段内大石河对奥陶系岩溶水的侧向补给量。

2）奥陶系岩溶水排泄项

（1）开采量。奥陶系岩溶水均衡区包括海淀、石景山、门头沟、丰台西部、房山东北部以及昌平中南部。根据收集的研究区基岩开采量，进行分析处理。其中，基岩裂隙类地下水开采总量为 434.17 万 m^3/a，岩溶区域地下水开采总量为 6305.35 万 m^3/a，集中水源地开采量为 5479.47 万 m^3/a，基岩水总开采量为 12 218.99 万 m^3/a。集中水厂分布见图 8-7。

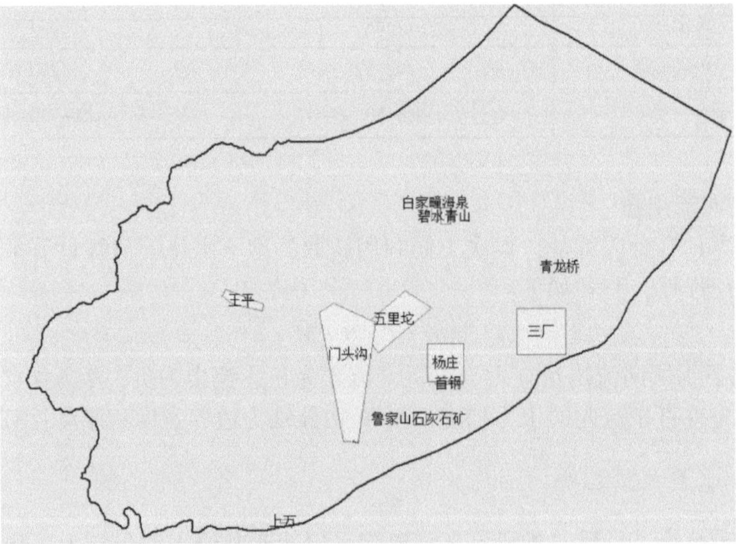

图 8-7　集中水厂分布示意图

（2）越流交换水量及边界侧向流出量。①越流交换水量，在玉泉山、温泉、沙河、洼里及其附近地区，奥陶系地层与第四系地层直接接触，含水层之间存在较强的水力联系，模型利用达西定律计算含水层的交换水量。②边界侧向流出量，鲁家滩和军庄来水径流至永定河断裂附近时，部分水量沿黄庄—高丽营断裂会向东南边界外排泄，南口—孙河断裂附近也存在一定侧向流出量，根据达西定律计算二者侧向流出量。

8.2 地下水流数值模型

在已有水文地质概念模型的基础上，建立相应的地下水数学模型和数值模型，进而运用识别验证后的模型，开展研究区地下水资源评价、地下水位变化趋势预测以及地下水开采环境影响评价等一系列研究。

8.2.1 地下水数学模型

西郊地区岩溶水含水层主要为奥陶系灰岩，介质以溶蚀裂隙为主，具有北方岩溶的典型特征，运动性质基本满足达西定律要求，可用微分方程的定解问题来描述，本次研究选用地下水模拟软件 GMS 求解该定解问题，并进行水资源评价。将研究区地下水概化为非均质、各向异性的非稳定三维地下水流系统。

$$\begin{cases} S\dfrac{\partial h}{\partial t} = \dfrac{\partial}{\partial x}\left(K_x\dfrac{\partial h}{\partial x}\right) + \dfrac{\partial}{\partial y}\left(K_y\dfrac{\partial h}{\partial y}\right) + \dfrac{\partial}{\partial z}\left(K_z\dfrac{\partial h}{\partial z}\right) + \varepsilon & x,y,z \in \Omega, t \geqslant 0 \\ \mu\dfrac{\partial h}{\partial t} = K_x\left(\dfrac{\partial h}{\partial x}\right)^2 + K_y\left(\dfrac{\partial h}{\partial y}\right)^2 + K_z\left(\dfrac{\partial h}{\partial z}\right)^2 - \dfrac{\partial h}{\partial z}(K_z + p) + p & x,y,z \in \Gamma_0, t \geqslant 0 \\ h(x,y,z,t)\big|_{t=0} = h_0 & x,y,z \in \Omega, t \geqslant 0 \\ K_n\dfrac{\partial h}{\partial \vec{n}}\bigg|_{\Gamma_1} = q(x,y,z,t) & x,y,z \in \Gamma_1, t \geqslant 0 \\ \dfrac{\partial h}{\partial \vec{n}}\bigg|_{\Gamma_2} = 0 & x,y,z \in \Gamma_2, t \geqslant 0 \end{cases} \tag{8-5}$$

式中，Ω 为渗流区域；h 为含水层的水位标高（m）；K_x、K_y、K_z 分别为 x、y、z 方向的渗透系数（m/d）；K_n 为边界面法向方向的渗透系数（m/d）；S 为承压含水层储水系数（m^{-1}）；μ 为潜水含水层的重力给水度；ε 为含水层的源汇项（d^{-1}）；p 为潜水面的蒸发和降水等（m/d^{-1}）；h_0 为含水层的初始水位分布（m）；Γ_1 为渗流区域的侧向边界；Γ_2 为渗流区域的下边界，即含水层底部的隔水边界；$\tilde{n}$ 为边界面的法线方向；$q(x, y, z, t)$ 为二类边界的单宽流量［$m^2/(d \cdot m)$］，流入为正，流出为负，隔水边界值为 0。

8.2.2 地下水数值模型构建

（1）模型时空离散

综合考虑工作区条件，对工作区进行水平剖分，网格大小设定为 200m×200m，岩溶水系统垂向上概化为 5 层，其中第四系地层概化为潜水层、第四系弱透水层、第四系承压水层，基岩地层包括基岩隔水层以及奥陶系含水岩组。

根据数据收集情况，并综合考虑西郊地区地下水位监测频次及水位变化规律，确定数值模型应力期为 1 个月，时间步长为 10 天。

模拟时段初步选择为2012年9月~2015年9月，以2012年9月~2014年8月为模拟期，以2014年9月~2015年9月为验证期。

（2）初始流场

根据现有资料，确定本次数值模拟的初始流场，包括第四系潜水初始流场、第四系弱透水层初始流场、第四系承压水初始流场和奥陶系岩溶地下水初始流场（图8-8~图8-10）。其中第四系弱透水层初始流场根据潜水初始流场和承压水初始流场进行算术平均得到。

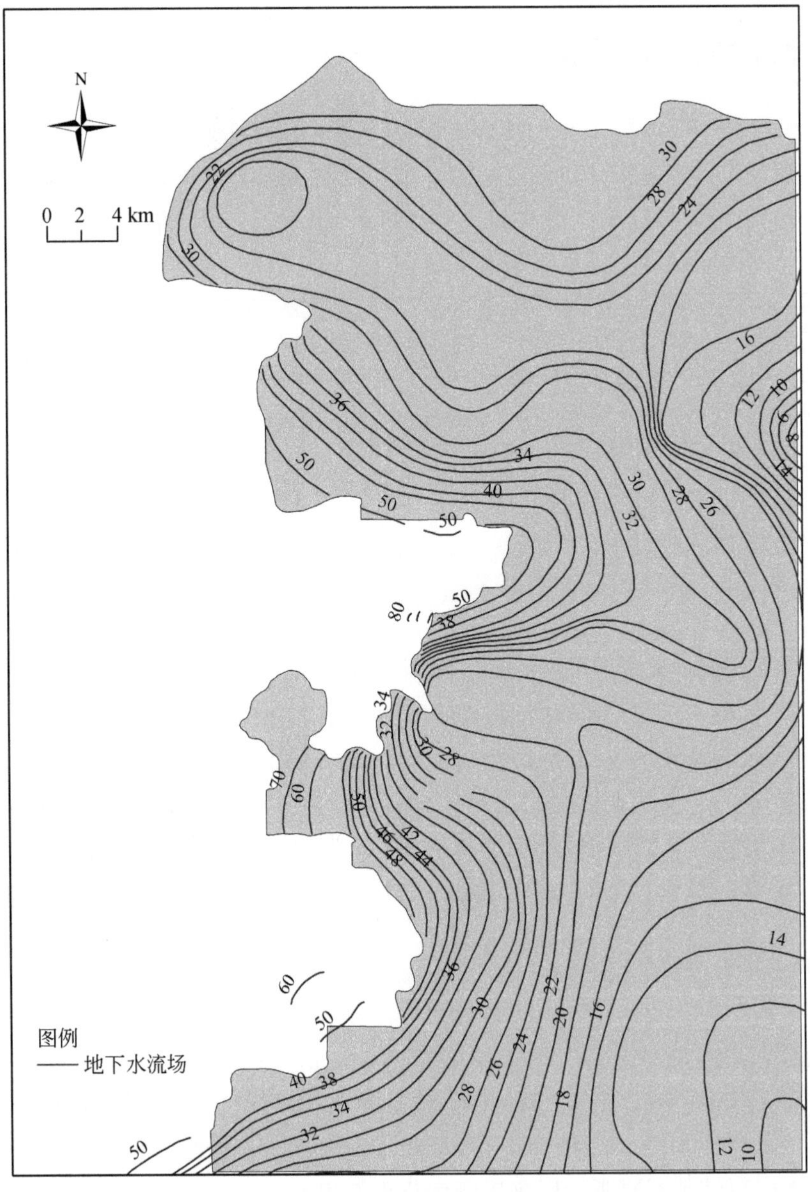

图8-8　浅层第四系含水层地下水初始流场图

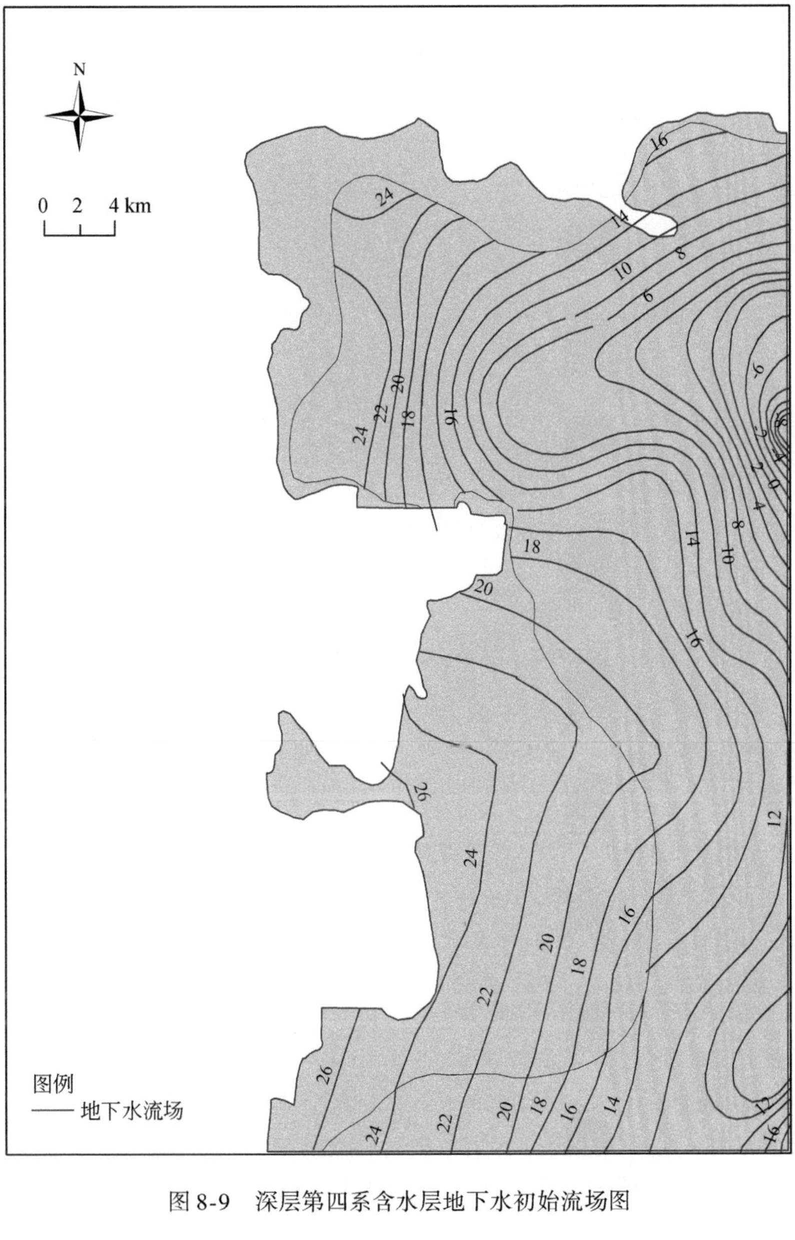

图 8-9 深层第四系含水层地下水初始流场图

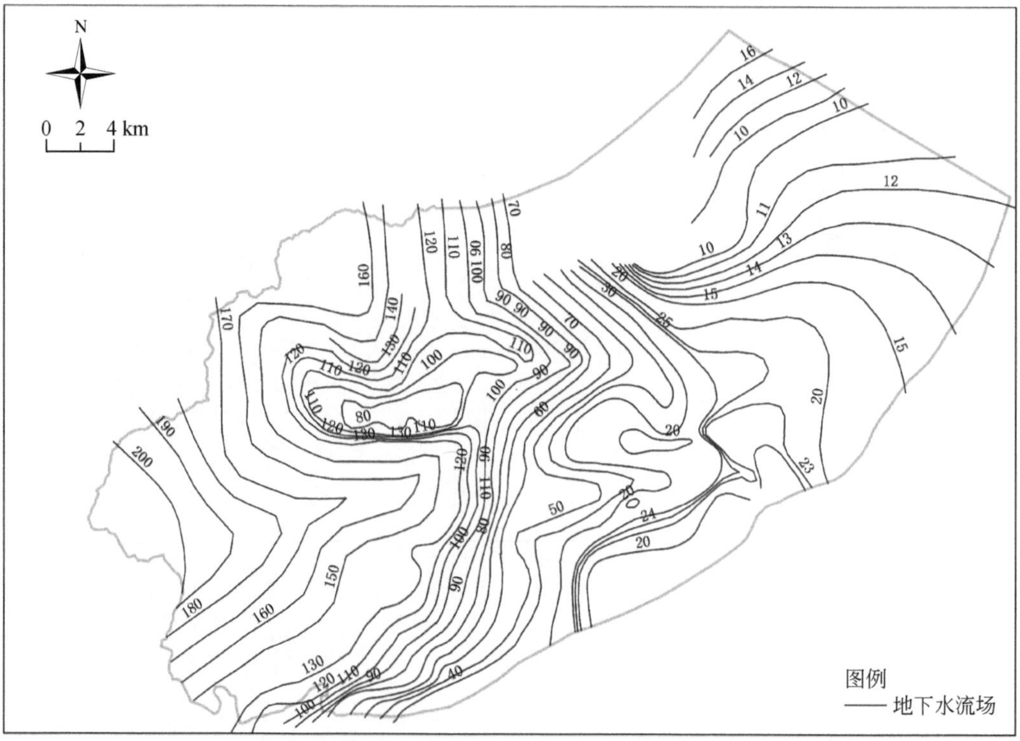

图 8-10　奥陶系含水层地下水初始流场图

8.2.3　模型识别验证

本次研究采用“试验估算法”对三维地下水数值模型进行识别、验证，模型识别和验证工作主要遵循以下原则（图 8-11）：

（1）模拟的含水层流场与实际流场基本一致，即模拟地下水位等值线与实测地下水位等值线形状相似。

（2）模拟地下水动态过程与实测的动态过程基本相似，即模拟地下水位过程曲线与实测水位过程曲线基本拟合。

（3）从水均衡的角度出发，模拟的地下水均衡变化要与实际情况基本相符。

（4）识别的水文地质参数要符合实际水文地质条件。

通过对模型的识别和验证，得到不同观测井水位拟合图，见图 8-12 ~ 图 8-23。

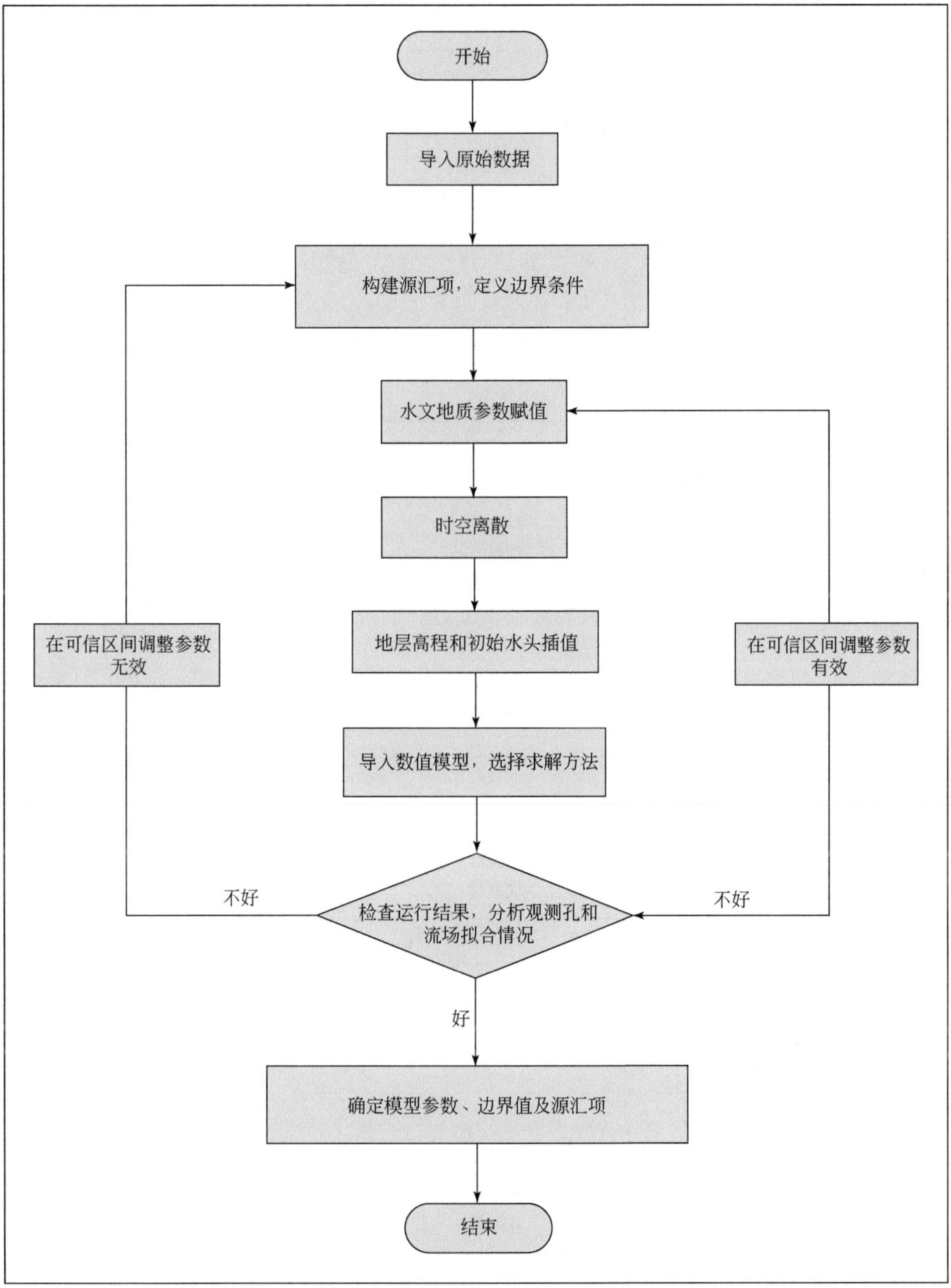

图 8-11　模型识别验证技术路线图

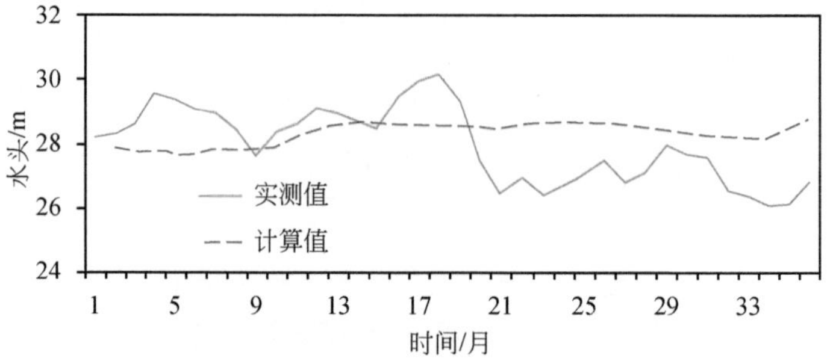

图 8-12　前章村 578-A 监测井水位拟合图

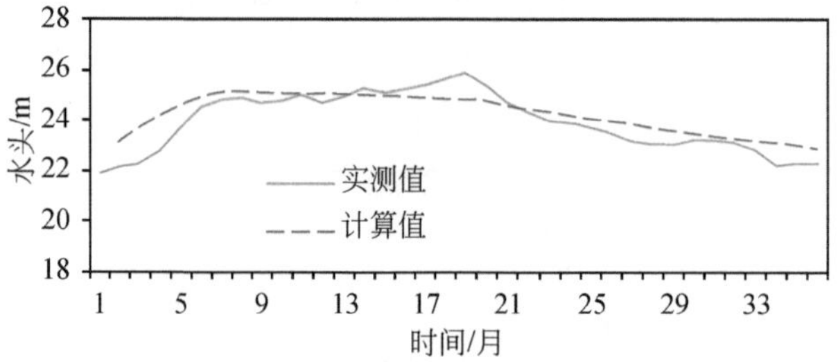

图 8-13　首都师范大学监测 17-D 监测井水位拟合图

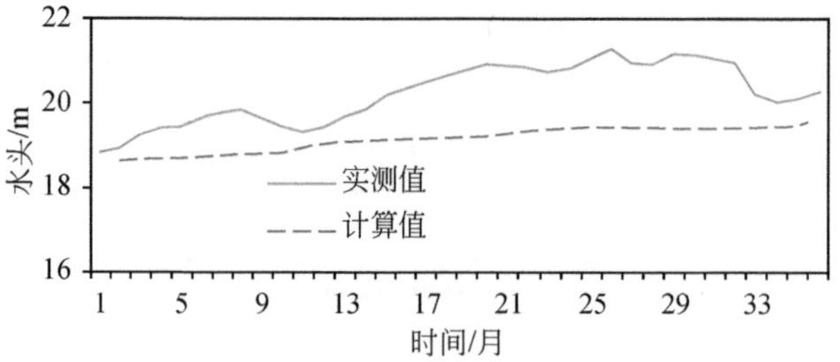

图 8-14　宣武公园 178 监测井水位拟合图

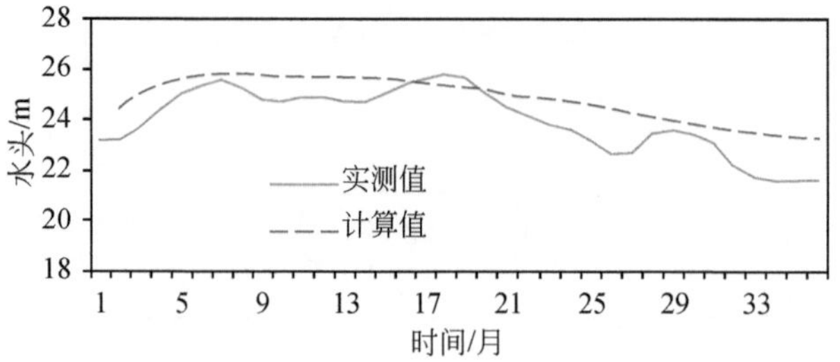

图 8-15　东冉村 98 监测井水位拟合图

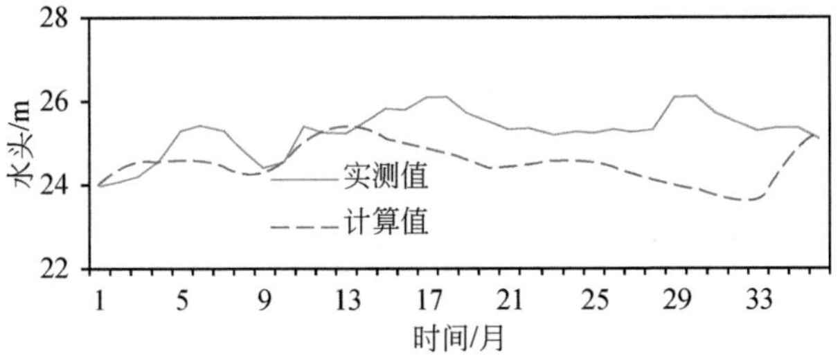

图 8-16　昌平北小营 C82-B 监测井水位拟合图

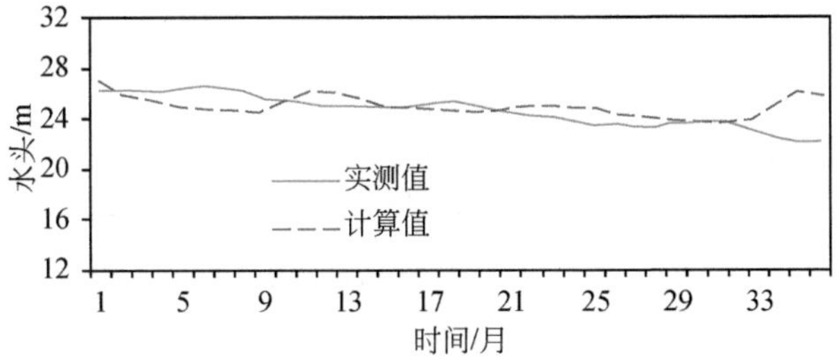

图 8-17　昌平体委 C208-2A 监测井水位拟合图

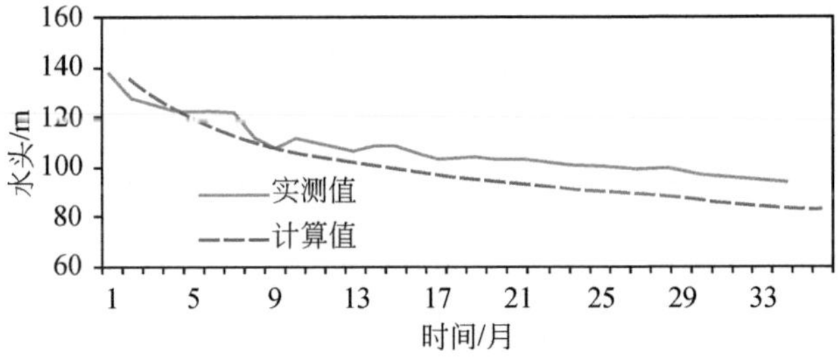

图 8-18　南辛房 XS134 监测井水位拟合图

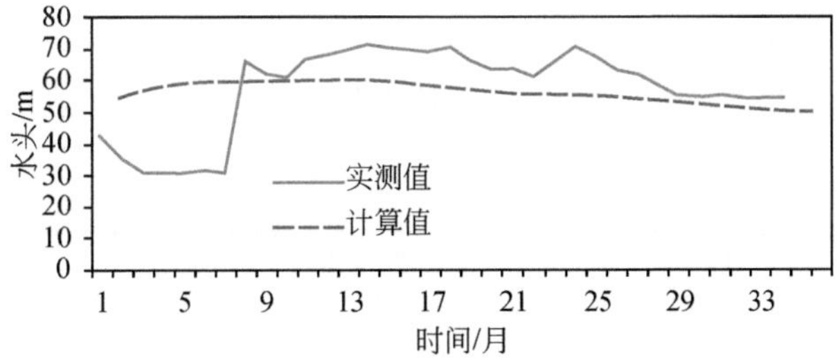

图 8-19　五里坨 XS026 监测井水位拟合图

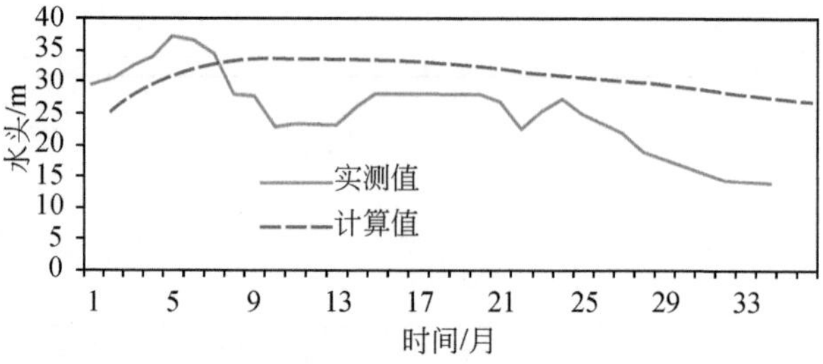

图 8-20　石景山自来水公司 XS024 监测井水位拟合图

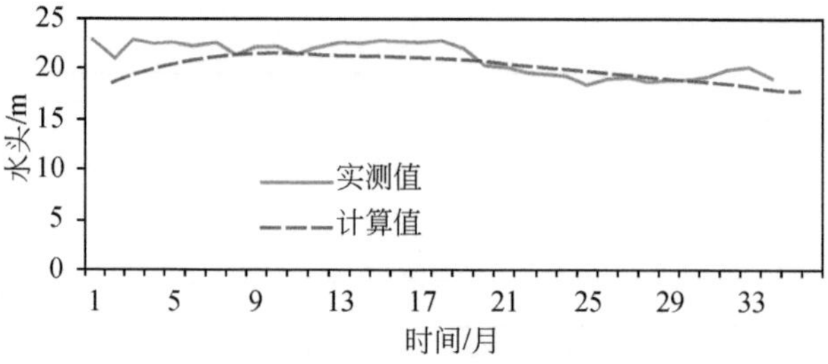

图 8-21　紫竹院板井村 XS015 监测井水位拟合图

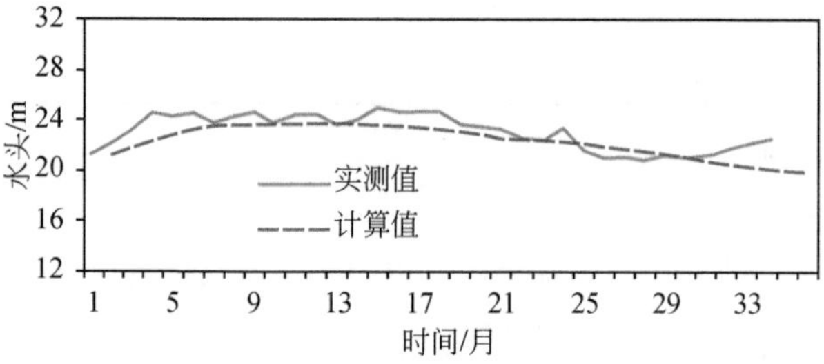

图 8-22　紫竹院常润园 XS001 观测井水位拟合图

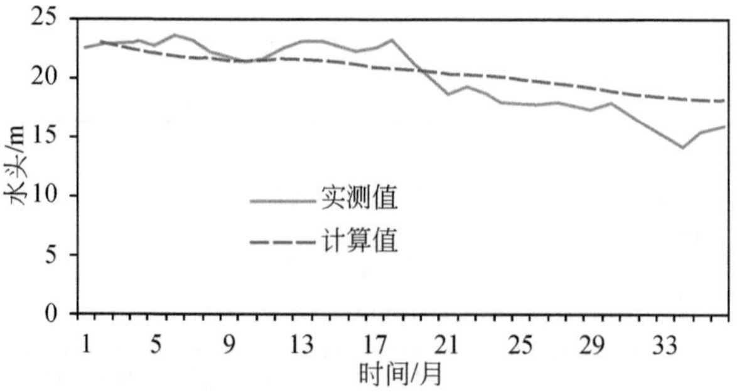

图 8-23　玉泉山 189 监测井水位拟合图

8.2.4 地下水均衡分析

根据模型计算结果，西郊地下水系统在模拟期内地下水系统均衡结果见表 8-7。地下水系统总补给量在 41 391.65 万 ~ 59 921.76 万 m^3/a，总排泄量为 57316.59 万 ~ 57 497.89 万 m^3/a。地下水系统在第一个水文年为正均衡，在第二个和第三个水文年为负均衡。模拟期内总体上呈负均衡。

表 8-7 西郊地下水系统均衡表 （单位：万 m^3/a）

源汇项	时段	第一个水文年	第二个水文年	第三个水文年
补给量	降雨入渗量	35958.68	23312.67	30466.51
	灌溉回归量	1550.59	1373.00	1346.84
	河流渗漏量	6853.00	6853.00	6853.00
	边界流入量	15559.49	9852.98	14466.88
	补给量合计	59921.76	41391.65	53133.23
排泄量	开采量	46392.86	46211.56	46298.48
	流出量	11105.03	11105.03	11105.03
	排泄量合计	57497.89	57316.59	57403.51
补排差		2423.87	-15924.94	-4270.28

岩溶水系统在模拟期内地下水系统均衡结果见表 8-8。岩溶水系统总补给量在 9424.59 万 ~ 13 986.69 万 m^3/a，总排泄量为 12596.71 万 m^3/a，岩溶水系统在模拟期内整体上呈负均衡。

表 8-8 岩溶水系统均衡表 （单位：万 m^3/a）

源汇项	时段	第一个水文年	第二个水文年	第三个水文年
补给项	降雨入渗量	3769.99	1887.99	2893.66
	河流渗漏量	6276.00	6276.00	6276.00
	边界流入量	190.00	190.00	190.00
	越流补给量	3750.70	1070.60	1639.31
	补给量合计	13986.69	9424.59	10998.97
排泄项	开采量	11784.84	11784.84	11784.84
	边界流出量	811.87	811.87	811.87
	排泄量合计	12596.71	12596.71	12596.71
补排差		1389.98	-3172.12	-1597.74

第四系地下水系统在模拟期内均衡结果见表 8-9。第四系地下水总补给量在 33 227.67 万 ~ 49 875.77 万 m^3/a，地下水系统在第一个水文年呈正均衡，在第二个和第三个水文年

呈负均衡，总体上呈负均衡。

表 8-9　第四系地下水系统均衡表　（单位：万 m^3/a）

源汇项	时段	第一个水文年	第二个水文年	第三个水文年
补给量	降雨入渗量	32188.69	21424.69	27572.85
	灌溉回归量	1550.59	1373.00	1346.84
	河流渗漏量	577.00	577.00	577.00
	边界流入量	15559.49	9852.98	14466.88
	合计	49875.77	33227.67	43963.57
排泄量	开采量	34608.04	34426.74	34513.66
	边界流出量	10293.16	10293.16	10293.16
	越流排泄量	3750.70	1070.60	1639.31
	合计	48651.90	45790.50	46446.13
补排差		1223.87	-12562.83	-2482.56

8.3　调蓄方案研究

8.3.1　调蓄方案设置

1. 方案设计条件

以 2015 年 6 月实测地下水流场作为预测期的初始流场。预测期内降水量取平水年降水条件，灌溉回归量按模拟期数据给定。边界流入量根据平水年条件计算相应流入量。边界流出量根据达西定律计算给定，在预测期内认为边界处水力梯度保持不变，因此，边界流出量按照模拟期数据给定。第四系地下水与岩溶水之间的交换量由模型自动计算。

方案预测期为 2015 年 6 月至 2050 年末。预测期降水条件为平水年，年降水量为 509.77mm。

2. 开采方案设计

项目要求利用已建立的地下水流模型，分析不同调蓄方案下第四系及基岩地下水位的变化特征，合理评价玉泉山泉水恢复方案。

根据前面均衡分析，西郊地区地下水整体处于负均衡状态，要想恢复该地区地下水位，必须结合南水北调工程进行新的开采布局。根据北京市规划，计划在永定河陈家庄附近修建地表水水库，结合陈家庄水库的渗漏量，基于南水北调持续供水后有计划进行回补等前提，进行了方案设计，主要探究在恢复该地区第四系适宜水位以及实现玉泉山复涌的情况下，如何进行开采布局与水资源规划，从而实现水资源的高效利用。根据以上两个目的，方案设置如下（表 8-10）：

方案一为现状开采方案，即在现状补给和排泄条件下进行的方案预测，预测期为 2015 年 6 月至 2030 年末。

方案二为玉泉山恢复极端减采方案。补给条件为增加永定河山峡段渗漏量 8000 万 m^3/a，则岩溶水全部停采，杨庄水厂和第三水厂的第四系地下水全部停采，第四系地下水总开采量控制在 20 920.62 万 m^3/a，占现状地下水开采总量的 45%。预测期为 2015 年 6 月至 2030 年末。

方案三为增渗减采方案。补给条件为永定河山峡段渗漏量在现状基础上增加 3000 万 m^3/a，则岩溶水集中水厂全部停采，岩溶水区域开采量控制在 4998.45 万 m^3/a；杨庄水厂和第三水厂第四系地下水全部停采，第四系地下水开采量控制在 29 958 万 m^3/a，占现状地下水开采总量的 75%。预测期为 2015 年 6 月至 2050 年末。

方案四为玉泉山恢复方案。补给条件为永定河山峡段渗漏量在现状基础上增加 8000 万 m^3/a，则岩溶水集中水厂停采，岩溶水区域开采量控制在 2909.65 万 m^3/a；杨庄水厂和第三水厂第四系地下水全部停采，第四系地下水开采量控制在 29 958 万 m^3/a，占现状地下水开采总量的 71%。预测期为 2015 年 6 月至 2050 年末。

方案五为大口井回灌方式进行地下水回补和减采方案。在永定河引水渠和南旱河沿岸进行大口井回灌，回灌量为 8000 万 m^3/a。岩溶水集中水厂停采，四季青镇区域岩溶水开采量停采，岩溶水总开采量控制在 4998 万 m^3/a；杨庄水厂和第三水厂第四系地下水停采，海淀区区域第四系地下水开采量停采，第四系地下水总开采量控制在 21 972 万 m^3/a。预测期为 2015 ~ 2030 年。

方案六同样为大口井回灌和限采结合方案。在永定河引水渠和南旱河沿岸进行大口井回灌，回灌量为 8000 万 m^3/a。岩溶水集中水厂停采，区域开采量保持现状不变，即岩溶水开采量为 6305 万 m^3/a；杨庄水厂和第三水厂第四系地下水停采，海淀区区域第四系地下水减采 551 万 m^3/a，第四系地下水总开采量控制在 29 398 万 m^3/a。预测期为 2015 年 6 月至 2050 年末。

表 8-10　不同方案的开采和回补条件　　（单位：万 m^3/a）

变化项	方案一	方案二	方案三	方案四	方案五	方案六
永定河渗漏/大口井回补	6 276	14 276	9 276	14 276	14 276	14 276
第四系地下水开采量	34 513.66	20 920.62	29 958	29 958	21 972	29 398
岩溶水开采量	11 784.82	0	4 998.45	2 909.65	4 998	6 305

3. 方案预测及分析

1）方案一结果分析

方案一为现状方案，即不增加补给、不减采条件下的水位变化特征。方案一 2030 年地下水流场见图 8-24 和图 8-25。现状开采条件下，地下水位呈逐年下降趋势。浅层第四系含水层在玉泉村到塔园村以及六里桥村范围内 2030 年已经疏干。深层第四系地下水流场与浅层类似，也呈逐年下降趋势。岩溶地下水位不断下降，到 2030 年玉泉山处水位约为 8.3m，每年下降约 1.2m。

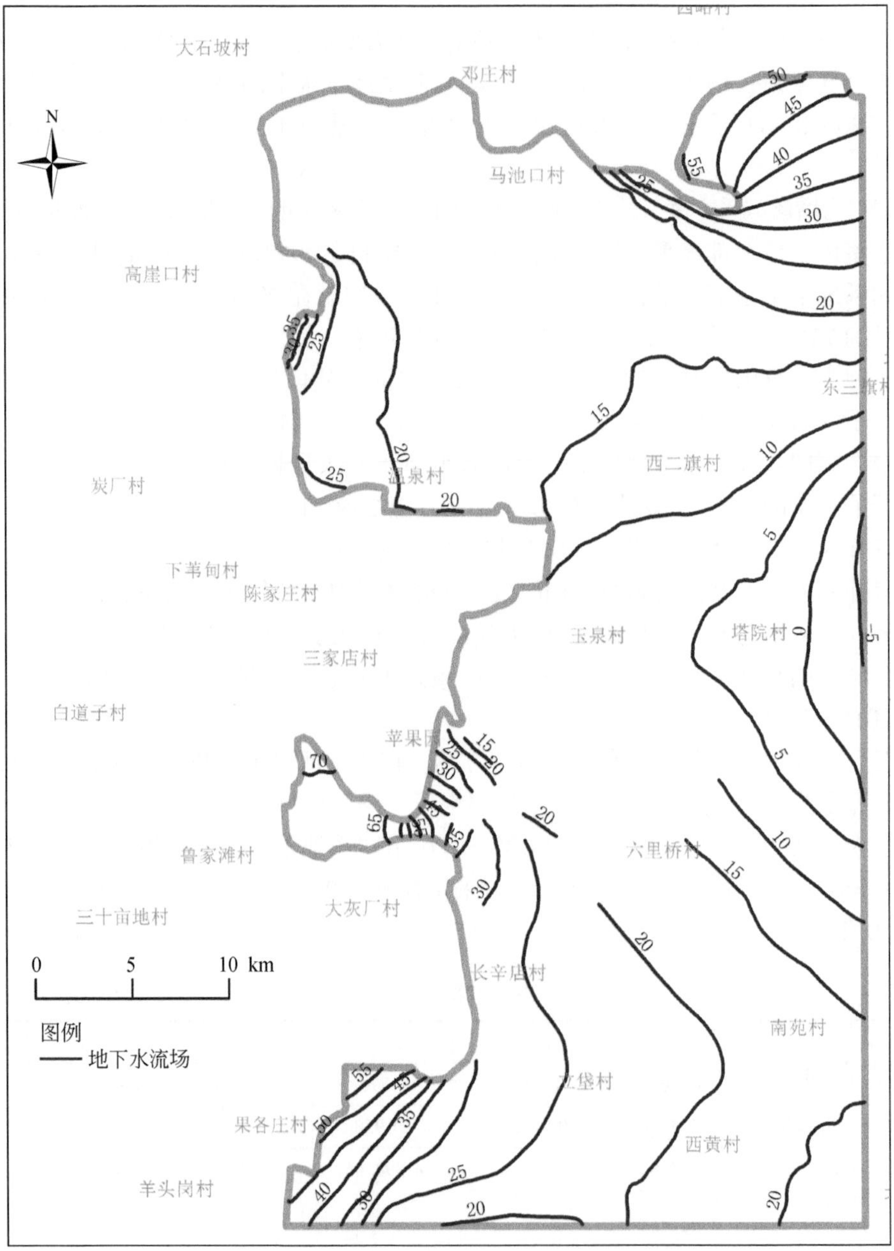

图 8-24　方案一 2030 年第四系地下水流场图

从典型观测井水位变化趋势图中可以看出，第四系地下水水头整体上呈逐渐下降趋势，平均降幅为 1.1m/a（图 8-26）。岩溶水系统从补给区到排泄区水头均呈逐年下降趋

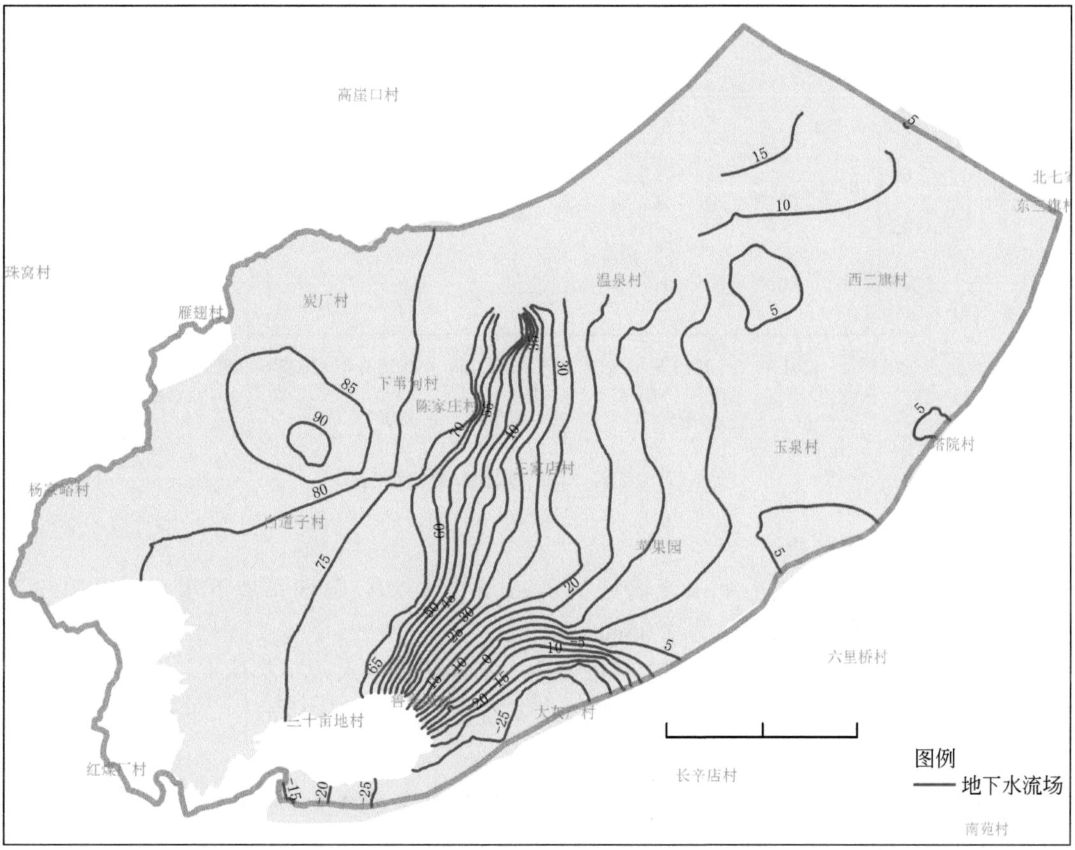

图 8-25　方案一 2030 年岩溶地下水流场图

势。补给区下降幅度较大，平均幅为 2.07m/a，排泄区平均降幅为 0.9m/a；域平均降幅为 1.14m/a（图 8-27）。

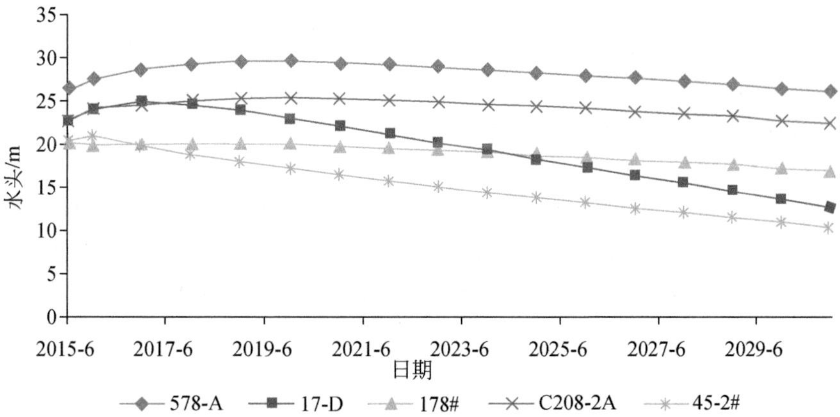

图 8-26　方案一第四系地下水水头变化趋势图

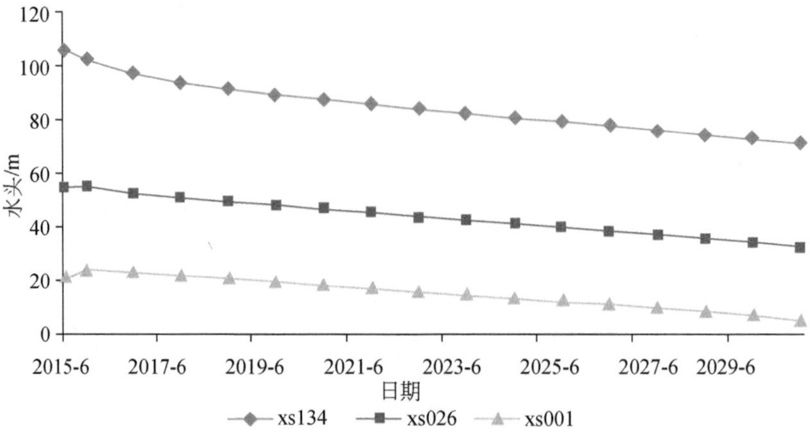

图 8-27　方案一岩溶水水头变化趋势图

2）方案二结果分析

方案二条件下，各层地下水流场见图 8-28 和图 8-29。第四系地下水水头升幅约为 0.8m/a。岩溶地下水水头升幅为 2.05m/a。

从典型观测井水位变化趋势图中可以看出，第四系地下水水头整体上呈上升趋势，平均水头升幅为 0.89m/a（图 8-30）。岩溶水系统整体上呈上升趋势，平均水头升幅为 2.72m/a（图 8-31）。

玉泉山泉水位到 2030 年末为 52.1m，水头升幅为 2.38m/a，高于泉水最低出流水位（51.6m），因此到 2030 年末玉泉山泉水恢复出流。

3）方案三结果分析

方案三条件下地下水流场见图 8-32 和图 8-33。浅层第四系含水层厚度较小的老山等局部地区存在疏干现象。

从典型观测井水位变化趋势图中可以看出，第四系地下水水头整体上呈动态平衡并略有上升趋势，平均水头升幅为 0.28m/a（图 8-34）。岩溶水系统整体上呈上升趋势，平均水头升幅为 0.71m/a。补给区水位略有下降，径流排泄区有小幅上升。玉泉山泉水位到 2050 年末为 40.7m，水头升幅为 0.7m/a，低于泉水最低出流水位（51.6m），因此到 2050 年末玉泉山泉水不能恢复出流（图 8-35）。

4）方案四结果分析

方案四条件下，各层地下水流场见图 8-36 和图 8-37。第四系地下水水头升幅约为 0.51m/a，岩溶水水头升幅约为 1.22m/a。玉泉山泉水位到 2050 年末为 52.0m（图 8-38 和图 8-39），水头升幅为 1.0m/a，高于泉水最低出流水位（51.6m），因此，到 2050 年末玉泉山泉水恢复出流。

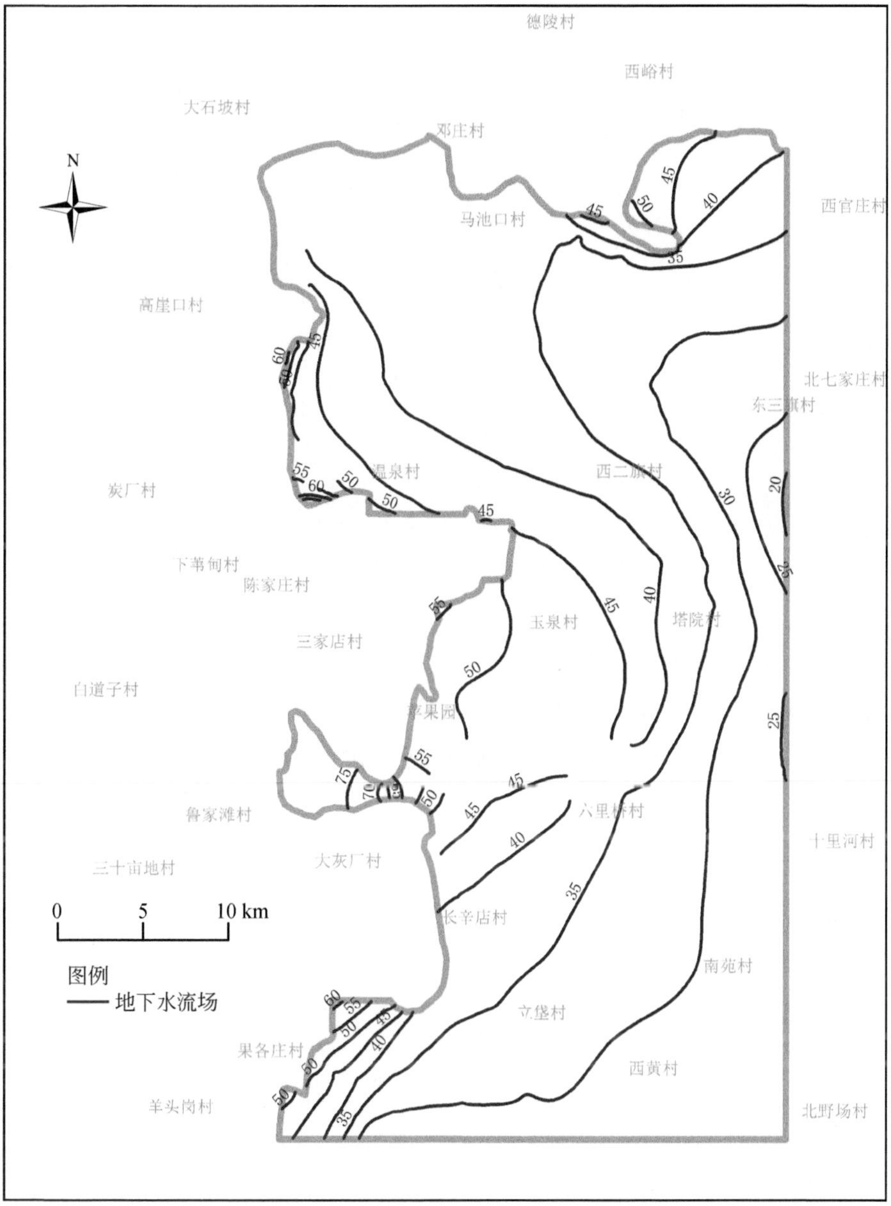

图 8-28　方案二 2030 年第四系地下水流场图

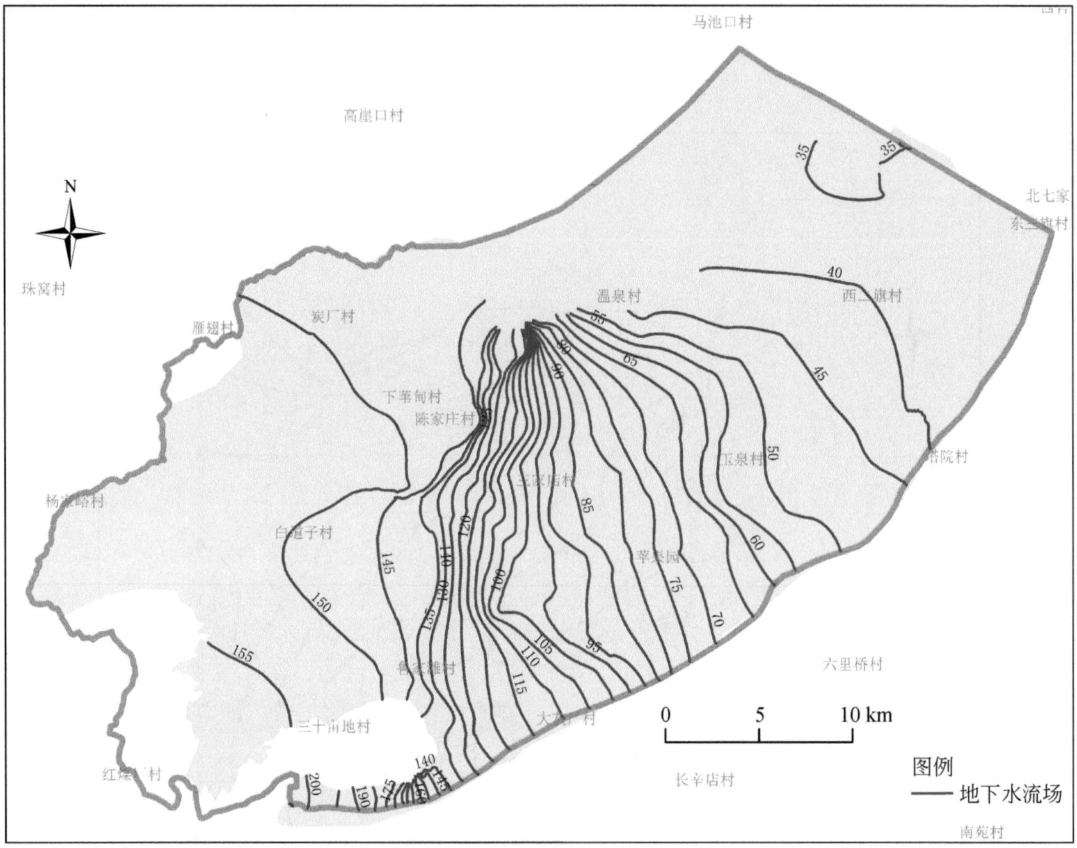

图 8-29　方案二 2030 年岩溶地下水流场图

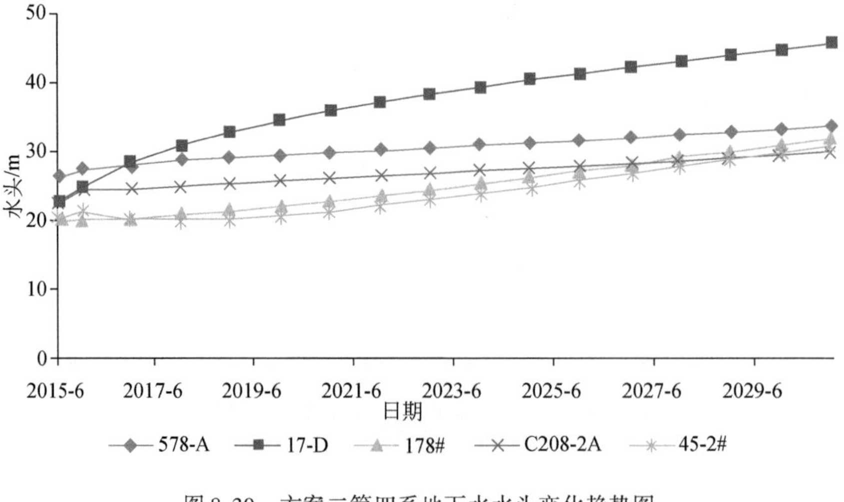

图 8-30　方案二第四系地下水水头变化趋势图

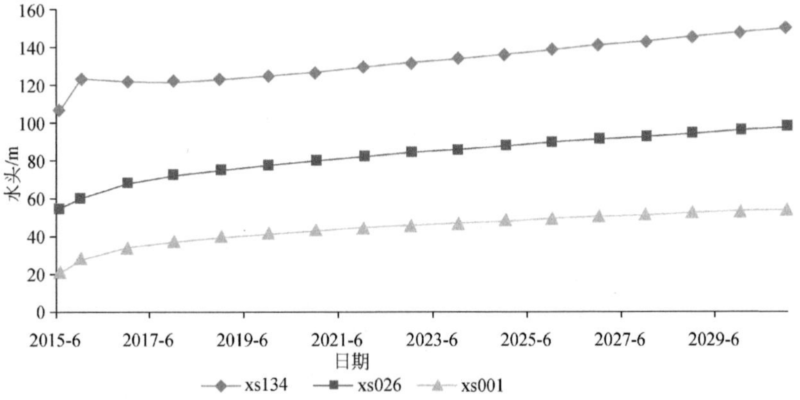

图 8-31　方案二岩溶水水头变化趋势图

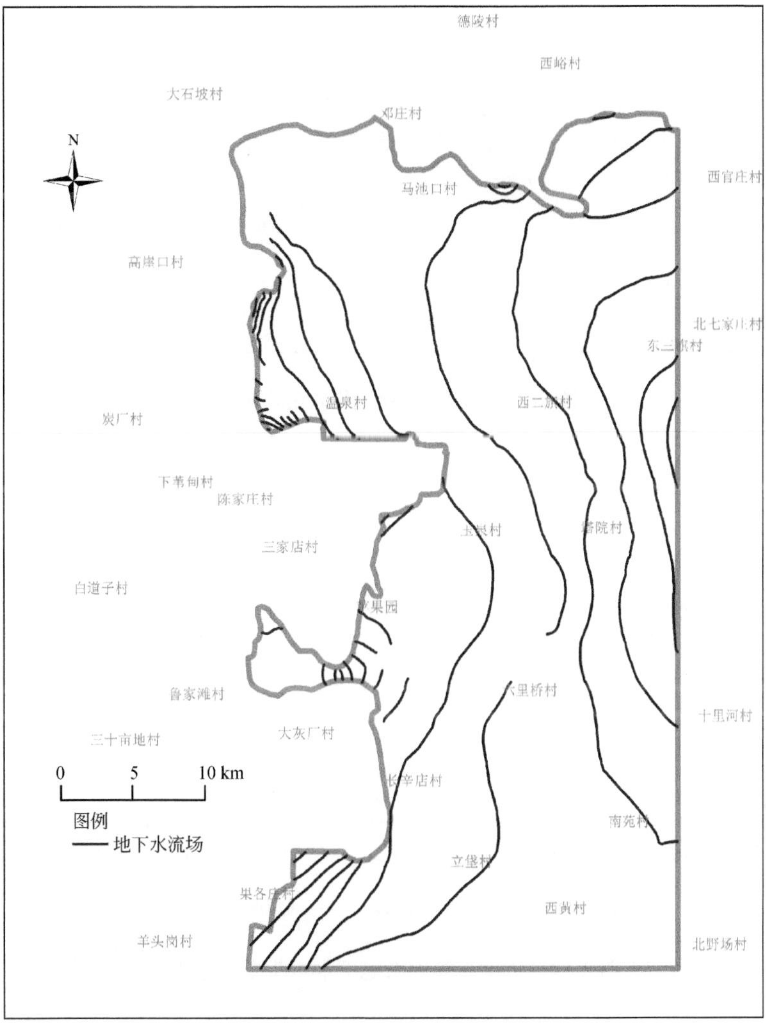

图 8-32　方案三 2050 年第四系地下水流场图

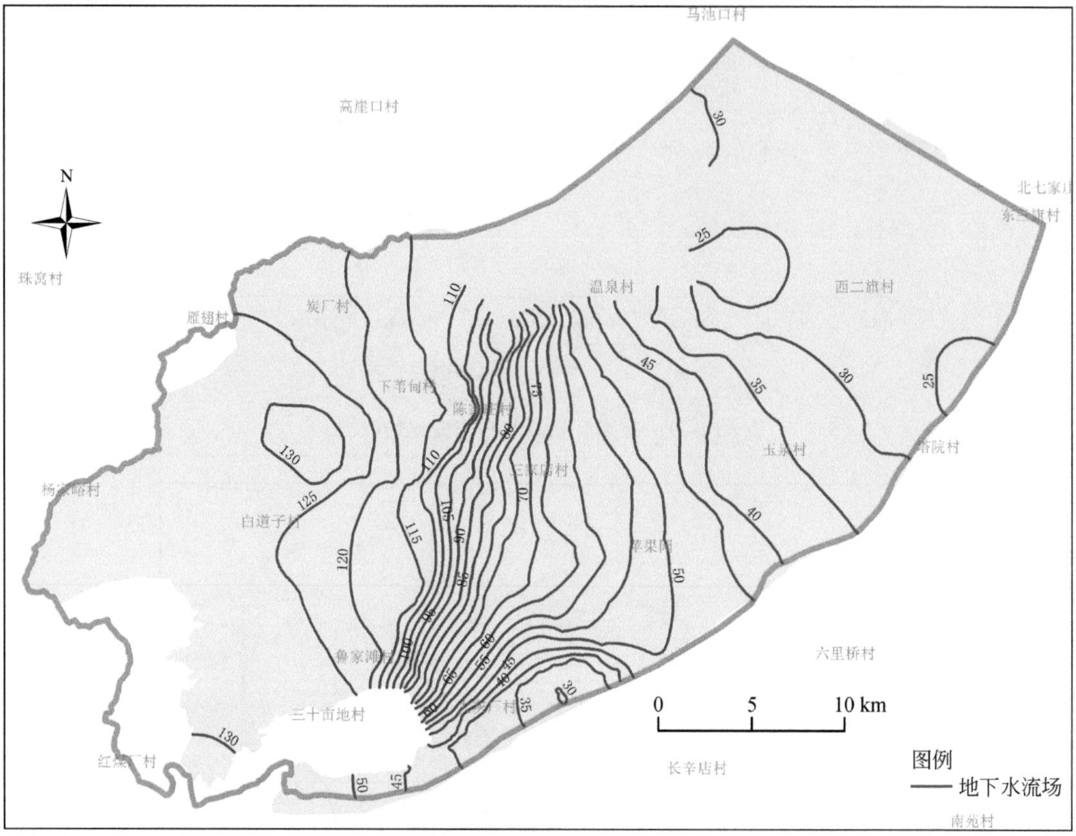

图 8-33　方案三 2050 年岩溶水流场图

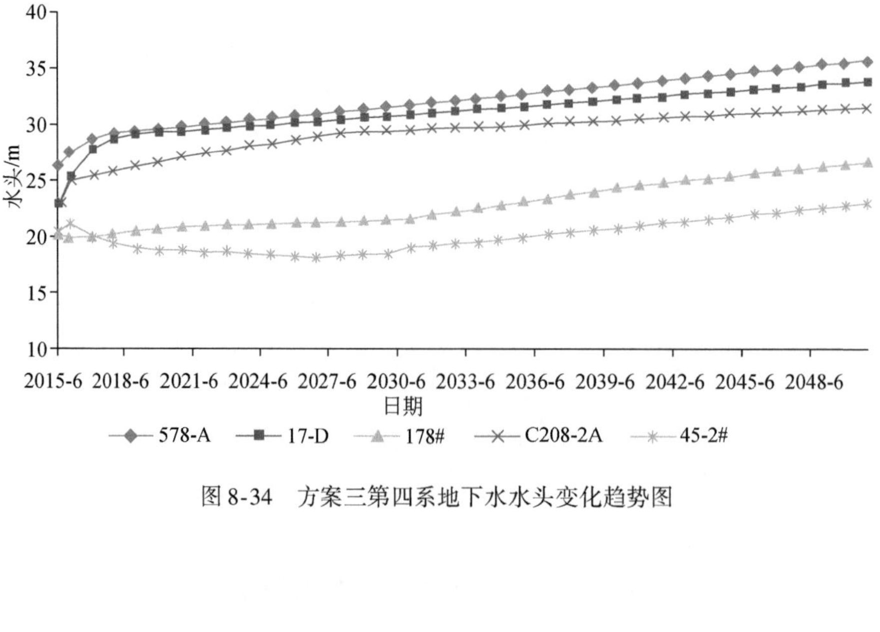

图 8-34　方案三第四系地下水水头变化趋势图

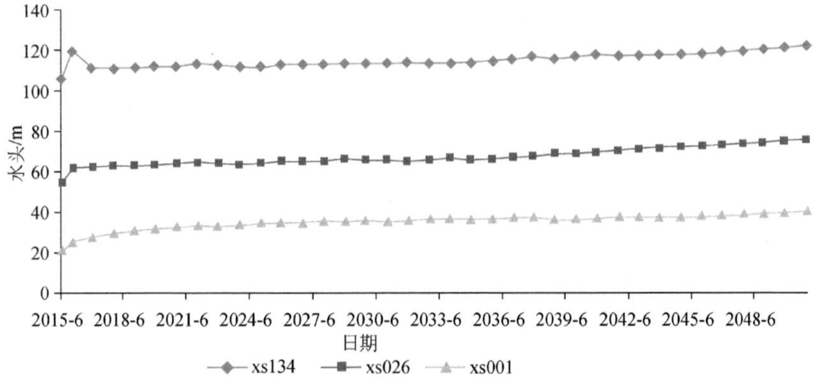

图 8-35　方案三岩溶水水头变化趋势图

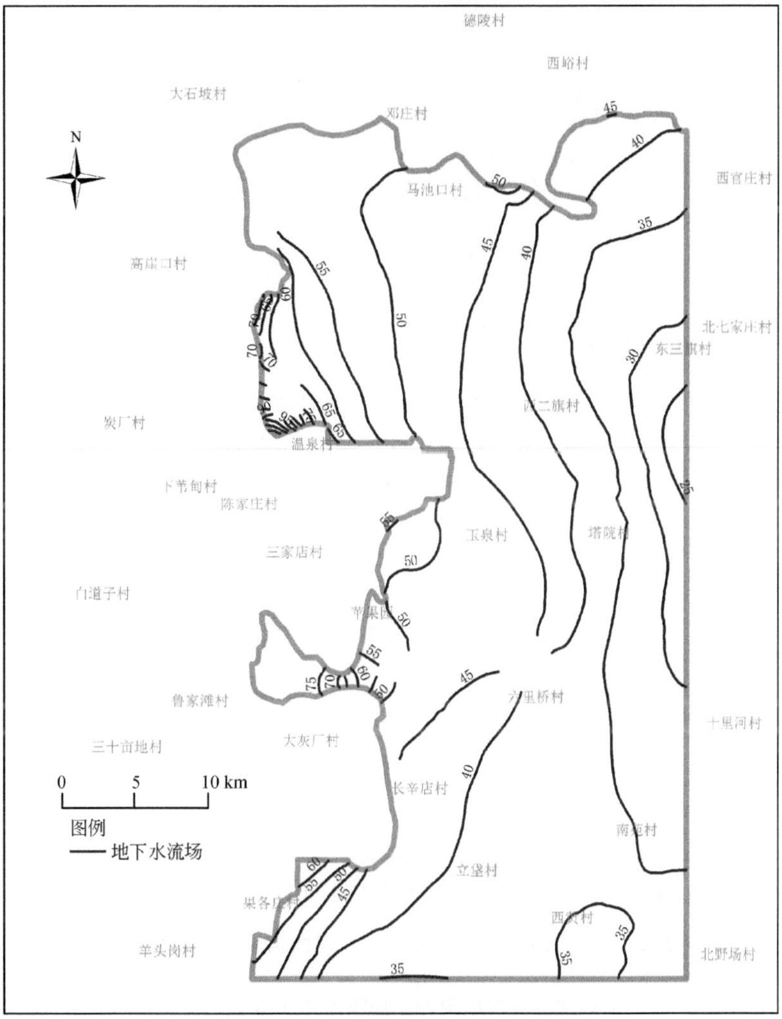

图 8-36　方案四第四系地下水流场图

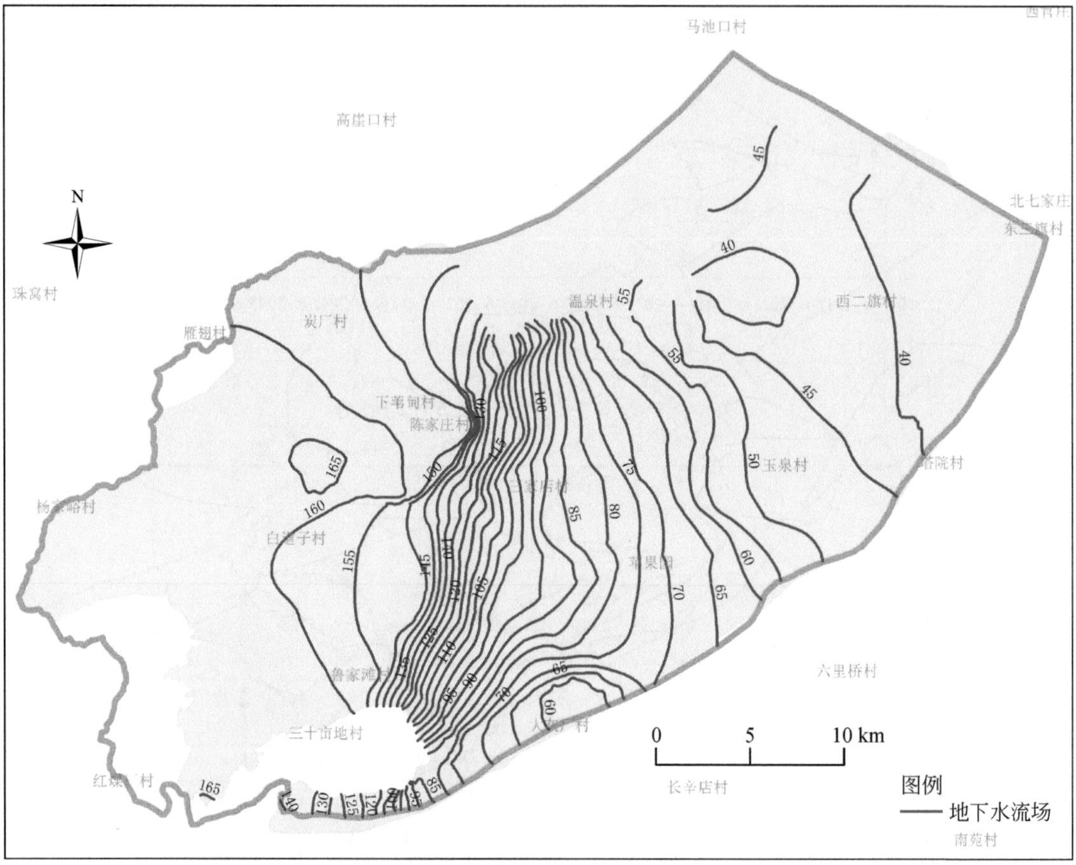

图 8-37　方案四 2050 年岩溶水流场图

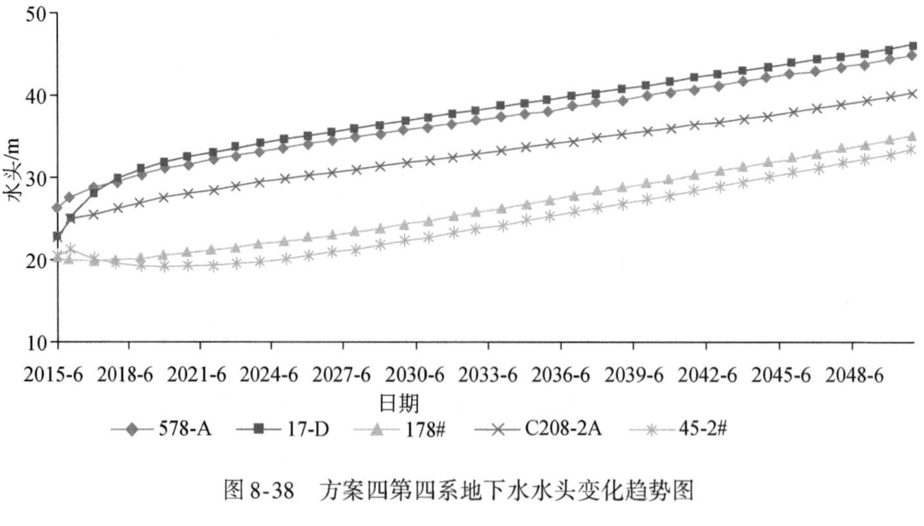

图 8-38　方案四第四系地下水水头变化趋势图

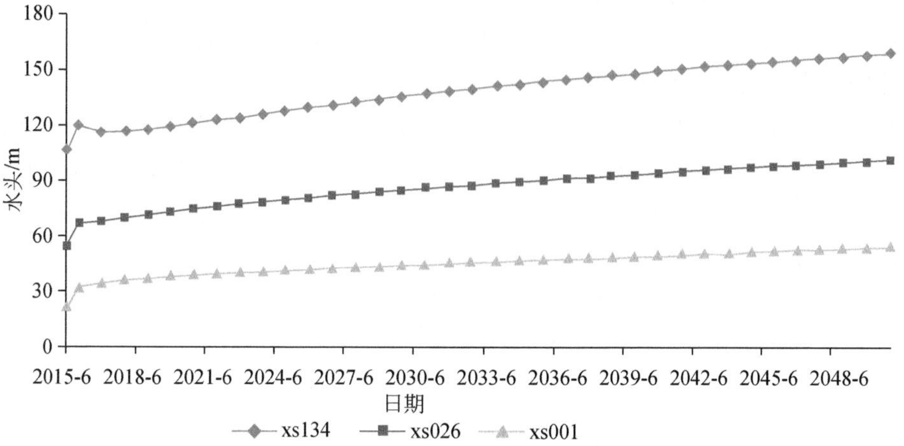

图 8-39　方案四岩溶水水头变化趋势图

5）方案五结果分析

从典型观测井水位变化趋势图中可以看出，第四系地下水水头整体上呈逐渐上升趋势，平均升幅为 1.1m/a。岩溶水系统从补给区到排泄区水头均呈逐年上升趋势，区域平均升幅为 1.98m/a。到 2030 年末，玉泉山泉水位为 52.2m，高于泉水最低出水水位（51.6m），恢复出流（图 8-40 ~ 图 8-43）。

6）方案六结果分析

从典型观测井水位变化趋势图中可以看出，第四系地下水水头整体上呈逐渐上升趋势，平均升幅为 0.53m/a。岩溶水系统从补给区到排泄区水头均呈逐年上升趋势，区域平均升幅为 0.84m/a。到 2050 年末，玉泉山泉水位为 51.9m，高于泉水最低出水水位（51.6m），恢复出流（图 8-44 ~ 图 8-47）。

根据以上方案预测结果，可以看出方案一的现状开采条件下西郊地下水系统处于超采状态，第四系地下水与岩溶水位均逐渐下降。第四系含水层部分地区出现疏干。因此应减少开采量，结合南水北调进行地下水回补，从而恢复地下水系统均衡。

其他方案是在永定河山峡段河道入渗回补或平原段大口井回灌结合不同的压采比例进行的，总体来看，在同样的回补量条件下，方案二和方案五均能实现在 2030 年玉泉山泉复涌，地下水开采必须采取极限压采；方案四和方案六均能在 2050 年实现玉泉山的复涌，地下水压采比例相对较小。

方案三虽然 2050 年也没有实现玉泉山泉水恢复，但是相对第四系水位恢复来看，并未超出该地区适宜水位，较好地恢复了该地区的生态环境。

7）均衡分析

各方案地下水均衡分析见表 8-11。方案一为现状开采方案。现状条件下，西郊地下水总补给量为 52 490.07 万 m^3/a，其中降水入渗量占总补给量的 59.60%，是主要的补给来源，其次为侧向边界流入量，占总补给量的 24.78%，河流渗漏量占 13.05%，灌溉回归量占 2.57%。总排泄量为 57 403.51 万 m^3/a，其中开采量占总排泄量的 80.65%，其余为侧向流出量。地下水系统总体上为负均衡，补排差为−4913.44 万 m^3/a。

方案二为以玉泉山泉水恢复极限减采方案。该方案中，永定河渗漏量在现状基础上增加了 8000 万 m^3/a，地下水开采量减少了 25 377.86 万 m^3/a，因此地下水系统呈显著的正均衡，补排差为 28 464.42 万 m^3/a。

方案三为在方案一基础上，增加了 3000 万 m^3/a 永定河渗漏量，且减少了岩溶水集中水厂及部分岩溶水开采量，同时减少杨庄水厂及水源三厂的第四系开采量，第四系开采总量为 29 958 万 m^3/a。在增加入渗，减少开采情况下，地下水系统达到正均衡，补排差为 9428.59 万 m^3/a。

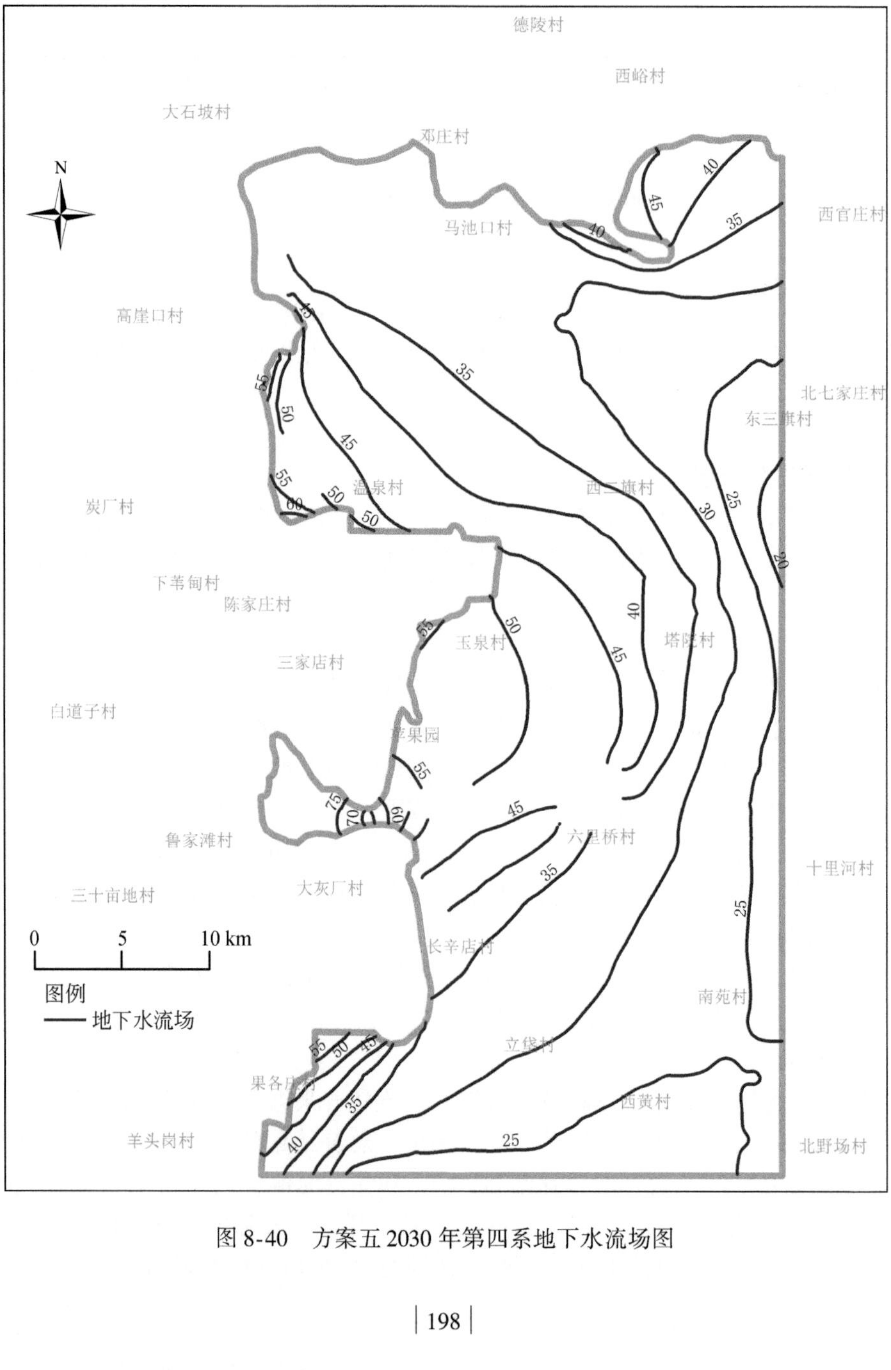

图 8-40　方案五 2030 年第四系地下水流场图

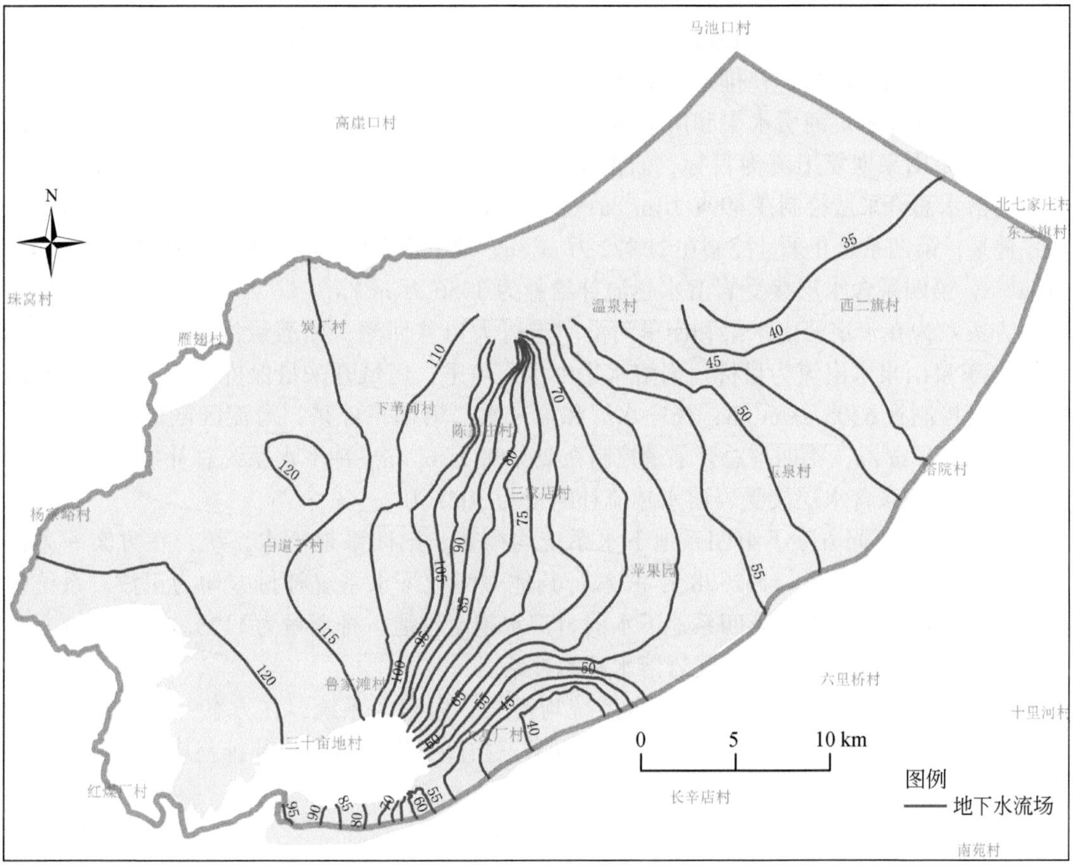

图 8-41　方案五 2030 年岩溶地下水流场图

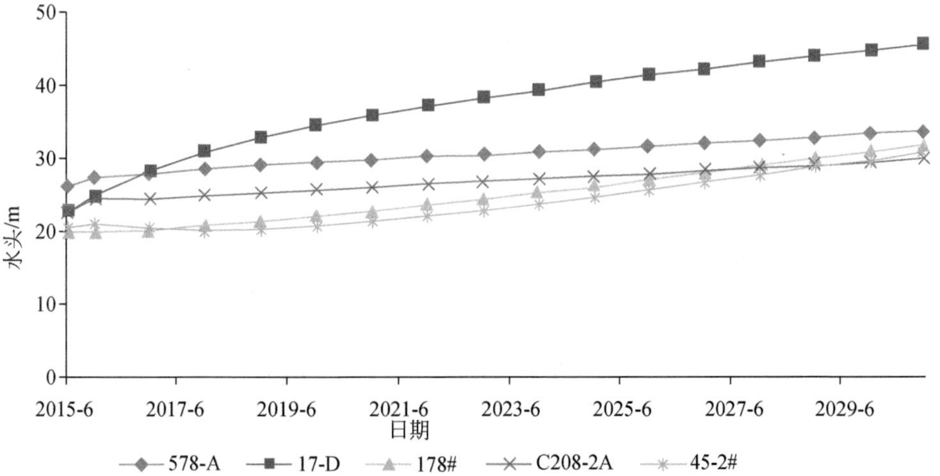

图 8-42　方案五第四系地下水水头变化趋势图

方案四为在现状基础上增加了 8000 万 m^3/a，且减少了岩溶水集中水厂以及部分区域岩溶水开采量，减少杨庄水厂及水源三厂的第四系开采量，第四系总开采量为 29 958 万 m^3/a。地下水系统达到正均衡，补排差为 16 517.39 万 m^3/a。

方案五为在永定河引水渠和南旱河沿岸进行大口井回灌，回灌量为 8000 万 m^3/a。以 2030 年玉泉山泉恢复出流为目标，岩溶水集中水厂停采，四季青镇区域岩溶水开采量停采，岩溶水总开采量控制在 4998 万 m^3/a；杨庄水厂和第三水厂第四系停采，海淀区区域第四系停采，第四系总开采量控制在 21 972 万 m^3/a。地下水系统为正均衡，总补排差为 22 414 万 m^3/a，第四系含水层接受岩溶水越流补给量为 3056 万 m^3/a。

方案六为在永定河引水渠和南旱河沿岸进行大口井回灌，回灌量为 8000 万 m^3/a，以 2050 年玉泉山泉水出流为目标。岩溶水集中水厂停采，区域开采量保持现状不变，即岩溶水开采量控制在 6305 万 m^3/a；杨庄水厂和第三水厂第四系停采，海淀区区域第四系地下水减采 551 万 m^3/a，第四系总开采量控制在 29 398 万 m^3/a。地下水系统总补排差为 13 682 万 m^3/a，第四系含水层接受岩溶水越流补给量为 3028 万 m^3/a。

表 8-12 为不同方案下第四系地下水系统均衡表。第四系地下水系统，在方案一条件下呈负均衡，补排差为−4132.78 万 m^3/a，其他方案地下水系统补排差均为正数，系统呈正均衡。方案一条件下，第四系地下水向岩溶水越流排泄，排泄量为 1123.74 万 m^3/a。其他方案条件下第四系地下水接受岩溶水越流补给。

表 8-13 为不同方案下岩溶地下水系统均衡表。岩溶水系统，在方案一条件下呈负均衡，补排差为−780.66 万 m^3/a，方案二和方案三条件下岩溶水系统补排差均为正数，系统呈正均衡。

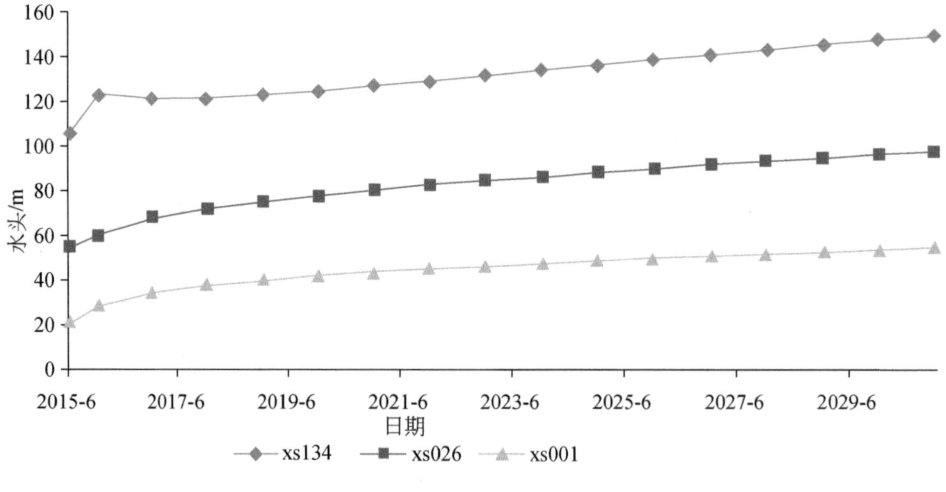

图 8-43　方案五岩溶水水头变化趋势图

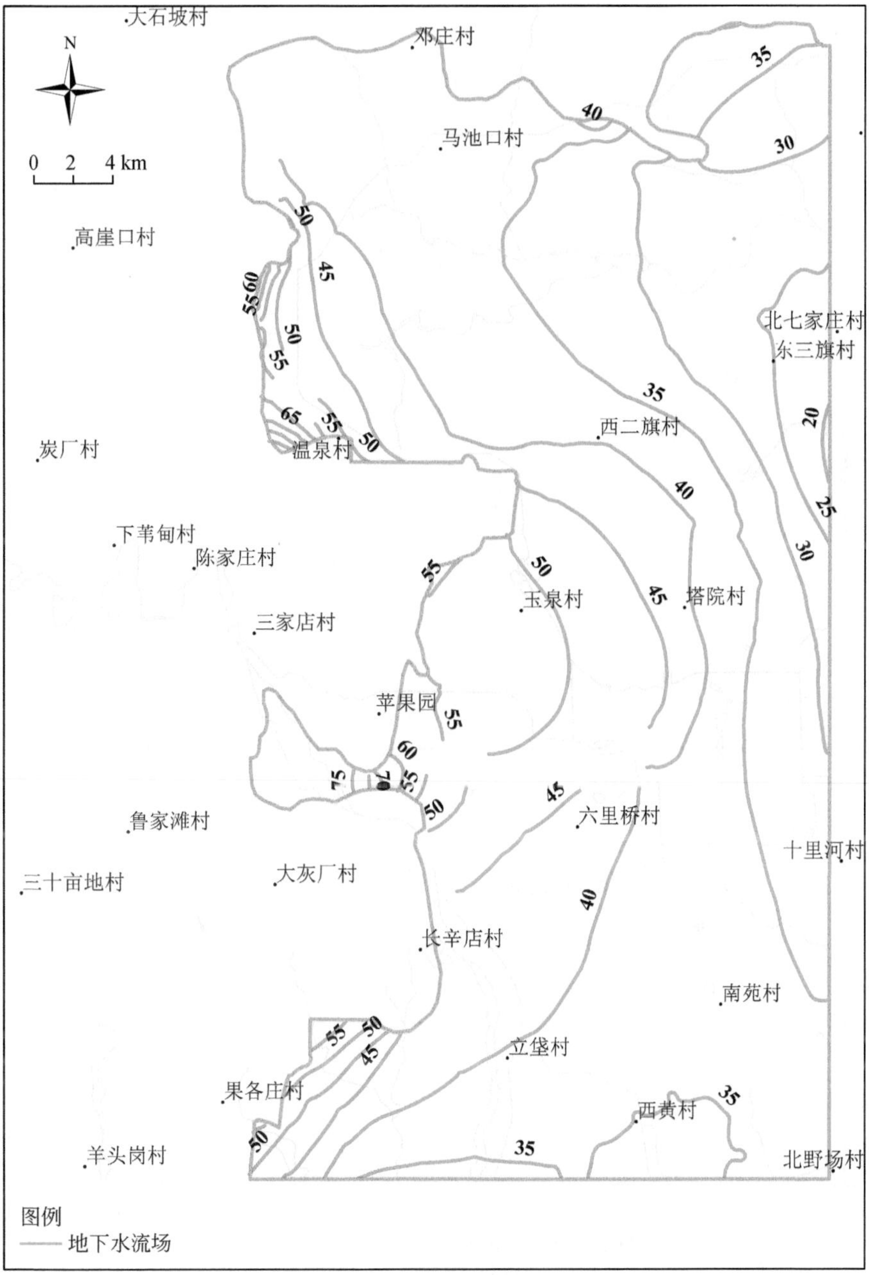

图 8-44　方案六 2050 年第四系地下水流场图

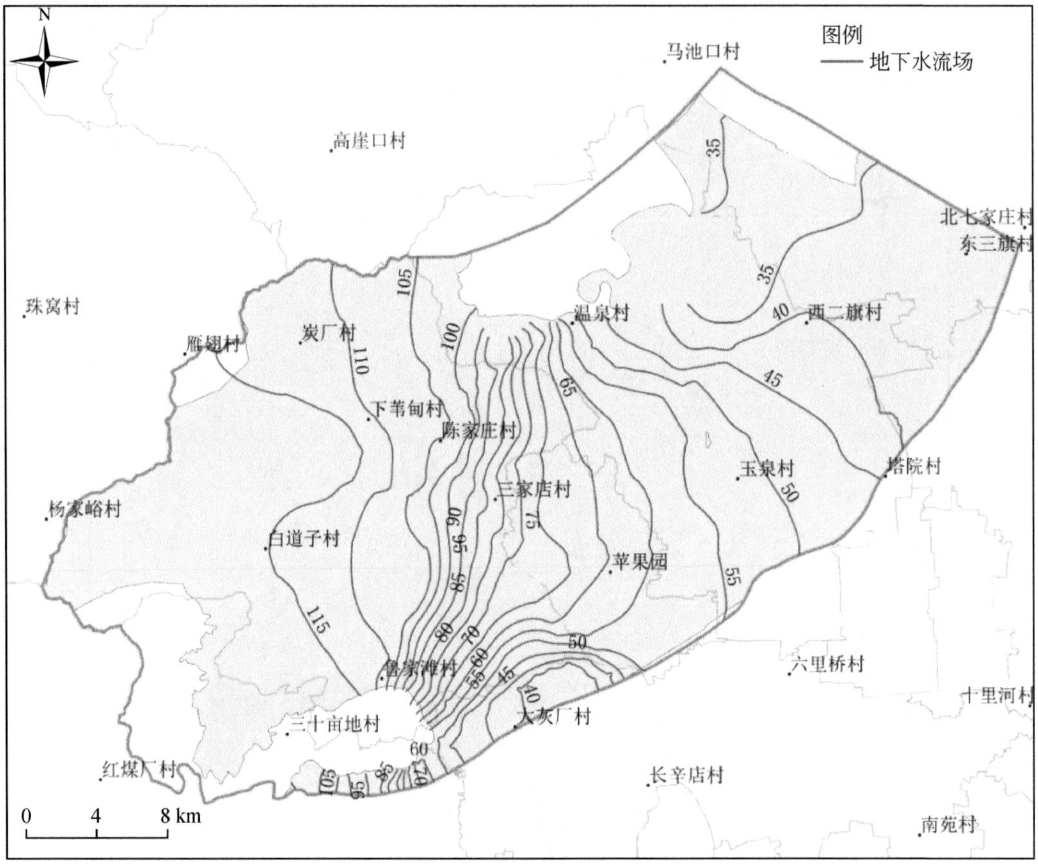

图 8-45　方案六 2050 年岩溶地下水流场图

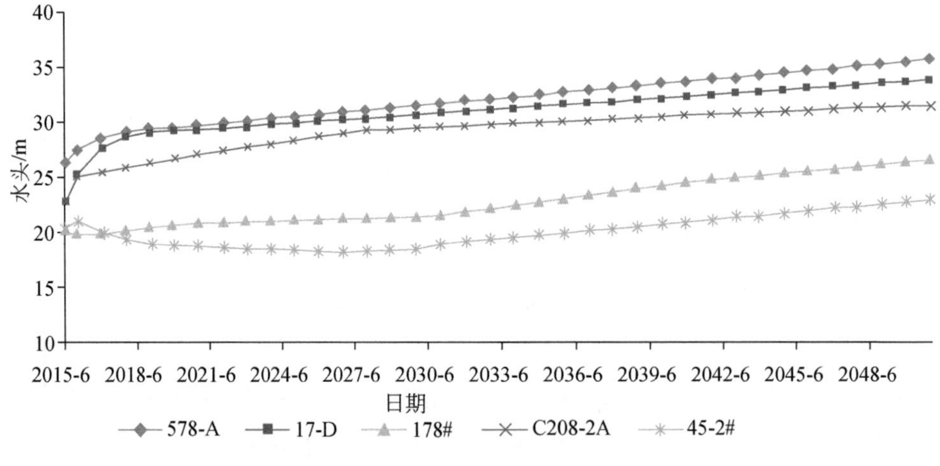

图 8-46　方案六第四系地下水水头变化趋势图

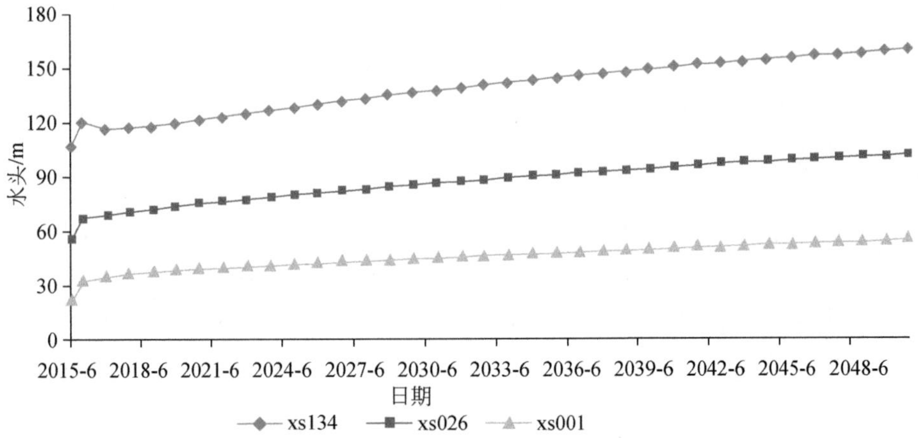

图 8-47　方案六岩溶水水头变化趋势图

表 8-11　预测方案地下水均衡分析　（单位：万 m^3/a）

源汇项		方案一	方案二	方案三	方案四	方案五	方案六
补给	降水入渗	31 282.06	31 282.06	31 282.06	31 282.06	31 282.06	31 282.06
	灌溉回归	1 346.84	1 346.84	1 346.84	1 346.84	1 346.84	1 346.84
	河流渗漏	6 853	14 853	9 853	14 853	14 853	14 853
	侧向边界流入	13 008.17	13 008.17	13 008.17	13 008.17	13 008.17	13 008.17
	合计	52 490.07	60 490.07	55 490.07	60 490.07	60 490.07	60 490.07
排泄	开采量	46 298.48	20 920.62	34 956.45	32 867.65	26 971	35 703
	侧向流出量	11 105.03	11 105.03	11 105.03	11 105.03	11 105.03	11 105.03
	合计	57 403.51	32 025.65	46 061.48	43 972.68	38 076	46 808
补排差		-4913.44	28 464.42	9 428.59	16 517.39	22 414	13 682

表 8-12　预测方案第四系地下水系统均衡　（单位：万 m^3/a）

源汇项		方案一	方案二	方案三	方案四	方案五	方案六
补给	降水入渗	27 055.77	27 055.77	27 055.77	27 055.77	27 056	27 056
	灌溉回归	1 346.84	1 346.84	1 346.84	1 346.84	1 347	1 347
	河流渗漏	577	577	577	577	8 577	8 577
	边界流入	12 818.17	12 818.17	12 818.17	12 818.17	12 818	12 818
	越流补给	0	7 967.52	6 192.23	9 946.3	3 056	3 028
	合计	41 797.78	49 765.3	47 990.01	51 744.08	52 854	52 826
排泄	开采量	34 513.66	20 920.62	29 958	29 958	21 972	29 398
	边界流出	10 293.16	10 293.16	10 293.16	10 293.16	10 293	10 293
	越流排泄	1 123.74	0	0	0	0	0
	合计	45 930.56	31 213.78	40 251.16	40 251.16	32 265	39 691
补排差		-4 132.78	18 551.52	7 738.85	11 492.92	20 589	13 135

表 8-13　预测方案岩溶水系统均衡　　（单位：万 m^3/a）

源汇项		方案一	方案二	方案三	方案四	方案五	方案六
补给	降水入渗	4 226. 29	4 226. 29	4 226. 29	4 226. 29	4 226	4 226
	河流渗漏	6 276	14 276	9 276	14 276	6 276	6 276
	边界流入	190	190	190	190	190	190
	越流补给	1 123. 74	0	0	0	0	0
	合计	11 816. 03	18 692. 29	13 692. 29	18 692. 29	10 692	10 692
排泄	开采量	11 784. 82	0	4 998. 45	2 909. 65	4 998	6 305
	边界流出	811. 87	811. 87	811. 87	811. 87	812	812
	越流排泄	0	7 967. 52	6 192. 23	9 946. 3	3 056	3 028
	合计	12 596. 69	8 779. 39	12 002. 55	13 667. 82	8 866	10 147
补排差		−780. 66	9 912. 9	1 689. 74	5 024. 47	1 826	547

8. 3. 2　优选调蓄方案

利用模型预测，通过分析玉泉山地区在以上四种方案条件下的变化趋势发现（图 8-48 和图 8-49），方案二和方案四、方案五和方案六均可以在不同阶段实现玉泉山复涌。

通过对比不同调蓄方案下地下水位变化情况，可以根据实际情况进行调蓄方案的选择。如果想在 2030 年实现玉泉山泉水复涌，那么可以选择方案二和方案五，两者对地下水的回补量均为 8000 万 m^3/a，区别是回补地段和方式不同，方案二是在永定河山峡段河道自然入渗，方案五则是在永定河平原段南旱河和永定河引水渠附近进行大口井回灌。同时，两者对地下水也进行了不同比例的压采，从实际情况出发，岩溶水地区地下水全部压采比较难实现，因此可以考虑方案五，只压采部分岩溶水，从而实现 2030 年玉泉山泉复涌较优的方案。

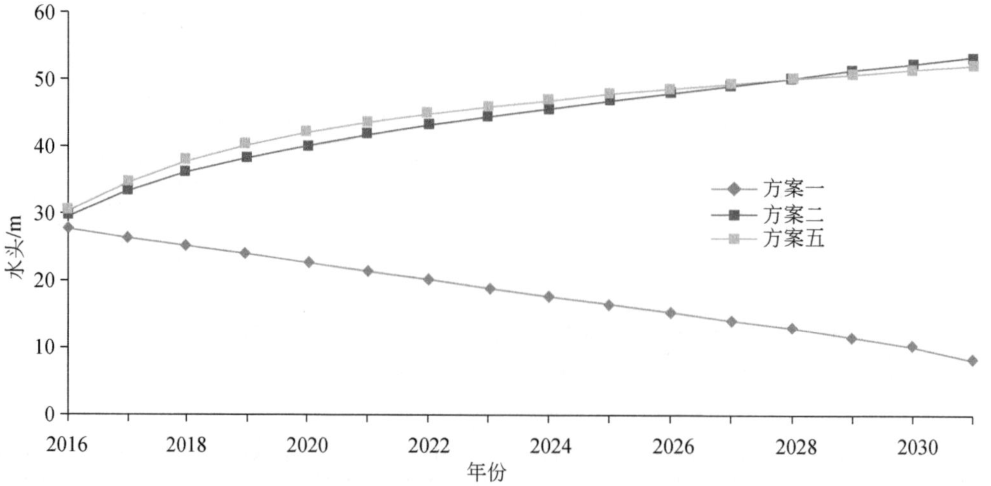

图 8-48　2030 年不同方案下玉泉山泉处水头变化趋势图

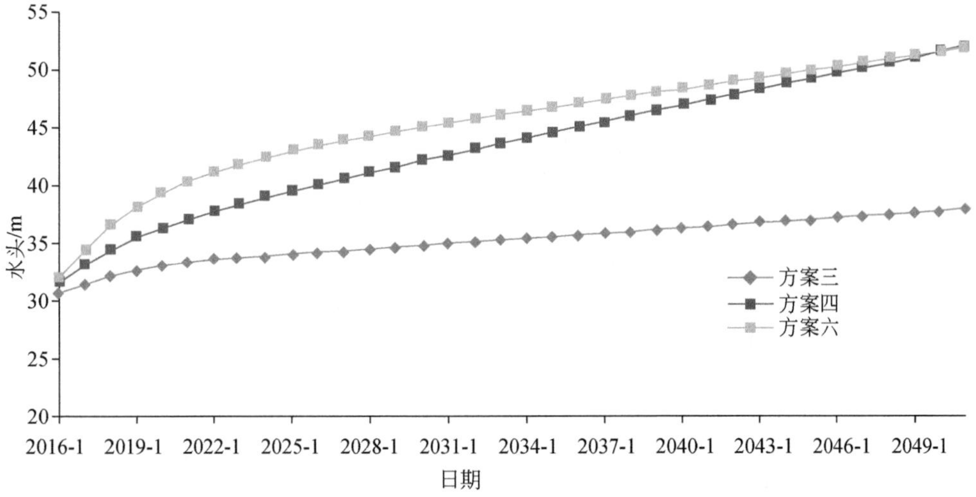

图 8-49　2050 年不同方案下玉泉山泉处水头变化趋势图

若想实现在 2050 年玉泉山复涌，可以考虑方案四和方案六，两者均能逐步恢复玉泉山泉，在同样的回灌量情况下，考虑到大口井回灌工程比较大，结合陈家庄水库的建设，在永定河山峡段河道渗漏补给相对大口井回灌工程量较小，考虑工程经费的话，可以选择方案四作为 2050 年恢复玉泉山泉的较优方案。

不同模拟方案条件下，恢复地下水位的同时要考虑生态环境问题。因为玉泉山地区第四系和基岩直接接触，两者有水量交换，在实现玉泉山复涌的情况下，第四系地下水位回升较大，远远超出了第四系适宜水位，因此无论是在 2030 年还是 2050 年实现玉泉山恢复的方案均不能实现地下水恢复到适宜水位，因此应当减少地下水的回补量和压采量。显然在方案一的情况下不可能实现地下水位的回升，而方案三永定河山峡段河道入渗量增加 3000 万 m^3/a 的情况下，同时压采部分地下水，在 2050 年地下水得到一定的恢复。通过预测水位与 1983 年水位对比分析（图 8-50），第四系水位基本恢复到 1983 年水位，同时岩溶水水位也有所回升，虽然该情况下玉泉山不能出泉，但是地下水资源逐年减少亏损，该方案也比较符合实际，可操作。

总之，要实现水资源的高效利用，就必须首先采用南水涵养当地地下水，再根据实际需求调整开采布局，从而实现水资源的高效利用。

8.3.3　地下水储水空间模型分析

1. 第四系地下水调蓄空间

本研究测算的永定河地区的调蓄空间面积约 800km²。根据《南水北调来水与地下水报告》中永定河限制水位，选择 1983 年水位为适宜水位，选择 2015 年水位作为现状水位，计算该地区的调蓄空间。

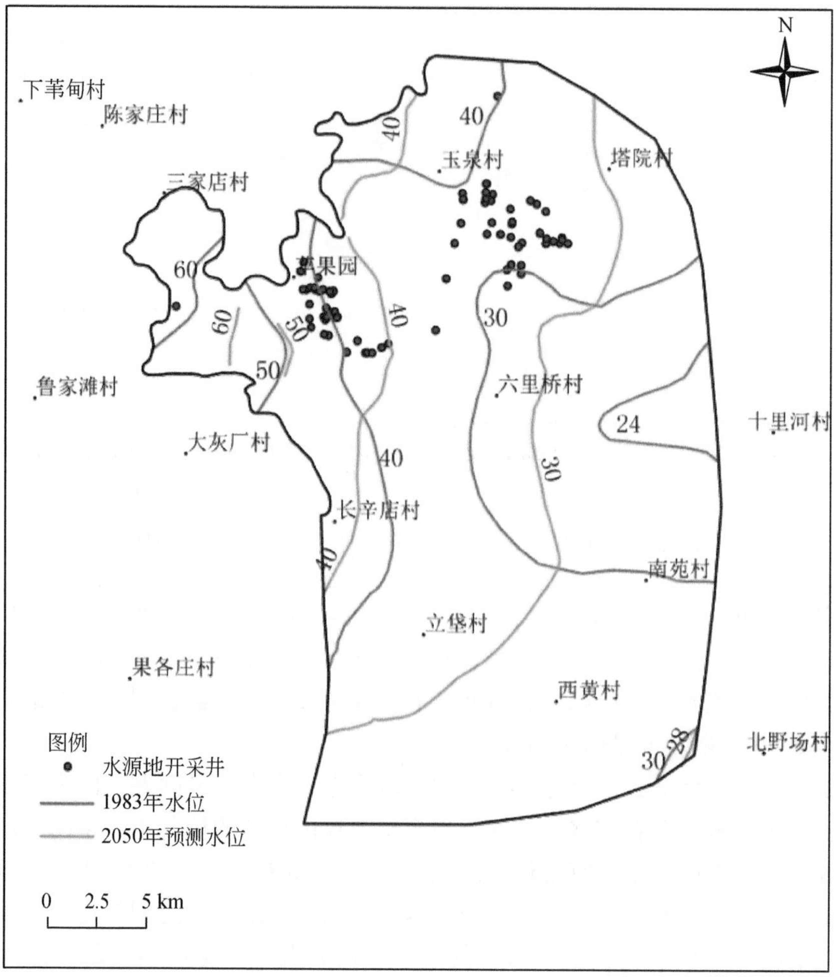

图 8-50　方案三条件下第四系水位与适宜水位的对比图

依据 2015 年 6 月地下水动态资料，编制了 2015 年 6 月永定河地下水库区域的地下水位图，2015 年 6 月作为地下水库的最低水位，利用地下水库的最低水位和限制水位进行了调蓄空间的计算。可恢复的调蓄库容空间计算公式如下：

$$V = \sum (H_i \times F_i \times \mu_i) \tag{8-6}$$

式中，V 为调蓄区库容（m^3）；H_i 为含水层疏干厚度（m）；F_i 为含水层分布面积（m^2）；μ_i 为含水层给水度。

在地下水库大部分区域含水层疏干厚度 H_i 等于可恢复水位（限高水位）与现状水位的差，利用 Mapgis 的图形叠加技术，将 1983 年 6 月地下水位作为限高水位、2015 年 6 月地下水位作为现状水位，对永定河地下水库进行了分区，确定了各分区 H_i、F_i；由于地下水库局部区域存在弱透水层的情况，计算 H_i 时在可恢复水位（限高水位）与现状水位差的基础上扣除了弱透水层厚度。根据式（8-6），计算出永定河地下水库可用于恢复的调蓄空间为 12.6 亿 m^3。

2. 岩溶水调蓄空间

本次以西郊岩溶水系统为计算范围，面积约为 1226km^2。岩溶水历史水位观测数据较少，因此没有完整的天然状态下的历史地下水流场作为地下水位恢复依据，本次采用模型预测阶段的地下水恢复水位做为地下水调蓄空间计算依据。根据现状地下水位与恢复后地下水位计算其调蓄空间。

可恢复的调蓄库容空间计算公式如下：

$$V = \sum_{i=1}^{n} (\Delta H_i \times F_i \times S_i) \tag{8-7}$$

式中，V 为调蓄库容（m^3）；ΔH_i 为水位变差（m）；F_i 为分区面积（m^2）；S_i 为含水层储水系数。

根据 1996 年西郊地区的地下水流场作为恢复水位，仍然以 2015 年 6 月地下水位作为现状水位，参数采用模型计算参数，通过计算，西郊岩溶水可用于恢复的调蓄空间为 8.26 亿 m^3。

8.4 本章小结

通过历史资料以及现场调查和钻探工作，构建了西郊岩溶水系统地下水模型和永定河地区第四系地下水模型，开展了不同开采方案下玉泉山泉水恢复出流情况，并开展了地下水储水空间研究等。主要结论如下：

（1）构建了西郊地区基岩水和第四系地下水渗流模型，根据模型计算，西郊地区地下水总补给量在 4.14 亿 ~ 5.99 亿 m^3，其中大气降水是主要补给来源，约占总补给量的 60%，总排泄量在 5.74 亿 m^{3}左右，人工开采是主要排泄方式，约占总排泄量的 80%，地下水整体呈负均衡状态。

（2）利用校正的地下水模型，结合南水北调来水和地表水库的建设，预测了不同开采布局条件下的方案。结果表明，要实现玉泉山的恢复，必须在山峡段进行回灌和减采平原区第四系地下水的开采量，以 2050 年玉泉山泉恢复为条件，需要在永定河河道回灌 8000 万 m^3/a 水量，集中水厂全部停采，地下水开采量占现状开采量的 71%，即方案四才能实现在 2050 年实现玉泉山泉复涌。为了恢复第四系地下水达到一个适宜的水位，不产生地质环境问题，那么回灌量为 3000 万 m^3/a，地下水开采占现状开采量的 75%，到 2050 年第四系水位基本能够恢复到 1983 年的水位。

（3）地下水储水空间的研究：永定河限制水位选 1983 年水位作为适宜水位，选择 2015 年水位作为现状水位，计算该地区第四系可用于恢复的调蓄空间为 12.6 亿 m^3。以 1996 年末西郊岩溶水位为恢复适宜水位，以 2012 年 9 月为现状水位，计算西郊岩溶水系统调蓄库容空间为 8.26 亿 m^3。

第 9 章　北京市西郊地下水储备总结与展望

9.1 总　　结

（1）系统收集整理了研究区地质及水文地质资料，查明了西郊地区地质构造条件。除早古生代晚期至晚古生代早期（$O_3 \sim C_1$）及中生代晚期（C_2）至新生代早期（E_1）地层缺失外，其余各时期地层均有沉积。其中，奥陶系在西郊鲁家滩、军庄以及玉泉山南部地区直接被第四系覆盖，埋深 30～313m。

（2）基于时间序列人工神经网络情景分析计算结果显示，人口、GDP 及降雨量是影响北京西郊地区地下水恢复的三大重要因素。按有利形势（按年 2 亿 m^3 回补水量，同时人口按至 2040 年均匀递减至 340 万，GDP 及工农业总产值均按年 1% 的增速进行预测计算），玉泉山泉水至 2042 年即可恢复至 52m 的涌泉水位。而如果按照极限形势，在 2030 年地下水位恢复至涌泉水位，年地下水回补水量则不应少于 3. 15 亿 m^3。

（3）开展了军庄、三家店、八大处和玉泉山四个测区物探工作。查明了永定河主断裂带呈近南北向发育，同时发育有多条近东西向和平行主构造的次级断裂。三家店河道测区范围属第四系孔隙松散层与基岩裂隙富水结构，基岩埋深 30～150m。三家店北部水坝以南的区域范围存在两个近东西向的深部断裂导水构造系统，为三家店区域地下水沿构造带自西向东径流提供了优势通道。

（4）通过永定河放水前后地下水的同位素响应测试，发现近岸岩溶水响应速度大于河道中水流速度。下游陈家庄—军庄段河道河水入渗能力大于上游陇驾庄段河道，河水沿优势通道入渗补给地下水。西郊岩溶区岩溶水年龄新，近岸带岩溶水年龄<20 年；沿河水主径流通道的岩溶水的年龄为 20～30 年；区域地下水年龄>30 年。接受第四系含水层补给的岩溶水年龄<10 年。

（5）物探及同位素综合解译显示，军庄—雁翅地区岩溶裂隙水接受大气降水和永定河补给后，一部分水流沿香峪向斜北翼向温泉、黑龙潭方向运动，另一部分地下水沿永定河张性断裂，经八大处向玉泉山地区流动，补给玉泉山地区的地下水。鲁家滩地区岩溶裂隙水主要接受大气降水补给和大石河河水的渗漏补给，由西南向北东径流，沿八宝山断裂补给水源三厂水源地。

（6）通过分析研究区岩溶水与第四系地下水位与水质之间的关系后发现，玉泉山地区的岩溶水与第四系地下水之间缺失黏土隔水层，导致两者之间发生直接水力联系。研究发现 2001 年以前岩溶水补给第四系地下水，2001～2009 年，岩溶水与第四系地下水处于动态平衡的状态，2009 年以来第四系地下水补给岩溶水。水源三厂附近岩溶水与第四系地下水之间存在连续的黏土层，而且两者地下水化学成分差别较大，表明两者之间不存在直接的水力联系。但是两者水位变化趋势较为一致，表明两者是以垂向压力传导的形式而不是以直接混合的形式发生联系。

（7）西郊河道入渗与大口井回灌技术研究结果表明，单次入渗试验过程中约有 4 万 m^3 河水入渗补给地下水，河道渗漏损失率约为 3%，河道平均入渗强度为 0.61m/d，水动力场影响范围可以达到 $20km^2$。大口井回灌能力最大可以达到 $680m^3/h$（井深 18m），回灌能力较强。

（8）利用岩溶水与第四系地下水耦合数值模型模拟了不同开采和回补条件下的地下水流场变化。模拟结果表明，要实现玉泉山泉的复涌，必须采取地下水回补和减采相结合的方案，而且减采措施必不可少。永定河雁翅—三家店段之间灰岩出露段的河道是河水入渗回补地下水的最优场地。同时，通过西郊地区的大口井也可以增加地下水的补给量。如果要在 2030～2050 年实现玉泉山复涌，减采地下水和补给地下水总量为 40 亿～50 亿 m^3。

（9）考虑到研究区地下水位恢复可能造成不利的环境地质问题，参考研究区建筑物地基及填埋场底部高程等因素，选定 1983 年水位作为适宜限制水位，以 2015 年水位作为现状水位，计算该地区第四系可用于恢复的调蓄空间约为 12.6 亿 m^3。以 1996 年末西郊岩溶水位为恢复适宜水位，以 2012 年 9 月为现状水位计算西郊岩溶水系统调蓄库容空间约为 8.26 亿 m^3。玉泉山断流前西郊地区地下水调蓄总库容约为 36.84 亿 m^3。虽然通过回补地下水与调整开采布局可以实现玉泉山泉的复涌，但是也会带来一系列的地质环境问题，如地下水溢出地表、威胁地下构筑物、地下水污染和土地沙化等问题。

9.2 展　　望

（1）西郊地区地质条件复杂，本次工作主要集中在军庄补给区及玉泉山排泄区，建议在西郊地区开展大范围岩溶水文地质勘查工作，进一步查清岩溶水系统及地质结构。

（2）西部山区地下水监测井较少，在重点区域应加密监测井布设，并加强对现有监测井的持续监测，包括地下水位及水质。另外，水来源和地下水年龄变化是确定水位恢复阶段水文过程和变化的关键依据，是指导水环境恢复不可或缺的重要参数。将水来源和地下水年龄监测纳入常规地下水监测具有重要意义。

（3）陈家庄地区是西郊重要的补给区，目前上游河道大范围防渗造成河道入渗量锐减，建议尽快开展区域水文地质调查，修建陈家庄水库，同时，恢复永定河天然河道，增加河道入渗量，对西郊地下水储备具有重要意义。

（4）根据以往施工经验及北京地区的发展状况，建议大口井直径设置为 2～4m，大口井回灌能力与区域水文地质及地质条件、回灌井口径大小、滤水灌分布数量及大小、回灌井的淤积堵塞等状况密切相关，建议大口井建成应用时开展预试验进行确定，并开展大口井淤积堵塞机理研究。

参考文献

北京市文史馆 . 2016. 历史上的水与北京城 . 北京：北京出版社 .

曹丁涛 . 2008. 邹城市唐村—西龙河水源地岩溶水资源数值模拟 [J]. 地质论评，54（2）：278-288.

陈喜，刘传杰，胡忠明，等 . 2006. 泉域地下水数值模拟及泉流量动态变化预测 [J]. 水文地质工程地质，33（2）：36-40.

邓铭江，李文鹏，李涛，等 . 2014. 新疆地下储水构造及地下水库关键技术研究 [J]. 第四纪研究，34（5）：918-932.

丁昆仑 . 1996. 人工回灌地下水的有效途径和方法探讨 [J]. 中国农村水利水电，（1）：14-17.

冯创业，张增勤，赵志超，等 . 2013. 滹沱河大型入渗试验及其入渗能力计算 [J]. 水文地质工程地质，40（3）：19-23.

付晓刚，唐仲华，刘彬涛，等 . 2018. 羊庄盆地地下水硝酸盐污染数值模拟研究 [J]. 人民黄河，40（6）：91-95.

富飞 . 2014. 灰色 GM（1，1）模型在地下水位动态预测中的应用 [J]. 地下水，36（1）：79-92.

韩中华 . 2006. 国外实施再生水回灌的启示 [J]. 北京水务，（5）：4-7.

何平 . 2003. 永定河卢沟桥至固安段河道渗漏分析 [J]. 河北水利，（8）：18-19.

河北省地理科学研究所 . 1980. 南宫地下水库 1977—1979 年试验研究报告 [R]. 石家庄：河北省地理科学研究所 .

黄敬熙 . 1982. 流量衰减方程及其应用——以洛塔岩溶盆地为例 [J] . 中国岩溶，1982（2）：41-49.

李恒太，石萍，武海霞 . 2008. 地下水人工回灌技术综述 [J] . 中国国土资源经济，（3）：41-42，45，48.

李鹭 . 2018. 浅析地下水数值模拟的研究与应用 [J]. 江西化工，（1）：133-136. .

李旺林，束龙仓，殷宗泽 . 2005. 地下水库设计理论初探 [C]. 深圳：中国水利学会第二届青年科技论坛论文集 .

刘久荣，王新娟，王荣，等 . 2012. 岩溶水数值模拟研究进展 [J]. 城市地质，7（4）：1-6.

刘立才，王可，郑凡东，等 . 2015. 南水北调水源在密怀顺水源区回补地下水的能力分析 [J]. 北京水务，（3）：9-12.

刘青勇，张保祥，马承新 . 2005. 地下水库回灌补源的数值模拟研究——以山东省邹平县城北水源地为例 [J]. 灌溉排水学报，24（2）：70-74.

刘永良，潘国营 . 2009. 基于 Visual Modflow 的岩溶水疏降流场模拟和涌水量预测 [J]. 河南理工大学学报（自然科学版），28（1）：51-54.

刘再华，袁道先，何师意 . 1999. 岩溶动力系统水化学动态变化规律分析 [J] . 中国岩溶，（2）：3-8.

毛丽丽，于静洁，张一驰，等 . 2011. 黑河下游河道渗漏面积的估算及其精度初步研究 [J]. 南水北调与水利科技，9（5）：27-30.

牛磊，张春福，孟祥玉，等 . 2016. 天津地区浅层地下水回灌试验分析 [J]. 施工技术，45（19）：46-48.

平建华，曹剑峰，苏小四，等 . 2004. 同位素技术在黄河下游河水侧渗影响范围研究中的应用 [J]. 吉林大学学报（地），34（3）：399-404.
首都师范大学．2014. 北京市岩溶水资源勘查评价工程–西山岩溶水数值模拟成果报告［R］．北京：首都师范大学．
宋献方，刘相超，夏军，等．2007. 基于环境同位素技术的怀沙河流域地表水和地下水转化关系研究［J］. 中国科学：地球科学，37（1）：102-110.
孙建平，曹福祥．2006. 西部缺水地区地下水勘查物探技术方法优化研究［J］. 水文地质工程地质，33（5）：123-125.
孙蓉琳，梁杏．2005. 利用地下水库调蓄水资源的若干措施［J］. 中国农村水利水电，(8)：33-35.
孙忠伟．2018. 浅析孔雀河中下游一带地下水同位素特征［J］. 西部探矿工程，(7)：146-147.
谭世燕．1995. 下辽河平原地下水库资源及开发潜力分析［J］. 国土与自然资源研究，(4)：33-39.
王维平，徐玉，何茂强，等．2010. 城市屋顶雨水回灌裂隙岩溶含水层的国内外案例介绍——兼对济南市屋顶雨水回灌裂隙岩溶含水层问题的思考［J］. 中国岩溶，29（3）：325-330.
王卫东，宋庆春，李宝兰，等．2004. 大连市滨海河谷地下水资源开发利用的可行性［J］. 地质调查与研究，27（4）：268-272.
王新娟，崔亚利，邵景力，等．2006. 北京市永定河流域地下水的环境同位素分析［J］. 勘查科学技术，(1)：48-51.
王宇，卢文喜，卞建民，等．2015. 三种地下水位动态预测模型在吉林西部的应用与对比［J］. 吉林大学学报（地球科学版），45（3）：886-891.
王玉珏．2006. 水文物探方法测定地下水流速流向及其效果［J］. 西部探矿工程，2006，(3)：124-125.
吴吉春，薛禹群，黄海，等．2000. 山西柳林泉裂隙发育区溶质运移三维数值模拟［J］. 南京大学学报（自然科学），36（6）：728-734.
吴莉萍，朱长军，李莎．2012. 灰色预测在地下水位预测中的应用［J］. 地下水，34（2）：66-68.
吴兴波，牛景涛，牛景霞．2003. 玉符河大型人工回灌补给地下水保泉试验研究［J］. 水电能源科学，(4)：53-55.
武强，金玉洁，李德安．1992. 华北型煤田矿床水文地质类型划分及其在突水灾害中的意义［J］. 中国地质灾害与防治学报，(2)：96-98.
熊黑钢，赵明燕，陈西玫，等．2012. 天山北坡井灌区地下水埋深动态变化的驱动力及预测模型研究［J］. 干旱区资源与环境，26（6）：139-143.
许骥．2015. 基于遗传 BP 神经网络的地下水位预测模型［J］. 地下水，37（3）：19-21.
杨广，陈伏龙，何新林，等．2011. 玛纳斯河流域平原区垂向交错带地下水的演变规律及驱动力的分析［J］. 石河子大学学报（自然科学版），29（2）：248-252.
杨庆，姜媛，林健，等．2017. 南水北调水回灌对地下水环境的影响研究［J］. 城市地质，12（4）：30-34.
杨诗秀，雷志栋，谢森传．1985. 匀质土壤一维非饱和流动通用程序［J］. 土壤学报，(1)：24-34.
于翠翠．2017. 济南明水泉域岩溶地下水数值模拟及泉水水位动态预测［J］. 中国岩溶，36（4）：533-540.
翟立娟．2011. 岩溶水饮用水水源保护区划分技术方法——以邯郸市羊角铺水源地为例［J］. 中国岩溶，30（1）：47-52.
张斌，刘俊民，张博炜，等．2013. 灰色神经网络在地下水动态预测中的应用［J］. 中国农村水利水电，(1)：5-6，10.
张磊，刘扬扬．2013. 白石水库供水对下游水源地补给的计算与分析［J］. 东北水利水电，31（9）：60-61.

张若琳 . 2006. 石羊河流域水资源分布特征及其转化规律［D］. 北京：中国地质大学（北京）.
张兴国 . 1992. 同位素在饮马河流域示踪地下水的应用［J］. 吉林地质，(2)：71-78.
张院，寇文杰，刘凯，等 . 2013. 北京西郊地区地下水恢复适宜水位分析［J］. 南水北调与水利科技，(5)：108-111.
张展羽，梁振华，冯宝平，等 . 2017. 基于主成分时间序列模型的地下水位预测［J］. 水科学进展，28（3）：415-420.
张志永，焦剑妮，姚旭初，等 . 2014. 潮白河河道回灌入渗试验研究［J］. 人民黄河，36（11）：81-84.
赵云章，邵景力，焦红军，等 . 2003. 黄河下游影响带地下水库的基本特征［J］. 水利学报，(5)：90-93.
周志祥，齐素文，秦延军 . 2008. 大庆市西部地下水库建设方案初步研究［J］. 水利规划与设计，(2)：20-23.
朱慧峰，顾慧人 . 2005. 上海市污水厂出水用于地下水回灌探讨［J］. 中国给水排水，(4)：91-93.
朱思远，田军仓，李全东 . 2008. 地下水库的研究现状和发展趋势［J］. 节水灌溉，(4)：23-27.
朱学愚，刘建立 . 2001. 山东淄博市大武水源地裂隙岩溶水中污染物运移的数值研究［J］. 地学前缘，8（1）：171-178.
朱远峰 . 1993. 中国岩溶科学的发展及岩溶地区资源开发与环境保护研究［J］. 地球科学进展，(4)：23-29.
Alley W M，Healy R W，LaBaugh J W，et al. 2002. Flow and storage in groundwater systems［J］. Science，296（5575）：1985-1990.
Allison G B. 1988. A Review of some of the physical，chemical and isotopic techniques available for estimating groundwater recharge［J］. Estimation of Natural Groundwater Recharge，(222)：49-72.
Balavalikar S，Nayak P，Shenoy N，et al. 2018. Particle Swarm Optimization Based Artificial Neural Network Model for Forecasting Groundwater Level in Udupi District［J］. American Institute of Physics，1952（1）：020021.
Cay T，Uyan M . 2013. A comparasion of different spatial interpolation techniques for groundwater level changes［J］. International Journal of Ecosystems & Ecology Sciences，3（2）：259-266.
Eckstein Y. 2003. Groundwater Resources and International Law in the Middle East Peace Process［J］. Water International，28（2）：154-161.
Hssaisoune M，Bouchaou L，Baudelaire N D. 2017. Isotopes to assess sustainability of overexploited groundwater in the Souss-Massa system（Morocco）. Isotopes in environmental and health studies，53（3）：298-312.
Lucas H C，Robinson V K. 1995. Modelling of rising groundwater levels in the Chalk aquifer of the London Basin［J］. Quarterly Journal of Engineering Geology and Hydrogeology，28（1）：S51-S62.
Porte P，Isaac R K，Mahilang K K S，et al. 2018. Groundwater Level Prediction Using Artificial Neural Network Model［J］. Current Microbiology，7（2）：2947-2954.
Pyne R D G. 1995. Groundwater Recharge and Wells：A Guide to Aquifer Storage Recovery［M］. London：CRC Press.
Sattari M T，Yurekli K，Pal M . 2012. Performance evaluation of artificial neural network approaches in forecasting reservoir inflow［J］. Applied Mathematical Modelling，36（6）：2649-2657.
Sattari M T，Mirabbasi R，Sushab R S，et al. 2017. Prediction of Groundwater Level in Ardebil Plain Using Support Vector Regression and M5 Tree Model［J］. Ground Water，56（4）：636-646.
Sedghamiz A A. 2007. Geostatistical analysis of spatial and temporal variations of groundwater level［J］. Environmental Monitoring and Assessment，129（1-3）：277-94.

Smedley P L, Nicolli H B, Macdonald D M J, et al. 2002. Hydrogeochemistry of arsenic and other inorganic constituents in groundwaters from La Pampa, Argentina [J]. Applied Geochemistry, 17 (3): 259-284.

Uyan M, Cay T. 2013. Spatial Analyses of Groundwater Level Differences Using Geostatistical Modeling [J]. Environmental and Ecological Statistics, 20: 633-646.

Wang P, Pozdniakov S P. 2014. A statistical approach to estimating evapotranspiration from diurnal groundwater level fluctuations [J]. Water Resources Research, 50 (3): 2276-2292.